植物病理学

第2版

大木　理 著

東京化学同人

キュウリべと病．葉脈に囲まれた黄白色の角形病斑．7 章 p.50 参照．［築尾嘉章提供］

カリン赤星病．葉表（右）には周囲が橙黄色で黒褐色のさび柄子殻ができ，その後葉裏（左）には毛状のさび胞子層を生じてさび胞子を放出する．7 章 p.56 参照．

モモ縮葉病．新葉が紅色や黄色に変色し，火ぶくれ状になる．7 章 p.52 参照．

イネ紋枯病．葉や葉鞘に内部が灰白色で周囲が緑褐色の大型病斑をつくる．7 章 p.57 参照．［岡田清嗣提供］

(a)　(b)　(c)

イネいもち病．上：葉いもちが激発してずりこみを起こすと，株の背丈が低くなりほとんど出穂しなくなる．右：葉いもちの病斑型．急性型(a)，白斑型(b)，慢性型(c)．7 章 p.58，13 章 p.98 参照．［倉内賢一提供］

イネ萎縮病．葉の白斑．9 章 p.74 参照．［大村敏博提供］

コムギ赤かび病．穂の一部が鮮やかな桃色になる．7 章 p.59 参照．［平山喜彦提供］

イチゴ灰色かび病．果実が灰色微粉状のかびで覆われる．7 章 p.59 参照．［築尾嘉章提供］

イネ白葉枯病．葉縁が波状に黄白化する．8 章 p.66 参照．［西崎仁博提供］

ハクサイ軟腐病．短期間で腐敗し，悪臭を放つ．8 章 p.65 参照．［岡田清嗣提供］

イネ黄萎病．再生芽(ひこばえ)では鮮やかな黄緑色の葉を生じる．8 章 p.67 参照．［奥田誠一提供］

キュウリモザイク病．ズッキーニ黄斑モザイクウイルスによる激しいモザイク病徴．9 章 p.74 参照．

第 2 版 序

2007 年に刊行した本書第 1 版は，多くの大学で教科書あるいは参考書として使用されてきた．植物病理学についての教科書はその後も何点か出版されているが，わかりやすさをめざして作成した本書は現在も大学学部学生向けの教科書として一定の支持を得ている．本書がこの学問を学ぶための基礎として，役立っていることをうれしく思う．

しかしながら，この間に生物の分子系統解析が大きく進展し，生物群の大分類が変更された．植物病原体の学名も少なからず変更されている．そこでこれらも含めて細部にわたって内容を見直すともに，登録農薬の情報なども改めることにした．植物病理学の研究も急速に進んでいるので，最新の成果の一部も盛り込んだ．付録 A“植物のおもな伝染病”は，植物病理学を学ぶ学生に最低限知ってほしい病気を並べたものである．付録 B“英語キーワード”は，その後の勉学で英語論文に見慣れない用語があった場合に意味を調べるためのものである．また，国や都道府県の国家試験などの受験者に便利なように，索引も充実させた．

東京化学同人の橋本純子さんと岩沢康宏さんには入念な編集作業をしていただいた．心から感謝する．なお，微生物学の概要については，2016 年に同じく東京化学同人から上梓した『微生物学』を参考にしていただければ幸いである．

2019 年 2 月 4 日

大　木　　理

第１版　序

植物病理学は植物の病気についての科学であり，本書は大学学部におけるこの講義科目のための教科書として執筆したものである．農学系の学問はいずれも複雑で多様な要素を含むため，大学で初めて学ぼうとする学生はとまどうことが多い．そこで，予備知識が少ない学生が抵抗なく使うことができ，必要な内容をバランスよく学ぶための教科書をめざして本書を作成した．各章の最後にはその章の要点をまとめ，巻末には植物の主要伝染病の表と英語キーワードを収めた．本書を使って十分に予習・復習し，しっかりと勉強していただければ，植物病理学の基礎的な知識と考え方は十分に習得できることと思う．講義に加えて，実物に触れての実験と実習が不可欠であることはいうまでもない．

本書には，大学生として知っておいてほしい植物病理学のエッセンスを盛り込んだつもりであるが，講義用に使う場合は大学の２単位講義の講義時間 30 時間で本書のすべてを扱うことはむずかしいかもしれない．本書では第Ⅰ部から第Ⅳ部でオーソドックスな植物病理学を解説し，第Ⅴ部ではやや高度な内容を紹介しているので，第Ⅳ部までの内容は基礎科目の対象とし，第Ⅴ部の内容は別の発展科目で扱ってもよいと思う．

本書は大阪府立大学生命環境科学部（農学部）での，これまでの私の講義資料を基にして作成した．巻末に示した参考書以外にも，内外の多くの教科書，学術論文，シンポジウム資料などを参考にさせていただいた．また，毎回の私の講義の小テスト用紙に，思いもよらない質問を記入してくれた学生の皆さんにも感謝している．

講義資料を教科書として再構成するに当たっては，多くの方々にお知恵を拝借すると同時にご協力をいただいた．特に，荒井 啓博士（元鹿児島大学農学部）と奥田誠一博士（宇都宮大学農学部）のお二人には企画の段階からご意見を頂戴し，すべての原稿に有益なコメントを賜った．また，阿久津克己博士（茨城大学農学部），有江 力博士（東京農工大学大学院共生科学技術研究院），金子俊彦氏（クミアイ化学工業株式会社研究開発本部），瀧川雄一博士（静岡大学農学部）には原稿の査読をお願いし，あるいは著者が不明な点，曖昧な点についてご教示をいただいた．青森県りんご試験場，大村敏博博士（農業・食品産業技術総合研究機構中央農業総合研究センター），岡田清嗣氏（大阪府環境農林水産総合研究所），奥田誠一博士，尾崎武司博士（元大阪府立大学大学院農学生命科学研究科），草刈眞一博士（大阪府環境農林水産総合研究所），倉内賢一氏（青森県農林総合研究センター），佐野輝男博士（弘前大学農学生命科学部），大門弘幸博士（大阪府立大学大学院生命環境科学研究科），築尾嘉章博士（農業・食品産業技術総合研究機構花き研究所），Robert E. Davis 博士（米国農務省農業研究サービス），西崎仁博氏（奈良県農業総合センター），平山喜彦氏（奈良県農業総合センター），の皆さんには，貴重な写真をご提供願った．また，東京化学同人の橋本純子さんには再び，綿密で行き届いた編集作業をしていただいた．この教科書が少しでもわかりやすい教科書になったとすれば，これらの皆さんのご努力の賜物であり，あらためて心から感謝する．

2007 年 9 月 5 日

大　木　　理

目　　次

重要な用語とそれらの英語表記

重要な用語は太字で示し，本文の横に英語を付記する．本書では，英語の用語は原則として単数形で示し，集合名詞など複数形で表記する必要がある場合には（*pl.*）を付けた．

ラテン語起源の生物学用語には，単数形と複数形で英語とは違った語尾をもつものがあるので注意する．たとえば，fungus，ascus などの単数形で -us を語尾にもつ用語は，複数形では語尾が -i に，hypha，mycorrhiza などの単数形で -a を語尾にもつものは，複数形では語尾が -ae に，mycelium，conidium などの単数形で -um を語尾にもつものは，複数形では語尾が -a に，また，stroma などの単数形で -ma を語尾にもつものは，複数形では語尾が -mata になる．これらの複数形は括弧付きで示すので，語尾変化も確認してほしい．

植物病理学と植物の病気

植物病理学

1

植物病理学とはどのような科学だろう．植物病理学の特徴を考え，発展の歴史をたどってみよう．

1・1 植物病理学とは

私たち人間がときどき胃腸炎やインフルエンザにかかるように，草花や野菜などの植物も病気になる．**植物病理学**は，このような植物の病気を対象とした科学である．人間の病理学は病気の原因と過程をおもに形態的に明らかにしようとする医学の一部門であるが，植物病理学は医学全体に相当する広い範囲を対象とする科学で，植物医学ともよばれる．

植物病理学 plant pathology
pathology（病理学）という単語は，ギリシャ語の pathos（病気）と logos（学問）という言葉に由来する．樹木を対象とする植物病理学は特に樹病学（森林病理学）とよばれ，林学の一部門とされる．

植物病理学は農学の一部門を担い，農作物や園芸作物，林木などの有用植物を病気から守り，品質が良く十分な量の収穫をもたらすことによって人間社会に貢献することをおもな目的として発展してきた．今後は人口がさらに急増し，世界的に食糧不足が起こることが予測されている．植物に病気が発生する原理を追究し，植物を病気から保護するための技術をつくり出す植物病理学が重要であることはいうまでもない．

植物病理学が植物科学の他の分野と違う大きな特徴は，おもな対象が病原微生物（病原体）による病気であり，宿主である植物と病原体である微生物の両方を同時に対象とすることである*．また，病気にかかった植物とそうでない植物との比較研究によって，植物の構造や機能の解明にも大きく寄与してきた．最近は植物と病原体との相互関係についての研究が大きく進み，分子認識やストレス応答，シグナル伝達などに関心をもつ基礎科学領域の研究者にも注目されるようになった．分子生物学的解析によって，病原体がどのように植物に感染するか，そして植物がそれに対抗してどのように防御するかというしくみも，詳しくわかりつつある．これらの新しい発見は，今後の**植物保護**に新しい技術をもたらすはずである．

*§3・1 以降で説明するように，植物の病気にはこれらのほかに土壌中や空気中の化学物質などの非生物性病原によって起こるものもある．

植物保護 plant protection

植物病理学は長い歴史をもち，基礎から応用までの幅広い分野をもつ．これまでは，病原体そのものの性質を明らかにしようとする病原学と感染や発病のしくみを解明しようとする感染生理学，発生生態学が中心となって防除技術の発展をもたらしてきたが，その過程で，微生物学，遺伝学，育種学，分子生物学などの学問の発展にも重要な貢献をしてきている．植物保護という共通の目的をもつ応用動物学（害虫学，線虫学），雑草学，農薬学との関係は特に強い．さらに現在では，植物病理学には安全な食品を確保するための役割が求められ，地域の生態系や地球環境の保全への貢献も期待されている（図1・1）.

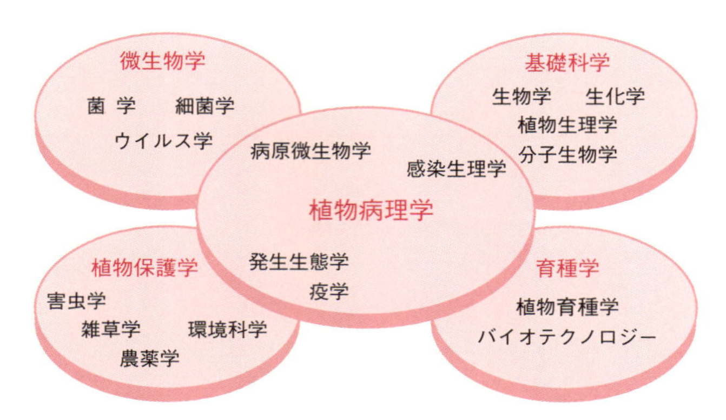

図 1・1　植物病理学と関連するおもな科学分野

植物病理学に関係する職業と行政，資格

宮沢賢治と植物病院
岩手県立花巻農学校の教師だった宮沢賢治は，自作の学校劇“植物医師”を2回上演した．盛岡高等農林学校(現在の岩手大学農学部)で植物病理学を学んだ彼は，植物を対象とした病院の必要性を強く感じていて，1926年に農学校を退職した後に独力で植物病院を開設している．一方，彼が去った農学校でも，1933年に植物病院が開設された．

植物病理学で学んだ知識と技術を直接に生かせる職業としては，農業試験場などの農業関連機関・団体の技術者・研究者，農薬・種苗関連企業の技術者・研究者，農林水産省植物防疫所の植物防疫官などがある．日本では植物保護についての行政は，農林水産省の消費・安全局が都道府県と協力して行っている．また，農作物の病気の診断や防除などについての技術相談は，おもに都道府県の農業試験場や病害虫防除所が対応している．米国ではほとんどの州に植物の病害虫を対象とする植物病院がある．日本でも2008年以降，東京大学，法政大学などに植物病院が開設されている．また，国際的には国連食糧農業機関（FAO，イタリア）などのほか，国際稲研究所（IRRI，フィリピン），国際とうもろこし・小麦改良センター（CIMMYT，メキシコ）などの国際研究機関が重要な役割を果たしている．

植物保護についての高度な知識と経験をもつ技術者に与えられる国家資格*1としては，“技術士（農業部門・植物保護）”がある．“樹木医”と“樹医”は，樹木の病気の診断，治療などを行う専門家のための民間資格である．

*1 国家が法令に基づいて与える資格.

1・2 植物病理学の歴史

リンネ C. von Linné

ファブリキウス J. C. Fabricius

18世紀にリンネが分類学の基盤を整えると微生物を対象とした研究も始まったが，当時は微生物と病気との関連は知られていなかった．1774年にリンネの弟子のファブリキウスは，植物の病気が微生物によって起こると主張したが，当時の学界は彼の主張を受け入れなかった．

ダーウィン C. R. Darwin

パスツール L. Pasteur

ド・バリー A. de Bary

科学としての植物病理学の誕生は，§2・2で説明するアイルランド ジャガイモ飢饉(ききん)がきっかけになった．ダーウィンが『種の起原』を著し，パスツールが微生物の自然発生を否定した時期である．ドイツ人植物学者のド・バリーは病気のジャガイモの葉から，のちにジャガイモ疫病菌とよばれることになる菌類を分離し，1861年に最終的にそれが病原体であることを確かめた．微生物である菌類が植物の病気の原因であることを科学的に示したのは彼が最初であり，彼は“植物病理学の父”とよばれることになる*2.

*2 植物寄生性の線虫は1743年にニーダム J. Needham により初めて観察されている.

1878年にナシ火傷病の病原体が細菌であることを示したのは，米国のバリルである．これはコッホが家畜の炭疽の病原細菌を分離したわずか2年後のことだった．コッホは1884年に，ある微生物がある病気の病原体であることを確認する手順を“コッホの原則”としてまとめたが，これは植物病理学の場合も含めて，現在でもすべての病原体を特定するための基本手順となっている（§3・2参照）．

バリル T. J. Burril
コッホ R. Koch

1882年に化学薬剤，つまり農薬による療法の基礎を築いたのはミラルデである．フランスでも指折りのワイン産地にあるボルドー大学の教授だった彼は，泥棒対策として青い硫酸銅と白い生石灰が散布してあった道沿いのブドウに病気の発生が少ないことに気づき，それらの配合比を研究して，初めての化学薬剤であるボルドー液をつくった．ボルドー液は広範囲の菌類病と細菌病に有効で，現在でも広く使われている[*1]．

ミラルデ P. M. A. Millardet

＊1 医学における化学療法はボルドー液の実用化よりも遅く，エールリヒ（P. Ehrlich）と秦佐八郎による梅毒治療薬サルバルサンの発見（1910年）が最初である．

動植物を通じて最初に発見されたウイルスは，のちにタバコモザイクウイルス（TMV）と命名されたタバコモザイク病の病原体である．1886年にオランダのマイヤーは，モザイク状の症状を現したタバコの葉の磨砕液を健全なタバコに塗ると症状が再現されることを示して汁液接種法を確立し，この病気をモザイク病と命名した．1892年にロシアのイワノフスキーは，病気の葉の磨砕液を素焼製の細菌沪過器に通した液を塗ってもモザイク病が起こることを示して，病原体が細菌よりも小さいことを明らかにした．その後，1898年にオランダのベイエリンクは，この細菌より小さい病原体が植物体内で増殖することを確かめて伝染性生命液（contagium vivum fluidum）とよび，ウイルスの概念を確立した[*2]．その後1935年に米国のスタンリーは，タバコモザイク病の病原体であるTMVを分離精製して，結晶化した．彼はTMVをタンパク質と考えたが，翌年にそれがタンパク質とRNAからなる核タンパク質であることを証明したのは，英国のボーデンらである．

マイヤー A. Mayer
イワノフスキー D. Iwanowski
ベイエリンク M. Beijerinck

＊2 ほぼ同時期の1897年にレフレル（F. Loeffler）とフロッシュ（P. Frosch）はウシ口蹄疫の病原ウイルスを発見したが，彼らはそれを微小な細菌と考えていた．したがって，ウイルスという微生物の発見者はベイエリンクといえる．

スタンリー W. M. Stanley
ボーデン F. C. Bawden

なお，1895年に高田鑑三は，イネ萎縮病の病原がヨコバイ類によって運ばれることを示した．これはウイルス病の昆虫伝搬の世界最初の報告である．1933年に福士貞吉は，病原であるイネ萎縮ウイルスがツマグロヨコバイの卵を経由して次代に伝染するという，ウイルスの経卵伝搬を世界で最初に証明した．また，建部到らは1969年にタバコ葉肉細胞をプロトプラスト化し，それにTMVを感染させることに成功した．

一方，1902年にワードは褐変したイネ科植物宿主細胞中でさび病菌の生育が止まっていることを観察して，植物の動的抵抗反応である過敏感反応を発見した．また，1926年に台湾の農業試験場の技師だった黒澤栄一は，イネばか苗病菌がイネの成長を促進する熱に安定な物質を分泌することを発見した．これはのちに植物ホルモンと認められ，菌の属名からジベレリンと命名された．1955年にフローは，病原体と宿主植物との特異性がそれぞれの遺伝子によって決定されていることを明らかにした．

ワード H. M. Ward
ジベレリン gibberellin
フロー H. H. Flor

20世紀後半には植物病理学は飛躍的に発展したが，特筆すべき二つの発見があった．1967年の土居養二らによるファイトプラズマの発見と，1971年の米国のディーナーによるウイロイドの発見である．また，ウイルス感染植物の茎頂培養によるウイルスフリー化，植物細胞のプロトプラスト化，Tiプラスミドの発見などの植物病理学における多くの研究は，その後の植物バイオテクノロジーの重要な基

ファイトプラズマ phytoplasma：当初はマイコプラズマ様微生物 mycoplasma-like organism（MLO）とよばれた．
ディーナー T. O. Dinner

表 1・1 植物病理学の歴史

年代	人 名	できごと
BC 約 300	テオフラストス	植物の病気の原因と治療法について記載
1753	リンネ	生物分類の基準と命名法の確立
1774	ファブリキウス	植物の病気が微生物によって起こることを主張
1861	ド・バリー	ジャガイモ疫病が菌類によって起こることを証明
1878	バリル	ナシ火傷病が細菌によって起こることを発見
1882	ミラルデ	初めての化学療法剤，ボルドー液を作出
1886	マイヤー	タバコモザイク病が汁液伝染することを発見
1892	イワノフスキー	タバコモザイク病の病原が細菌より小さいことを発見
1895	高田鑑三	RDV[†1] の昆虫伝搬を発見
1898	ベイエリンク	タバコモザイク病の病原（TMV[†2]）が植物体内で増殖することを証明（ウイルスの概念の確立）
1902	ワード	植物の病原体に対する抵抗性反応としての過敏感反応を発見
1926	黒澤栄一	イネばか苗病菌がイネ成長促進物質を分泌することを発見(のちにジベレリンと命名)
1933	福士貞吉	RDV のヨコバイでの経卵伝搬を証明
1935	スタンリー	TMV を結晶化
1936	ボーデンら	TMV が核タンパク質であることを証明
1955	フロー	病原体と宿主植物との特異性を説明する遺伝子対遺伝子説を提唱
1967	土居養二ら	ファイトプラズマを発見
1969	建部 到ら	タバコ葉肉プロトプラストを用いた TMV 感染系を確立
1971	ディーナー	ウイロイドを発見
1986	ビーチーら	TMV 外被タンパク質遺伝子導入により TMV 抵抗性タバコを作出

†1 RDV：イネ萎縮ウイルス， †2 TMV：タバコモザイクウイルス．

ビーチー R. N. Beachy

盤技術となっている．1986 年にはビーチーらによって，形質転換による耐病性植物として初めて TMV 抵抗性タバコが作出された．

植物病理学におけるおもなできごとを年代順にまとめると，表 1・1 のようになる．

1章 植物病理学 まとめ

- 植物病理学は，植物の病気を対象とした科学である．
- 植物病理学の大きな特徴は，宿主である植物と病原体である微生物の両方を対象とすることである．
- 植物病理学は，農作物などの有用植物を病気から保護することをおもな目的として発展してきた．
- 最近は，植物と病原体との相互関係についての分子レベルの研究がさかんに行われている．
- 近代科学としての植物病理学は，1840 年代にアイルランドで流行したジャガイモ疫病の原因についてのド・バリーによる研究から始まった．

植物の病気

2

植物の病気とはどのような現象だろう．また，植物の病気は人間の歴史にどのような影響を与えてきただろうか．植物の病気の防除の必要性についても考えよう．

2・1 植物の病気とは

人間や動物と同じように，植物も病気になる．病気になると植物は，葉や花の形態に異常を現したり，順調に生育しなくなったりする．農作物では期待していた収穫が得られなくなるし，ひどい場合には枯死してしまう．では，**病気**とはどう定義すべきものだろうか．

病気 disease

植物病理学では一般に病気は“植物が健康でない状態を示すもの”とされているが，“健康でない状態”という表現だけでは不明確でよくわからない．そこで，1959 年にホースフォールらは病気を，“連続的な刺激により植物の生理的機能が乱されている状態である”と定義した．つまり，病気はある原因が継続的に作用して起こる植物の異常を表現する用語ということになる*．一方，昆虫などによる食害や凍霜害，干害などのような一時的な作用の結果としての植物の異常は，**傷害**として病気とは区別される．

ホースフォール J. G. Horsfall

＊根粒菌や内生菌根菌などによる共生は病原菌による寄生と厳密には区別できないので，病気と同様の現象とみなすことができる．

病気でない状態を健全といい，その状態の植物を健全植物という．病気にかかることを罹病(りびょう)，病気になった植物を罹病植物という．なお，病気とよく似た用語に**病害**がある．これは，厳密には病気の結果として生じる被害を示す用語であるが，病気と区別されずに使われる場合も多い．また，病気と害虫，雑草をあわせて，**病害虫**（有害生物）とよぶことがある．

傷害 injury

病害 disease damage

病害虫 pest

植物の病気の多くは生物的要因によって生じる**伝染病**であるが，栄養要素の過不足や水質汚染のような連続的原因によるものを**生理病**という．また，作物の収穫後の貯蔵あるいは輸送の段階で発生する病気を，**市場病**あるいは**貯蔵病**（ポストハーベスト病）という．実際の農業でしばしば問題になるのは土壌伝染性細菌病・菌類病やウイルス病などの防除が特に困難な病気で，これらは**難防除病**（難防除病害）とよばれることがある．

伝染病 infectious disease

生理病 physiological disease

市場病 market disease

貯蔵病 postharvest disease

難防除病（難防除病害）disease difficult to control

病気を作物を栽培する人間側からみると，栽培の目的を妨害する不都合なものである．経済的にみると，病気は“植物が順調に生育できない状態であり，満足できる品質の商品をもたらさない原因となるもの”ともいえる．すると，植物にとっては正常な生理現象でも人間に不都合なものを病気とみなす場合もあって，たとえば，タケ類が数十年に一度枯死する現象は開花病とよばれる．逆に，生物学的には病気であっても，栽培上有利になるために病気とはみなされない場合もある．たとえば，タケの表面に美しい斑紋ができる斑竹(はんちく)は菌類の寄生による異常であるが，工芸材料などとして珍重される*1．中華料理では黒穂病菌(くろほびょうきん)に感染して大きく柔らかくなったマコモがマコモタケ（茭白(ジャオバイ)）として珍重されるので，日本を含む東アジアでは病原菌が感染した根茎が栽培に使われ，病気にかかったマコモが増やされている．貴腐(きふ)ワインは，成熟した段階で灰色かび病菌に感染したブドウ果実からつくられる甘口ワインで，デザートワインとして珍重される．オランダでは1630年代のチューリップ狂時代*2にチューリップの球根が高値で取引され，ウイルスに感染して斑入りになった花がたくさんの画家たちによって描かれた（図2・1）．このほか，植物病原菌が人間生活に利用されている例としては，キャベツなどに黒腐病(くろぐされびょう)を起こす細菌 *Xanthomonas campestris* pv. *campestris* が生産する多糖類であるキサンタンガムがあり，これは食品や化粧品の増粘剤などとして広く使われている．

*1 *Chaetosphaeria fusispora* が寄生してできる岡山県の真庭市と津山市の“虎斑竹(とらふだけ)”は国指定天然記念物として保護されている．これは植物の病原体が法律によって保護されている世界でただ一つの例といわれる．

*2 当時のオランダでは，1個のチューリップ球根が大邸宅やビール醸造所と交換された．ウイルスに感染したチューリップは生育や花着きが悪くなるので，現在の球根の育成過程では感染個体が見つかると抜取られて捨てられる．

図2・1 斑入りのチューリップ． J. Marrel (1614〜1681) の絵の一部．［アムステルダム国立美術館蔵］

野生状態では植物の繁殖と病気の蔓延との間には一定の平衡関係が成り立っていて，植物が病気によって大きな被害を受けたり，ある植物が特定の病気によって絶滅するというようなことはまず起こらない．生態系を構成している莫大な数の生物の間で微妙な調節が行われていて，特定の病原微生物だけが急激に増加することはほとんど起こらないからである．しかし，人為的な栽培によって植物を育成する農業という特別な環境では病気はしばしば流行し，大きな損失をもたらして社会的な大問題をひき起こす．農業は生態学的にはきわめて不自然な人間活動であり，遺伝的にほとんど均一で，野生植物に比べて病気に対する抵抗性が極端に低い植物個体群を大規模に，しかも生育ステージを揃えて育成しようとするからである．これらの条件は，病原微生物の活動にとって，また，病気の発生や流行にとって，きわめて都合がよい．したがって，病気の発生や流行は農業という人間活動の必然的な結果の一つともいえる．

微生物というとすべてが病原体のような錯覚に陥りやすいが，実際に植物に病気を起こす病原体は微生物全体のごくわずかでしかない．あとで詳しくみるように，ほとんどの微生物は植物に感染できず，ごく一部の微生物だけが特殊な能力を身につけて，病原体として活動できるようになったのである．

なお，病原体による植物への寄生は，生態学的には微生物による動植物遺体の分解や大動物による小動物の捕食と同等と考えられる．したがって，植物の病気は“植物が生きているうちから始まる微生物による分解過程”ととらえることもできる．

2・2 植物の病気と人間の歴史

私たち人間は有史以前から，おそらくは作物の栽培を始めた時点から，植物の病気によって苦しめられてきたはずである．古代バビロニアでは紀元前1900年ごろのコムギの黒穂病についての記録があるし，旧約聖書には人びとがコムギやブドウの病気で苦しんだことが繰返し記されている．古代ローマ人は紀元前715年からさび病による被害からコムギを守る女神 Robigo と男神 Robigus を祀(まつ)り，祭日に捧げものをした．一方，植物学の父ともよばれる紀元前300年ごろのギリシャの哲学者テオフラストスは，植物の病気の原因と治療法についての記録も残している．

ヨーロッパでは4世紀ごろからムギ類にしばしば麦角病(ばっかくびょう)が発生したが，これに感染したライムギからつくったパンを食べた人びと，特に子供は手足を失って死亡することも多く，聖アントニー熱として恐れられた．日本には植物の病気についての古記録はほとんどないが，752年5月に孝謙天皇が奈良市内の大臣の邸で詠(よ)んだ万葉集の歌「この里は継ぎて霜やおく　夏の野にわが見し草はもみちたりけり」は，ウイルスに感染したヒヨドリバナの黄葉(おうよう)を記録したものであることが知られている．

テオフラストス Teophrastus

麦角 ergot
ムギ類麦角病菌の菌核であり，壊疽(えそ)や痙攣(けいれん)を起こす多くのアルカロイドを含む．麦角アルカロイドのうちのエルゴタミンなどは，現在では子宮収縮止血薬，偏頭痛薬などとしても使われる．幻覚剤のLSD(D-リゼルグ酸ジエチルアミド)も，麦角アルカロイドから合成された．

植物の病気が世界史の流れを大きく変えたものとしては，**アイルランド ジャガイモ飢饉(ききん)**が有名である．南米原産のジャガイモはヨーロッパへは1570年ごろに渡り，冷涼な気候でもよく育つ作物として，特に北ヨーロッパで広く栽培されるようになった．アイルランドの小作人たちは英国に住む地主のためにムギ類を栽培し，自分たちはジャガイモに完全に依存する生活を続けていた．ところが，冷たい雨が続く夏が続いた1840年代に，そのジャガイモに今ではジャガイモ疫病として知られる悲惨な病気が大流行した．1845年には800万人あったアイルランドの人口のうち100万人が餓死し，200万人が飢えから逃れるために新大陸に渡ったという．その時に大西洋を渡った家族のなかに，ケリー州から来たフィッツジェラルド家とウェクスフォード州から来たケネディ家があった．その結果として1960年に，有名な第35代米国大統領ジョン・フィッツジェラルド・ケネディが就任することになった．

アイルランド ジャガイモ飢饉 Irish potato famine

コーヒーはヨーロッパでは17世紀に広く飲まれるようになったが，現在の英国人はコーヒーではなく紅茶を好んで飲む．実はこの嗜好の変化にも植物の病気が関係している．18世紀の英国人もコーヒーを好み，ロンドンのコーヒーハウスは社

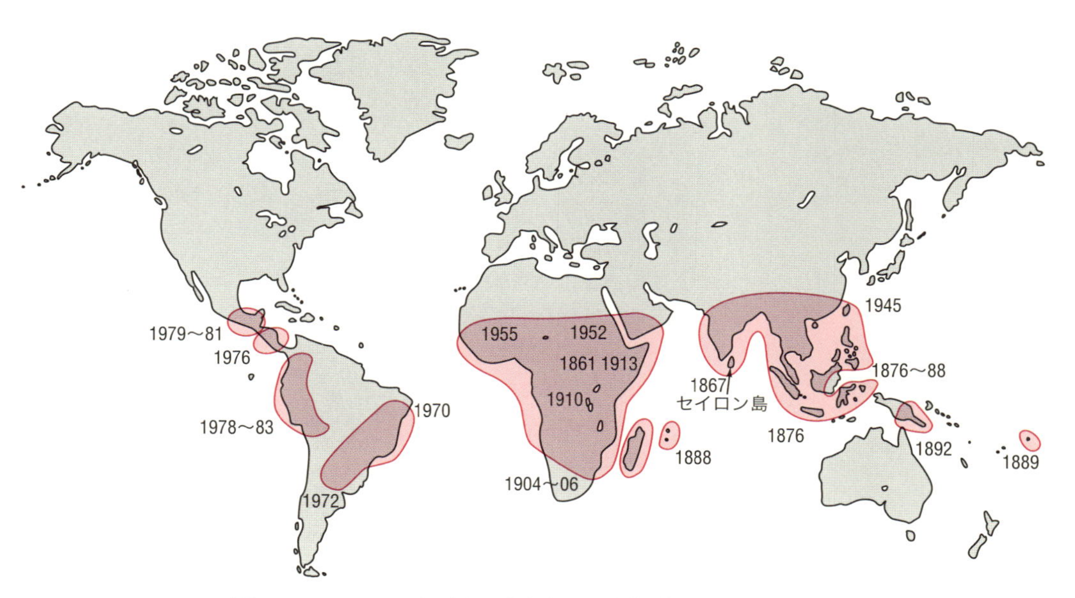

図 2・2　コーヒーさび病の分布と初発生年［E. Schieber, G. A. Zentmyer, *Plant Dis.*, **68**, 89(1985)による．］

交の中心であった．当時の英国人は各地の植民地に広大なコーヒー園をもっていた．ところが，1860年代に最大産地のセイロン島（スリランカ）で，コーヒーさび病が大発生するようになり，コーヒー園は壊滅的な被害を受けた．コーヒーを持ち帰ることができなくなった英国人はセイロン島などでチャの栽培を始め，紅茶を愛飲するようになったという．コーヒーさび病菌はコーヒーと同じくエチオピア起源と考えられるが，19世紀後半に南アジアと東南アジア，その後アフリカに広がった．1970年以降は新大陸にも広がって，世界のコーヒー生産に打撃を与えている（図2・2）．

米国のクリは1904年からわずか二十数年のうちに，東洋起源のクリ胴枯病（どうがれびょう）によってほぼ全滅してしまった．また，ニレも1928年に五大湖岸のクリーブランド港から陸揚げされた木材に付着していた病原菌が原因となってその後の十数年でほぼ全滅してしまった．この病気は日本語ではニレ立枯病（たちがれびょう）であるが，英語ではオランダからきた病気という意味でDutch elm diseaseとよばれている．

イネいもち病 rice blast

日本の稲作にとっての最大の脅威は，数年間隔で発生する冷害と**イネいもち病**である．1993年にも全国各地で大冷害が起こり，いもち病に対する薬剤散布などの対策が行われたにもかかわらず戦後最大の凶作となり，260万トンもの米を緊急輸入することになった．

2・3 病気の防除の必要性

被害 loss

病気による農作物の損失には，量的なものに加えて質的な変化があるので，**被害**の程度を数量的に表すことはむずかしいが，1988〜1990年の世界の農作物は，潜在生産量のうち13%が病気により，16%が害虫により，さらに13%が雑草により失われたとされている*．気候が温暖で湿潤な日本では病害虫が特に多く，農薬防除を全く行わない場合に病害虫によって失われる推定減収率は，リンゴで90%以上，キュウリやキャベツで約60%以上，コムギやトマトで約40%，ジャガイモやダイズで約30%ときわめて大きい（図2・3）．

* E. -C. Oerke, et al., "Crop Production and Crop Protection", Elsevier, Amsterdam (1994)による．

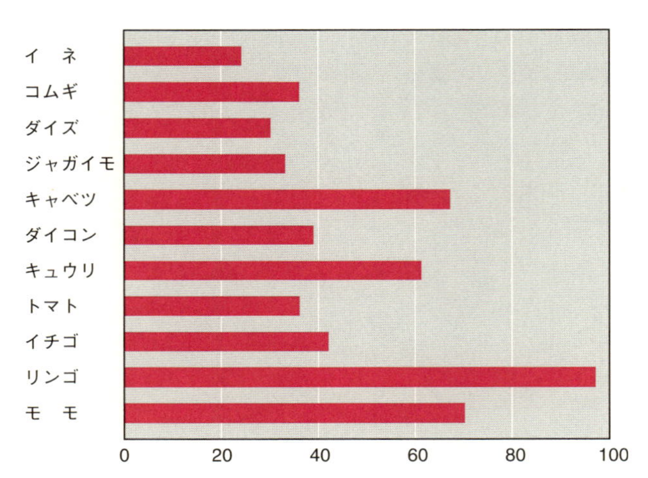

図 2・3 農薬を使わなかった場合の病害虫による推定減収率［日本植物防疫協会，"病害虫と雑草による農作物の損失"（2008）による．］

1993年の冷害とイネいもち病の大発生は，現代の日本においても植物の病気が国民の食糧の確保を危うくしうることを示した．現在でも，アフリカやアジア，ラテンアメリカの一部では，恒常的な食糧不足に見舞われている．今後は地球上の耕地面積の増加はほとんど期待できない．しかし，農作物の病気を防除することにより病気による減収量の一部でも回復できれば，世界全体では収量の増加は莫大なものになる．今後に予想される地球人口の急激な増加を考えると，植物の病気の防除が重要であることは明らかであろう．

2章　植物の病気　まとめ

- 植物の病気とは，連続的な刺激により植物の生理的機能が乱されている状態である．
- 昆虫の食害などの一時的な作用による植物の異常は，傷害として病気とは区別される．
- 農業という人間活動が，植物の病気の発生と流行に好都合な条件をつくり出している．
- 植物の病気は，人間の歴史に大きな影響を与えてきた．
- 病気による農作物の損失は大きく，防除によって収量増加が期待できる．

病原と病気の発生

3 病　原

植物の病気のおもな原因となる病原にはどのようなものがあるだろうか．
病原の特定と病原体名の付け方についても考えよう．

3・1 病原，病原体と宿主

私たち人間が細菌やウイルスなどに感染して病気になるように，植物も病気になる．そして，植物が病気になるためには，もちろん原因がある．

病気のおもな原因となるものを**病原**という．病原のなかでも，感染して直接に病気の原因となる菌類や細菌，ウイルスなどの病原微生物を**病原体**というが，病原体には寄生植物など微生物でない生物性病原も含まれる．病原体が菌類や細菌の場合には，病原菌とよばれることも多い．病原体は**寄生者**であり，病原体に寄生される側の植物は**宿主植物**あるいは**宿主**（寄主）という．

菌類*，**細菌**，**ウイルス**などの生物性病原つまり病原体は，多くの病気の原因になる．これらの病原体によって起こる病気は発病植物から健全植物へ伝染するので，**伝染病**（寄生病）とよばれる．一方，植物の生育に重要な化学的，物理的な環境要因が不適切であると病気が起こる．これらは**生理病**（非伝染病，非寄生病）とよばれ，病原体が関与していないため発病植物から健全植物へ病気が伝染することはない．

植物の病気のおもな病原は表3・1のとおりである．菌類，細菌，ウイルスのおおよその大きさについては，図3・1を見てほしい．

植物の伝染病では一つの病気の病原体は1種とは限らず，2種以上が互いに影響しあって起こる病気も多い．ほとんどの場合，1種の病原体は複数の宿主に病気を起こし，1種の植物は複数の病原体による感染を受ける．病名は宿主ごとに原則と

病原 causal agent
病原体 pathogen
寄生者 parasite
宿主植物 host plant
宿主 host
菌類 fungus(-i)
細菌 bacterium(-a)
ウイルス virus
伝染病 infectious disease
寄生病 parasitic disease
生理病 physiological disease

*菌類には菌糸体をもたないものも含まれるため本書では“菌類”とよぶことにするが，“糸状菌”とよばれることも多い．医学分野では“真菌類”ともよばれる．また，ウイルスは細胞構造をもたないので生物とされない場合が多いが，細胞性生物と共通の生命機構によって複製増殖するため，病原微生物に含めて扱うことにする．

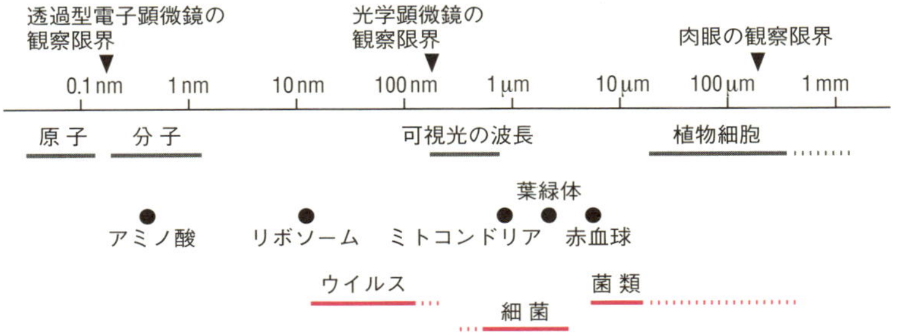

寄生植物 parasitic plant
農業生産に有害な寄生植物は日本にはネナシカズラ科のマメダオシなどがある．世界的にはハマウツボ科のオロバンキやストライガなどが猛威をふるっており，侵入が警戒されている．

透過型電子顕微鏡の観察限界
光学顕微鏡の観察限界
肉眼の観察限界
0.1 nm　1 nm　10 nm　100 nm　1 µm　10 µm　100 µm　1 mm
原子　分子　可視光の波長　植物細胞
葉緑体
アミノ酸　リボソーム　ミトコンドリア　赤血球
ウイルス　菌類
細菌

図 3・1　植物の細胞・細胞構成物とおもな植物病原体の大きさの比較

表 3・1　植物の病気のおもな病原

伝染性病原		非伝染性病原	
菌　類	従属栄養の真核生物である．分類学的には多様で，原生生物界に属するネコブカビ類，卵菌類，菌界に属するケカビ類，子のう菌類，担子菌類などがある	土壌条件	養分，水分の過不足，不適当な pH，有害物質の蓄積など
細　菌	二分裂により増殖する単細胞性の原核生物	気象条件	温湿度，日照，風雨，霜など
ファイトプラズマ	植物に寄生する細菌で，細胞壁を欠く	その他	薬害，鉱毒，大気汚染，水質汚染など
ウイルス	きわめて微小で，核酸がタンパク質でできたキャプシドに包まれた粒子の形をとる		
ウイロイド	低分子の環状一本鎖 RNA で，キャプシドをもたない		
その他	線虫，ダニ，寄生植物など		

して 1 種の病原体に対して付けられているので，植物の病名の数はきわめて多い．

日本で正式に報告されている植物の病気の数は 6000 以上にのぼるが，それらのうち約 80% は菌類病が占め，約 10% が細菌病で，残りの約 10% がウイルス病ならびにそれら以外である．これに対して，ヒトや動物の伝染病では細菌やウイルスによるものがほとんどで，菌類によるものは水虫（足白癬（あしはくせん））などごくわずかしかない．なお，植物の病原体はごく一部の例外*を除いてヒトや動物には感染できない．

＊タマネギに腐敗病を起こすセパシア菌 *Burkholderia cepacia*（旧学名 *Pseudomonas cepacia*）は高齢者の肺炎や敗血症を起こす院内感染の原因細菌としても知られている．欧米では，この細菌は植物の細菌病を防ぐ生物農薬としても使われている．

3・2 病原体の同定

植物の病気の対策を考えるためには，まず，その病気の病原体が何であるのかを正確に知る必要がある．**同定**とは，病気を起こしている病原体が何であるかを明らかにすること，つまり，病気の病原体の種を特定することである．似た用語に**診断**があるが，これは病気の種類を明らかにすること，つまり病名を特定することで，厳密には同定とは区別される．病原体を同定するためには，次のような手順を踏み，**コッホの原則**をみたすことを確認する．コッホの原則とは，

同定 identification

診断 diagnosis

コッホの原則 Koch's postulates

1. 同じ病気の場合，宿主から同じ微生物が検出されること
2. その微生物は宿主から分離され，純粋培養されること

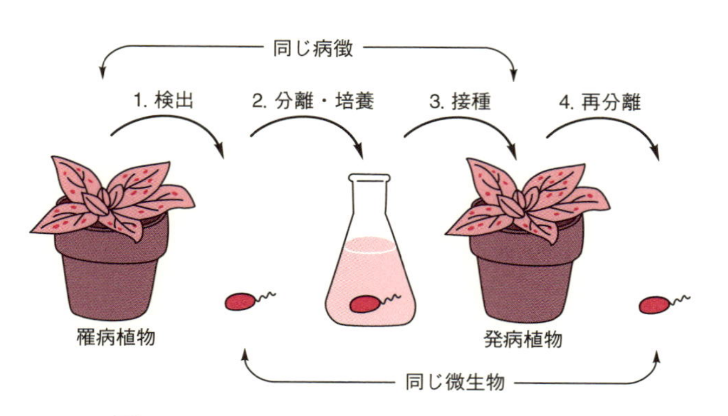

図 3・2　コッホの原則による病原体同定の手順

3. 純粋な微生物を健全な宿主に接種すると，同じ病気が発症すること（病徴再現）
4. 実験的に感染させた宿主から，再びその微生物を取出せること（再分離）

というものである*（図3・2）.

なお，病原体がウイルスなどの場合には純粋培養はできないが，精製したウイルスを接種するなど，できるだけこれに近い形の実験を行うことが求められる．なお，病原体がこれまでに報告されていない種であると判断された場合には，新種として記載することになる.

＊コッホの原則の重要な点は，4項目の病原体の再分離を加えた点である．これによって，3項目までで想定された微生物がその病気の本当の病原体か，実験のミスで混入してしまった汚染物（コンタミネーション）であるかを判別できる.

3・3 病原体の分離と接種

病原体を病気に感染している植物から得る操作を**分離**という．分離は病原体が菌類や細菌の場合は，通常は**培地**（培養基）を準備して人工培養によって行う.

分離 isolation

培地 medium (-a)．なお，特定の微生物群のみを選択的に培養できるように組成を工夫した培地を選択培地という.

培地には，グルコース（ブドウ糖），スクロース（ショ糖），デンプンなどの炭素源，アミノ酸やペプトンなどの窒素源のほか，ビタミン，無機成分などが必要である．これらを水に溶いて寒天で固めたものは固形培地（平板培地，斜面培地）であり，液体のまま用いるものは液体培地という．培地は調合した後にオートクレーブ（高圧蒸気滅菌器）で殺菌するが，熱に弱いビタミン，抗生物質などを加える培地の場合は主成分を熱殺菌の後にメンブレンフィルターで除菌したものを加える（図3・3).

菌類病の場合の分離は，一般的には病徴を現している葉などの組織切片を70%

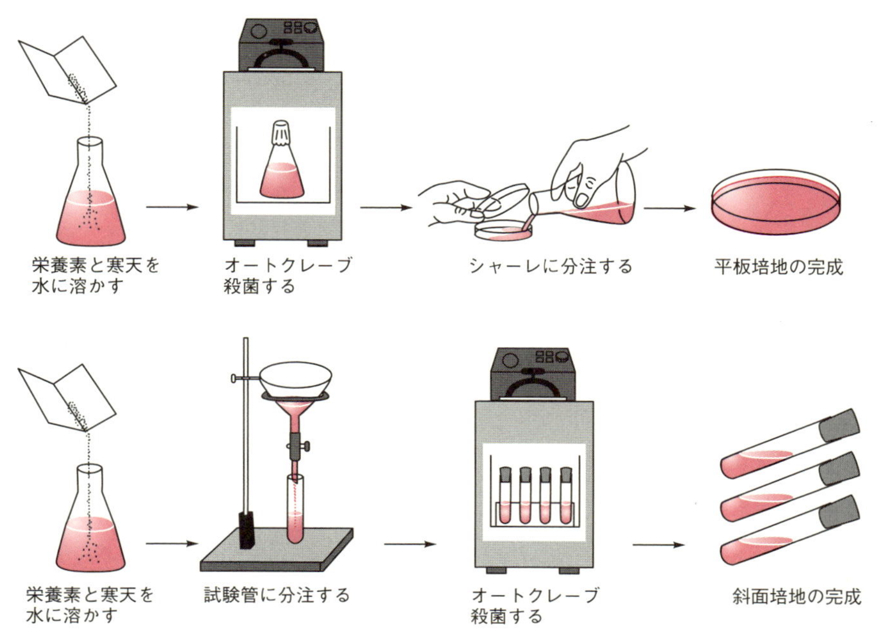

図 3・3　固形培地の作製

表面殺菌 surface sterilization

単胞子分離 single spore isolation

接種 inoculation

汁液接種 sap inoculation

アルコールに数秒間，つづいて1%次亜塩素酸ナトリウムに2〜3分間浸漬する**表面殺菌**を行って，組織表面で生活している微生物を除き，これを培地上に置いて組織の中から出てきた菌糸やコロニーをさらに別の培地に移して行う（図3・4）．培地上に形成された胞子を1個ずつ分離して，それらを別べつに培養することもある（**単胞子分離**）．細菌病の場合には，細菌が増殖している部位と健全部との境界付近の組織片をペプトン水の中で磨砕すると細菌懸濁液ができるので，これを白金耳で固形培地の表面に描線するとコロニーが現れる．これを別の培地に移して分離する（図3・5）．これらの作業は，空気中の微生物の混入を防ぐため，クリーンベンチの中で行う．

接種には，純粋培養した病原体を使う．菌類で胞子を形成している場合は，培地に殺菌水を注入して胞子懸濁液をつくり，植物体に噴霧して行うことが多い（無傷接種法）．接種を成功させるためには湿度も重要で，接種した植物体を湿度100%の接種箱に入れたり，全体をビニール袋で覆ったりする．傷口から感染する菌類や細菌の場合は，植物に針先で傷を付けておいてから接種源を噴霧する（有傷接種法）．細菌の場合は，接種源に浸した針を植物体に刺して接種することもある．

重要な植物ウイルスの多くは汁液伝染するので，分離と接種では，検定植物の表面にカーボランダムで傷を付け，ウイルス液を健全な植物に摩擦接種する**汁液接種**

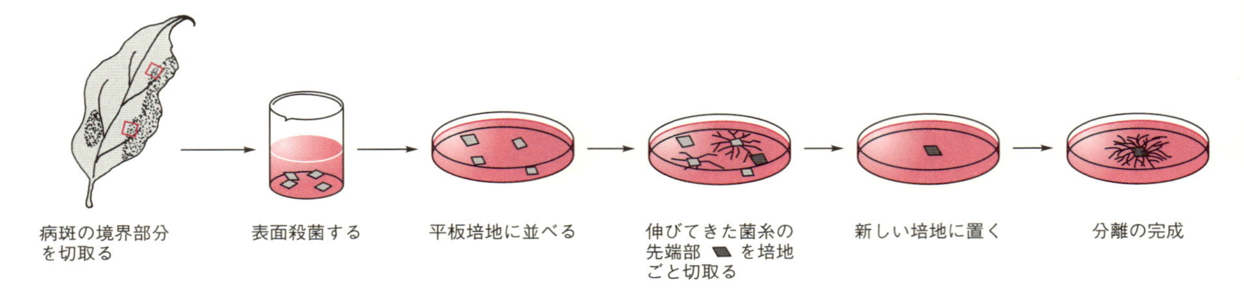

図 3・4　菌類の分離

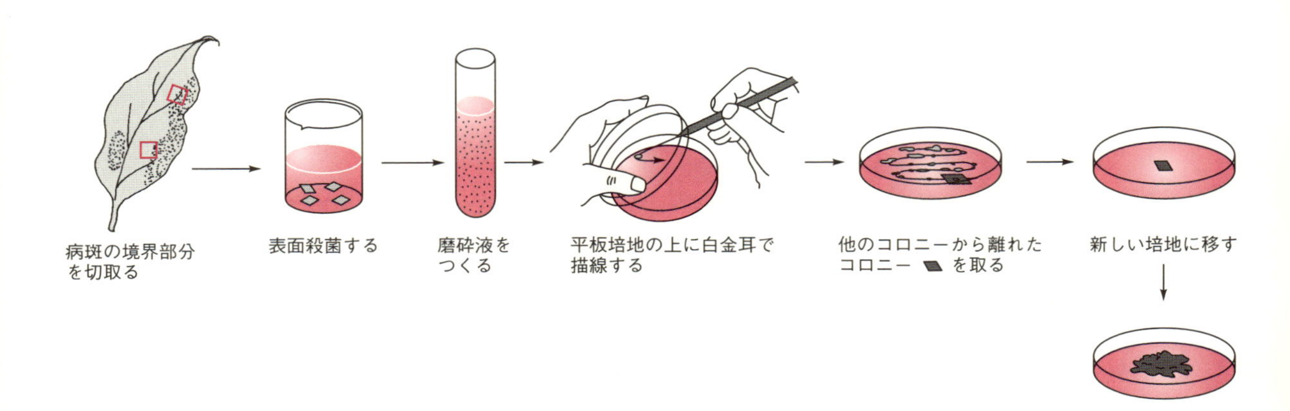

図 3・5　細菌の分離

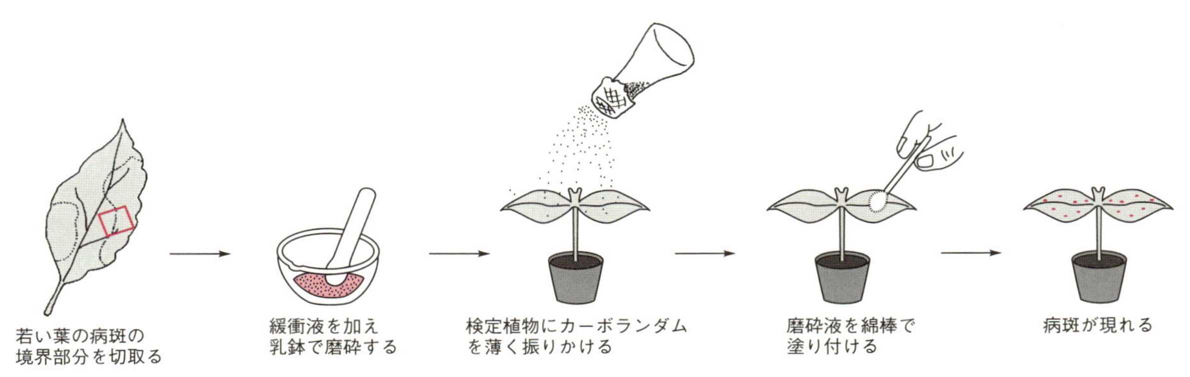

図 3・6　植物ウイルスの汁液接種

(機械接種) が行われる*1(図3・6, §9・2参照). 罹病植物には複数のウイルスが感染していることがあるので, 最初にウイルスを純粋にした**分離株**を得る必要がある. それには, 通常は接種葉に**局部病斑**をつくる検定植物に汁液接種し, 得られた病斑を切抜いてさらに接種を繰返す**単一病斑分離**を数回繰返して行う. 局部病斑をつくる植物が見つからない場合や汁液伝染しないウイルスの場合には, 病徴の微妙な差を利用したり, 昆虫媒介の特異性を利用したりして分離株とする. ウイルスの場合には, 分離株を健全植物に接種して増殖させたものが, コッホの原則での"純粋培養"に相当することになる.

機械接種 mechanical inoculation

*1 カーボランダム(carborundum)は金属研磨剤などとして使われる炭化ケイ素で, 植物ウイルスの汁液接種には600メッシュ程度の粉末が使われる. これによってクチクラ層や細胞壁に傷ができ, ウイルス粒子が直接侵入するか, ウイルスが細胞膜に吸着されてエンドサイトーシスにより取込まれると考えられている.

分離株 isolate

局部病斑 local lesion

単一病斑分離 single lesion isolation

3・4 病原体名の付け方

菌類と細菌の病原体の和名は, モモ縮葉病菌(しゅくようびょうきん), ナシ赤星病菌(あかほしびょうきん), トマト萎凋病菌(いちょうびょうきん), イネ白葉枯病菌(しらはがれびょうきん)のように病名の後に"菌"がつくのが原則である. また, ウイルスとウイロイド以外の学名は高等生物と同じように**ラテン二名法**(二語名法)により, 属名と種小名との組合わせが種名になる.

ラテン二名法 Latin binominal

属名と種小名のラテン語2語による二名法は, スウェーデンの博物学者リンネが生物共通の学名の命名法として確立した方式である. 属名を大文字で始めて種小名(種名)を小文字で表記し, いずれもイタリック体(斜体)にする. たとえば, *Taphrina deformans*(モモ縮葉病菌), *Gymnosporangium asiaticum*(ナシ赤星病菌)のようになる. ただし, 種以下の分類群として分化型や病原型などがあり(§7・1, §8・1参照), 一つの種をさらに分けて示す必要がある場合には, *Fusarium oxysporium* f. sp. *lycopersici*(トマト萎凋病菌), *Xanthomonas oryzae* pv. *oryzae*(イネ白葉枯病菌)のように三名法になる*2. 植物病原体の場合には, 種としては区別できなくても感染できる宿主の種類が異なることが多いため, 種以下の分類群も重要である.

*2 分化型や病原型を示す用語はローマン体(立体)にする.

一つの文章中に同一あるいは同属の菌名が現れる場合は, 二度目以降は *T. deformans* のように, 属名を省略形にして表記することが多い. また, 属名までは明らかであるが種小名を特定できない場合には, *Penicillium* sp. のように種小名の代わりに sp. と表記してその種を示す. 同属の複数の種を示す場合は, *Pythium* spp.

＊1 species は単複同形で，単数の場合は sp.，複数の場合は spp. と省略する．

＊2 略号の末尾はウイルスでは V，ウイロイドでは Vd.

のように示す[*1].

ウイルスとウイロイドの病原体和名は，それぞれ最後が“ウイルス”，“ウイロイド”になる．ウイルスとウイロイドの学名は，*Cucumber mosaic virus*（キュウリモザイクウイルス），*Hop stunt viroid*（ホップ矮化ウイロイド）のように，ラテン二名法とは異なり，最初を大文字に，全体をイタリック体にして表す．また，ウイルスやウイロイドでは，たとえば，TMV（*Tobacco mosaic virus*），CMV（*Cucumber mosaic virus*）や HSVd（*Hop stunt viroid*）のように，国際的に統一された略号も使われている[*2].

なお，ファイトプラズマは人工培養に成功していないために，正式な学名は与えられていない．これは，国際細菌命名規約により細菌学名の命名には培養が必要とされているためである．

3章　病　原　まとめ

- 病気の原因を病原といい，ウイルス，ウイロイドを含む生物性病原を特に病原体という．
- 病原体が寄生する植物を宿主という．
- 菌類，細菌，ウイルスなどの病原体による病気は発病植物から健全植物に伝染するので，伝染病という．
- 化学的あるいは物理的な非生物性病原による病気は生理病という．
- 病原体を特定することを同定といい，コッホの原則をみたす必要がある．
- 病原体を感染植物から得る操作を分離という．
- 病原体を健全植物に感染させる操作を接種という．

感染と発病

4

植物の病気が発生するためにはどのような条件が必要だろう．病原体がどのような過程を経て感染を成立させ，病気を起こすかについても考えよう．

4・1 発病の三要因

植物はどのような場合に病気になるのだろうか．病気は病原体が存在するだけで起こると考えるかもしれないが，実際はそうではない．植物の病気が発生するためには次にあげる三つの要因が三つとも揃うことが必要で，これらの関係を模式的に表したものを**病気の三角形**という（図4・1）．まず，病気を起こす病原性のある病原体が，感受性のある宿主植物に連続的に刺激を与える必要がある．このときに，好適な環境条件があると初めて病気が発生することになる．

病気の三角形 disease triangle

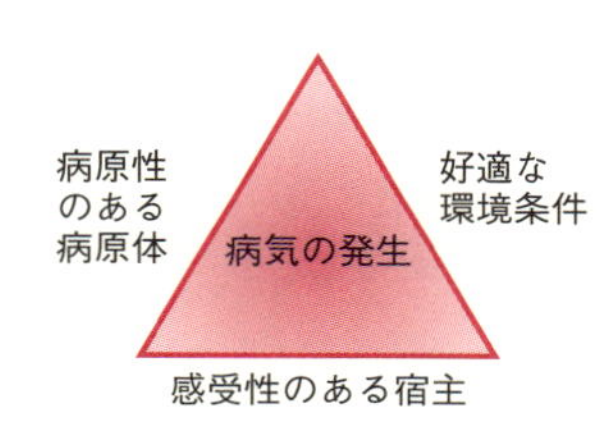

図 4・1 病気の三角形

病気のおもな要因である病原体を**主因**，次に重要な要因である宿主植物を**素因**，病気の程度を左右する環境条件を**誘因**ともいう．宿主植物の素因はさらに，その種がもっている病気にかかりやすい性質（種族素因）と植物個体それぞれが病気にかかりやすい性質（個体素因）の二つに分けられる．誘因は，温度や湿度，光，土壌pHなどの条件である．これらの組合わせによって，植物の発病程度は同じ圃場（ほじょう）の中でも個体ごとにさまざまになり，また年ごとにも異なることになる．一方，植物の病気を防ぐには，つまり病気を防除するためには，主因，素因，誘因のどれか一つを不完全にすればよい．たとえば，農薬によって病原体を殺すのは主因の排除，抵抗性品種を用いるのは素因の排除にあたる．

圃場 field：果樹園や茶畑，牧草地なども含む田畑のこと．

病原体が宿主に感染して病気を起こす能力を**病原性**という．植物に病気が起こるためには植物側も病原体を受け入れる性質を備えていることが必要であり，このような性質を**感受性**，感受性を備えた植物を**感受体**という．また，病原体が宿主に感染できるとき，病原体と宿主植物の関係を**親和性**という．逆の病原体と宿主との組合わせは**非親和性**といい，植物側の病原体を受け入れない性質を**抵抗性**という*．微生物が植物に感染を試みても全く病気にかからない場合は，特に**免疫性**という．

病原性 pathogenicity

感受性 susceptibility

感受体 suscept

親和性 compatibility

非親和性 incompatibility

抵抗性 resistance

＊病原性や抵抗性については第V部で詳しく説明する．

免疫性 immunity

病気は基本的には病原体と宿主植物の遺伝情報の組合わせによって決定されるが，この関係を植物病理学では**宿主寄生者間相互作用**とよぶ．病原体と宿主植物の遺伝情報の発現には，温度などの環境条件がみたされることが必要である．

宿主寄生者間相互作用 host-parasite relationship，宿主寄生者相互関係ともいう．

4・2 感染と発病の過程

次に，病原体が植物に感染して病気を起こす過程の全体像をみることにしよう．

病気の感染環 infection cycle of disease

菌類などの病原体が宿主植物に感染して発病し，さらに次の感染を起こすまでのおもな過程をまとめると，図4・2のようになる．これを**病気の感染環**という．

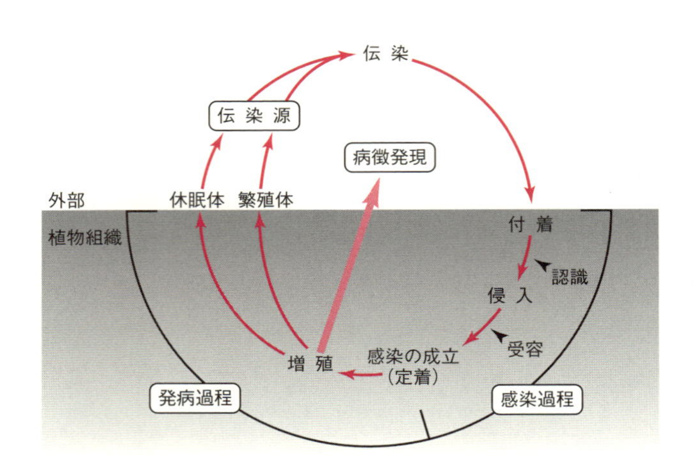

図 4・2 病原体の感染と発病の過程(病気の感染環)

まず，病原体は何らかの手段によって宿主植物に到達する必要がある．病原体が伝染源から宿主植物まで移動する手段はさまざまであるが，この過程を**伝染**という．

伝染 dissemination

伝染によって宿主植物の表面に付着（接触）した病原体は宿主と相互に認識し，条件が整えば**侵入**する．菌類などが表面のクチクラに穴を開けて宿主植物に侵入することは，特に**貫入**という．病原体の侵入が植物に受容されて，病原体が宿主植物から栄養を摂取して安定的に生活できるようになることを，**感染の成立**（定着）という．厳密にはこの段階になって初めて，病原体を寄生者，感受性植物を宿主とよぶことになる．その後，病原体は増殖して病徴を現し，繁殖体や休眠体などをつくる．

侵入 invasion
貫入 penetration
感染の成立 establishment of infection

これらの過程のうち，病原体が感受性植物に付着して栄養授受の関係が成立するまでの過程を**感染**という．§18・1以降で説明するように，植物は病原体の感染行動に対してさまざまな種類の抵抗反応を起こして，病原体の感染行動を阻止しようとする．また，感染が成立した後に病原体が増殖し，宿主に病徴が現れる過程が**発病**である．その過程で形成された繁殖体や休眠体から，さらに次の伝染が起こることになる．

感染 infection
発病 disease development

4・3 感染行動と感染の成立

感染の過程をさらに詳しくみることにしよう．感染は病原体と植物との付着から始まる．

菌類では，胞子から出た発芽管やその先端につくられる付着器の下部に多糖や糖ペプチド，繊維質からなる粘着物質が分泌され，それが付着や水分維持にかかわると考えられている．細菌の場合は，細胞外多糖が植物の表層への付着に関係する．ウイルスの大部分，ファイトプラズマなどは昆虫などの媒介者によって，植物細胞内に直接注入されて侵入する.

菌類や細菌などの植物への侵入方法

菌類や細菌などの植物への侵入方法には, おもに**直接侵入**(**クチクラ感染**), **自然開口部からの侵入**, **傷口侵入**の三つの方法がある(図4・3, 表4・1).

直接侵入 direct invasion
クチクラ感染 cuticle infection
自然開口部からの侵入 invasion through natural openings
傷口侵入 wound invasion

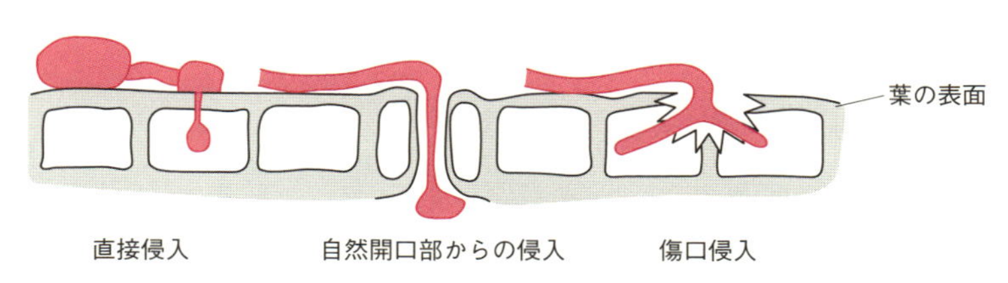

図 4・3 病原体のおもな侵入方法

表 4・1 菌類や細菌などの植物への侵入方法

	侵入方法	おもな病原菌
直接侵入	植物表面のクチクラと細胞壁に穴を開けて侵入するもの	イネいもち病菌, 各種のうどんこ病菌など
自然開口部からの侵入	気孔, 水孔, 皮目, 花器などから植物組織内に侵入するもの	コムギ赤さび病菌(夏胞子・さび胞子, 気孔), イネ白葉枯病菌(水孔), オオムギ裸黒穂病菌(開花中の雌ずいの柱頭から侵入して胚に至り, 受精後の種子が保毒種子となる, 花器), リンゴモニリア病菌(柱頭から侵入して, 花腐れや実腐れを起こす, 花器)
傷口侵入	傷口から侵入するもの	リンゴ腐らん病菌(枝幹部から), カンキツ緑かび病菌(果実表面から), 野菜類軟腐病菌(風雨などでできた傷口や昆虫による食痕などから)など多くの病原菌

直接侵入する病原菌類は, 一般に次のような感染行動をとる(図4・4). まず, 植物体上に飛来して付着した菌類の**胞子**は, 水分などの条件が適当であると発芽して, **発芽管**をつくる. 発芽管は**付着器**を形成して, 植物表層と強固に結合する(付着). 付着器からは通常の**菌糸**より細い**侵入糸**(**貫入菌糸**)が形成され, クチクラと細胞壁を貫通して細胞質に到達する. 感受性の細胞では**侵入菌糸**や**吸器**が形成さ

胞子 spore
発芽管 germ tube
付着器 appressorium(-a)
菌糸 hypha(-ae)
侵入糸 infection peg
貫入菌糸 penetration hypha(-ae)
侵入菌糸 infection hypha(-ae)
吸器 haustorium(-a)

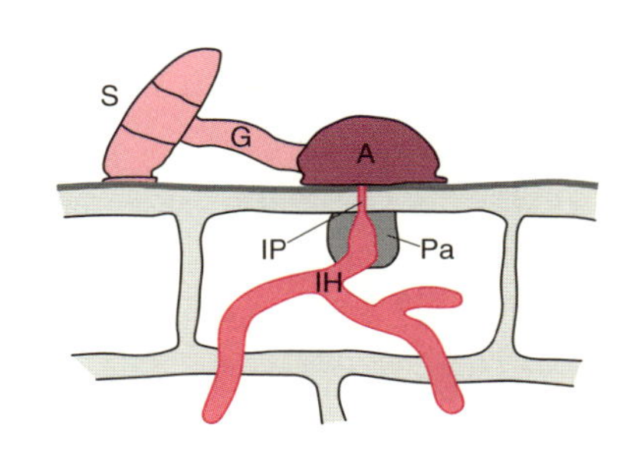

S: 胞子, G: 発芽管, A: 付着器, IP: 侵入糸, Pa: パピラ, IH: 侵入菌糸

図 4・4 直接侵入のしくみ. 植物の表面で発芽した胞子は付着器をつくってクチクラ層に固着し, 侵入糸で細胞壁を突き抜けて表皮細胞の細胞質に侵入する.

れて，栄養関係が結ばれて感染が成立する（定着）．侵入糸の細胞内への侵入はおもに物理的な力によるが，酵素類による化学的な力も働いていると考えられている．

吸器は病原菌類が栄養を吸収するために宿主細胞質内につくる特殊な器官で，手指のように枝分かれして表面積を増大させた構造をとるものが多い（図４・５）．べと病菌，うどんこ病菌，さび病菌などの菌類は，吸器を植物の生きた細胞内に差し込んで栄養を吸収する．

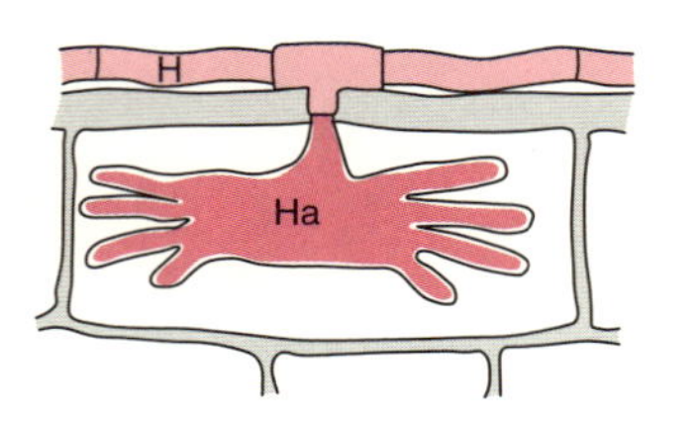

図 4・5　吸器の構造の例

感染が成立すると，病原体は宿主植物内で増殖して蔓延（まんえん）するが，その程度はさまざまである．うどんこ病菌は植物の外側表層に菌糸を展開させ，ところどころの表皮細胞に吸器を挿入して栄養を吸収する．リンゴ黒星病菌（くろほしびょうきん）のように，増殖が表皮細胞壁のクチクラ下層に限られる場合もある．また，宿主を萎凋（いちょう）させる *Fusarium* 属菌などはおもに維管束系で増殖する．病原細菌は，細胞間隙や維管束系で増殖するものが多い．大部分のウイルスは葉肉細胞で増殖するが，一部のウイルスやファイトプラズマの増殖部位は篩部組織に限られる．

病原体の栄養摂取様式

絶対寄生者 obligate parasite, biotroph

感染が成立すると，病原体は宿主植物から栄養を吸収して生活するようになる．病原体を栄養摂取様式で分類すると，次の表４・２のように，大きく**絶対寄生者**と

表 4・2　微生物の栄養摂取様式

	栄養摂取様式	おもな病原体
絶対寄生	生きた植物体のみを利用して栄養をとることができるもので，一部を除いて人工培養できない．宿主植物が枯死したり病原体が宿主植物から離れた場合には増殖できず，長くは生育できない	ウイルス，ウイロイド，ファイトプラズマ，べと病菌，さび病菌，うどんこ病菌など
非絶対寄生	生きた植物体だけでなく，死んだ生物や植物遺体などの有機物から栄養をとることができるもの	
条件腐生	生活環の大部分を植物に寄生して過ごし，残りは死んだ生物や有機物などから栄養をとって生活するもの．培地で培養できる	イネいもち病菌など，大部分の植物病原体(菌類と細菌)
条件寄生	通常は有機物に依存して生活していて，条件によっては植物に寄生するもの．培養は容易	野菜類苗立枯病菌，カンキツ緑かび病菌，*Alternaria* 属菌など
腐　生	動植物遺体などの有機物を分解して自由生活する．培養は容易	ほとんどの菌類と細菌

非絶対寄生者の二つになり，非絶対寄生者はさらに**条件腐生者**と**条件寄生者**に分けられる．病原体が細菌や菌類の場合には，絶対寄生菌（純寄生菌），条件腐生菌，条件寄生菌ともよぶ．自然界の大多数の菌類と細菌は植物病原菌ではなくて**腐生者**であり，宿主に依存する寄生生活を行わず，動植物遺体などの有機物を分解して自由生活している．

非絶対寄生者 non-obligate parasite
条件腐生者 facultative saprophyte, semi-biotroph
条件寄生者 facultative parasite, necrotroph
腐生者 saprophyte

菌根菌とよばれる菌類や**根粒菌**などは，病原体と同様の感染過程を経て植物に感染し，窒素やリンなどを植物に供給し，植物からは同化産物を得て生活している．これらは共生者であり，寄生者であるが病原体とはよばない．したがって，寄生と相利共生はいずれも微生物と宿主との共生関係であって，前者は宿主に不利益をもたらすもの，後者は利益をもたらすものと考えることができる．

菌根菌 mycorrhiza(-ae)
根粒菌 root nodule bacterium (-a)

4・4 感染に伴う生理的変化

病原体の感染などによって宿主植物が病気になると，さまざまな生理的変化が起こるようになる．

呼吸は，病原体の感染によって活発になることが多い．たとえば，タバコの野生種である *Nicotiana glutinosa* の葉にタバコモザイクウイルス（TMV）を接種した後に形成される局部壊死病斑の周辺組織では，呼吸速度の上昇が認められる．病原体の感染は直接間接に，宿主植物の光合成，蒸散や養水分の輸送に影響する．また，感染は宿主のホルモン環境を乱して生育や分化に大きく影響し，異常な形態をとらせることが多い．病原菌自身が毒素や植物ホルモンを生産する場合もある（§17・3，§17・4 参照）．

4・5 病 徴 の 発 現

発病によって肉眼的に観察されるようになる宿主植物のさまざまな異常や変化を**病徴**とよぶ．病徴には，植物体の全体に現れる**全身病徴**と，部分に現れる**局部病徴**とがある．また，病原体に感染した植物体には，たとえば *Potyvirus* 属ウイルスによる風車状封入体（図4・6）のように感染植物の内部に**内部病徴**が観察されることも多い．全身病徴と局部病徴，内部病徴の代表的な例を表4・3にあげる．

病徴 symptom
全身病徴 systemic symptom
局部病徴 local symptom
内部病徴 internal symptom

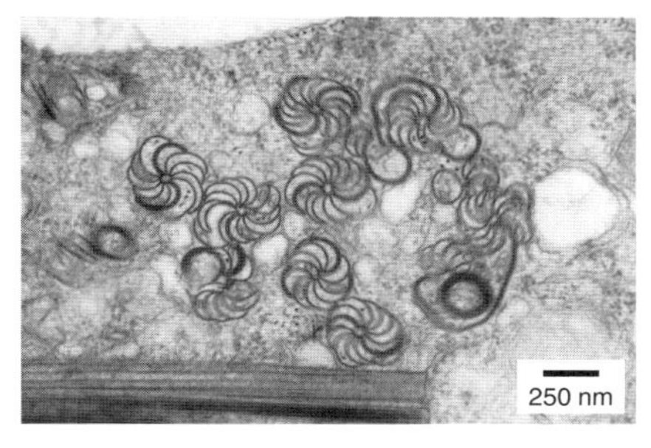

図 4・6　インゲンマメモザイクウイルス感染ラッカセイの葉肉細胞の細胞質内に観察される風車状封入体

苗立枯れ damping-off
萎凋 wilt
萎縮 dwarf
矮化 stunt
黄化 yellows
退緑 chlorosis
徒長 elongation
落葉 defoliation
縮葉 rugose, leaf curl
葉巻 leaf roll
葉枯れ leaf blight
斑点 spot
条斑 stripe, streak
モザイク mosaic
焼け blight
壊死 necrosis
枝枯れ dieback
腐敗 rot
かいよう canker
腐らん canker
つる枯れ canker
そうか scab
てんぐ巣 witches' broom
根こぶ club root
こぶ gall
根腐れ root rot
維管束部褐変 vascular browning
篩部壊死 phloem necrosis
封入体 inclusion body

表 4・3 植物病原体によるおもな病徴

	病徴の種類	病徴とおもな病気
全身病徴	苗立枯れ	発芽後の幼苗が倒れて枯れる．*Pythium* 属菌，*Fusarium* 属菌，*Rhizoctonia* 属菌などによる各種植物の苗立枯病
	萎 凋	植物全体がしおれて枯れる．トマト萎凋病，ナス半身萎凋病，ナス科植物青枯病など
	萎縮，矮化	植物体が発育不全になり，背丈が極端に低くなる．芽や枝が増加することが多い．イネ黄化萎縮病，イネ萎縮病，オオムギ縞萎縮病，ホップ矮化病など
	黄化，退緑	葉や植物体全体が黄化したり，退色したりする．イネ黄萎病，テンサイ萎黄病など
	徒 長	植物体の草丈が異常に高くなる．イネばか苗病など
	落 葉	著しい落葉が起こる．リンゴ斑点落葉病など
	縮 葉	葉が縮れる．モモ縮葉病など
	葉 巻	葉が巻く．ジャガイモ葉巻病など
局部病徴	葉枯れ	葉に急激な壊死が起こって枯れる．ジャガイモ疫病など
	斑 点	葉などに斑点を生じる．トマト斑点病，エンドウ褐紋病など
	条 斑	白色や黄褐色のすじ状に変色した病斑ができる．オオムギ条斑病など
	モザイク	葉にまだらな濃淡の病斑ができる．タバコモザイク病，キュウリモザイク病など
	焼 け	組織が急激に枯れる．ダイズ葉焼病など
	壊 死	組織が枯れる．ウリ類炭疽病など
	枝枯れ	枝の一部が先端から基部へ枯れる．クリ胴枯病，ナシ胴枯病，バラ枝枯病など
	腐 敗	組織が腐敗する．サツマイモ軟腐病，野菜類軟腐病，イネもみ枯細菌病など
	かいよう	周囲が盛り上がった病斑ができ，内部がただれる．カンキツかいよう病など
	腐らん	罹病組織が崩壊して枯れる．リンゴ腐らん病など
	つる枯れ	つるが枯死する．キュウリつる割病，メロンつる枯病など
	そうか	かさぶた状の病斑ができる．ジャガイモそうか病など
	てんぐ巣	細かい枝や茎がたくさん生じる．サクラてんぐ巣病，キリてんぐ巣病など
	根こぶ	根に大小の棍棒状のこぶができる．アブラナ科植物根こぶ病など
	こ ぶ	茎や枝にこぶができる．果樹類根頭がんしゅ病，オリーブこぶ病，アカマツこぶ病など
	根腐れ	根が腐敗する．サツマイモ根腐病，テンサイ根腐病など
内部病徴	維管束部褐変	茎などの維管束が褐色に変色し，養水分の供給障害が起こる．ナス科植物青枯病，キュウリつる割病など
	篩部壊死	ウイルスやファイトプラズマの感染により，篩部細胞の壊死と崩壊が起こる．ジャガイモ葉巻病など
	封入体	ウイルス感染によって生じる．光学顕微鏡で観察される結晶状封入体（TMV など），電子顕微鏡で感染細胞内部に観察される風車状封入体（*Potyvirus* 属ウイルスなど）などがある

表 4・4　植物病原体によるおもな標徴

標徴の種類	標徴とおもな病気
粉状のかび	植物体の表面に菌類の胞子が粉状に集積する．うどんこ病，さび病など
綿ぼこり状のかび	植物体の表面に菌類の菌糸などが綿ぼこりのように繁殖する．イチゴ灰色かび病，キュウリべと病など
小さい黒点状構造物	罹病部に菌類の子のう殻などが微小な黒点として観察される．うどんこ病，炭疽病，つる枯病など
菌　核	感染部位やその周辺に菌類菌糸が絡み合ってできた黒色あるいは褐色のケシ粒状ないしネズミ糞状の粒子がみられる．白絹病，菌核病など
菌　泥	感染部位から細菌集塊を含む漏出物がみられる．イネ白葉枯病，ナス科植物青枯病など

菌核 sclerotium (-a)

菌泥（きんでい） ooze

また，菌類の菌糸の集合など，罹病植物体上で病原体が肉眼的に観察されるものを特に**標徴**とよぶ．標徴には表4・4のようなものがある．

標徴 sign

ウイルス病では，モザイクや斑点などウイルス病に特徴的な病徴が現れることが多いが，ほかの病原による症状と区別が困難な場合も多い．たとえば，黄化や萎縮などはファイトプラズマなどによる病徴と区別することがむずかしい．また，ウイルスによる黄化はマグネシウム欠乏などの生理病によるものとよく似ている．また，遺伝的な斑入りとウイルスによるモザイクとの識別もむずかしい．斑紋や葉脈透化は，ウイルスではなく吸汁性昆虫による養分収奪やフシダニの毒素による場合もある．また，除草剤による薬害が，黄化，奇形や葉脈透化などのウイルス病徴とよく似た症状を起こすことがある．

なお，病原体が感染した後，病徴が現れるまでの期間を**潜伏期間**という．感染しても病徴が現れない場合は，**潜在感染**（潜伏感染）という．病原体が潜在感染した宿主植物では病徴が認められず被害もないので，通常は病気とはされず，病名も付けられない．しかし，これらの感染植物は病原体の伝染源として機能し，ほかの宿主での病気の発生源になることも多いので注意が必要である．

潜伏期間 incubation period

潜在感染 latent infection

4・6　病名の付け方

植物の**病名**は，宿主ごとに1種の病原体に対して一つの病名が付けられることが原則である．これを，一病原一病名の原則という．例外もあり，複数の病原体によって起こる病気に一つの病名が付けられている場合もある．たとえば，タバコモザイク病にはタバコモザイクウイルスを含めて5種のウイルスが病原体として知られているが，それぞれを肉眼的な病徴により区別することは困難である．

植物の病名は，一般的にはその病気が最初に記載された宿主とおもな病徴とを組合わせて，たとえば，“モモ縮葉病”，“ナシ赤星病”，“トマト萎凋病”，“イネ白葉枯病”，“キリてんぐ巣病”，“イネ萎縮病”，“ジャガイモ葉巻病”などのように命名されている．病名にはほかに，古くからの病名である“いもち（稲熱）”を用いたイネいもち病，“高接ぎ（たかつ）*”という接ぎ木法を行うと起こる病気であることから付けられた

＊果樹などで別の品種の木を新しく植える代わりに，すでに栽培している成木の枝に別の品種の穂木を接ぎ木して品種更新を行う方法．

白さび病 white rust
べと病 downy mildew
疫病 phytophthora blight
うどんこ病 powdery mildew
黒穂病 smut
さび病 rust
もち病 blister blight
炭疽病 anthracnose
いもち病 blast
菌核病 sclerotinia rot

表 4・5 病原体の種類によるおもな病名

病 名	おもな病気
白さび病	表面に白い粉状の胞子層をつくる．*Albugo* 属菌
べと病	灰色の分生子柄・分生子をつくる．Peronosporaceae 科菌
疫病	組織が急激に壊死して，水が浸み込んだようになる．*Phytophthora* 属菌
うどんこ病	うどんこ状の分生子柄・分生子をつくる．Erysiphales 目菌
黒穂病	おもに穂に黒い胞子層をつくる．Ustilaginales 目菌
さび病	さび色の胞子層をつくる．Pucciniaceae 科菌
もち病	組織がもち状に腫れ，表面に白い繁殖体をつくる．*Exobasidium* 属菌
炭疽病	円形の斑紋ができる．*Collectotrichum* 属菌
いもち病	紡錘形の淡褐色から灰色の壊死病斑ができる．*Pyricularia* 属菌
菌核病	菌糸が密集して塊となった菌核を形成する．*Sclerotinia* 属菌

“リンゴ高接病”などもある．

また，各種作物に発生する病原体グループに共通な病名としては，表4・5のようなものがある．これらは病原体の標徴の特徴によるものが多い．

4章 感染と発病 まとめ

- 病気の発生には，病原体，宿主植物，環境条件の三要因が揃う必要がある．
- 宿主に感染して病気を起こす病原体の能力を病原性という．
- 病原体を受け入れる宿主の性質を感受性といい，受け入れない性質を抵抗性という．
- 病原体が感受性植物に接触して栄養授受の関係が成立するまでの過程を感染という．
- 病原体の侵入が宿主に受容されて病原体が宿主から栄養を摂取して安定的に生活できるようになることを，感染の成立という．
- 感染が成立して病原体が増殖し宿主に病徴が現れる過程を発病という．
- 病原体の宿主植物への侵入方法には，おもに，直接侵入，自然開口部からの侵入，傷口侵入の三つがある．
- 病原体は栄養摂取様式によって絶対寄生者と非絶対寄生者とに分けられ，非絶対寄生者はさらに条件腐生者と条件寄生者とに分けられる．
- 発病によって肉眼的に観察されるさまざまな異常，変化を病徴といい，病徴には宿主の全身に現れる全身病徴と一部だけに現れる局部病徴とがある．

病気の発生と流行

5

植物の病気はどのようなメカニズムで発生し，流行するのだろう．伝染のしくみ，環境条件との関係などもみよう．

5・1 伝染源と伝染

前章では，病原体が植物の個体に病気を起こすしくみを示した．本章では，実際の野外環境で，病原体が植物の個体群に病気を起こし，流行する要因としくみをみることにする．病気の流行の理論を研究する学問は，**疫学**（流行病学）という．

野外での植物の病気の発生と流行は，伝染源に存在する病原体が宿主植物へ**伝染***することによって始まる．植物の伝染病では，伝染の速度と効率が被害の大小を大きく左右する．§4・1では，病気が発生する不可欠の要件として，“病気の三角形”というモデルをあげた．病気の流行を考えるためには，病原体と宿主植物，環境条件からなる三角形にもう一つの軸を加えて，**病気のピラミッド**というモデルを考える．新しく加わった軸は“時間”であり，これが伝染の速度と効率を表す．この三角錐の容積が病気の流行の総量を表し，被害の大きさに対応する（図5・1）．実際には，人間という要素も，病気の流行の拡大や被害の大きさに影響する．

植物に病気が発生するためには**伝染源**が必要である．一次伝染源からある宿主植物に伝染した病原体は，条件が好適であるとその宿主植物上で増殖し，それが二次伝染源となり，さらに周囲の個体などに伝染して病原体の分布が拡大する．このように，病原体の伝染には伝染源と宿主植物との間の循環があり，この病原体の循環過程を**伝染環**という（図5・2）．この伝染環を断ち切ることは，病気を防除するための重要な戦略になる．

疫学 epidemiology

＊伝染 dissemination：“伝染”にはよく似た用語として，日本語では“伝播”と“伝搬”が，英語では spread, transmission などがある．本書では，病原体がある宿主植物から別の宿主植物へ移動することを原則として伝染 dissemination，病原体が伝染して病気が隣の圃場や他の地域で発生するようになることを伝播 spread，昆虫などの媒介者が病原体をある宿主植物から他の宿主植物へ運ぶことを伝搬 transmission とよぶことにする．

病気のピラミッド disease pyramid

伝染源 inoculum(-a)

伝染環 disease cycle

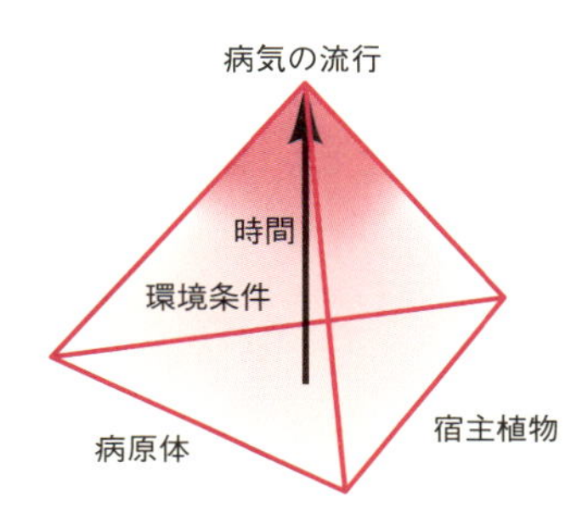

図 5・1 病気のピラミッド

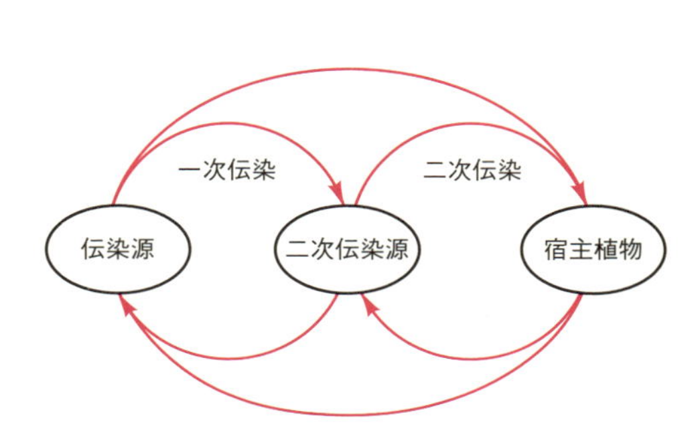

図 5・2 植物の病気の伝染環

5・2　病原体の生存

生存 survival
活動的生存 active survival
耐久体 dormant propagule
休眠的生存 dormant survival

病原体は寒さや暑さ，乾燥など，病原体の生育に不適当な環境条件を，伝染源の上で乗り切って次の伝染に備える．病原体が伝染源において劣悪な条件を生き延びることを**生存**という．この病原体の生存は，好適条件と同じ菌糸などの形態で生存する**活動的生存**と，休眠胞子や菌核（§7・1参照）などの**耐久体**（耐久生存器官）とよばれる特別な器官をつくって生存する**休眠的生存**との二つに分けられる．病原体の生存は，種苗，作物残渣（ざんさ），土壌，雑草などで行われる．

種苗には種子のほか，球根，塊茎，塊根，苗木，挿穂などの栄養繁殖器官が含まれる．作物の種子は乾燥条件で保存されるが，病原体によって汚染されている場合がある．球根などの栄養繁殖器官はウイルスなどの病原体を保毒していることが多い（§5・3参照）．最近は作物種苗の国際間の移動の機会が多くなり，それに伴って病原体の国境を越えた伝染が起こる可能性が高まっている．

作物残渣も伝染源になる．これは，罹病植物の茎葉や根が圃場の土壌中や地上に残って，伝染源となるものである．イネいもち病菌は屋外に放置した被害わらで，胞子や菌糸の形で越冬することがある．トマトの木質化した茎や根は腐りにくく，茎や根の導管内で増殖するトマト青枯病菌（あおがれびょうきん）やトマトかいよう病菌などは，土壌中の残渣内で長期間生存する．リンゴ斑点落葉病菌などは，罹病落葉の病斑部で菌糸として越冬する．また，病原体そのものが**土壌**の中で生存する場合も多い（§5・3参照）．

病原体が**雑草**や樹木などに感染できる場合は，それらの雑草類が伝染源になる．宿主範囲が広いキュウリモザイクウイルスなどのウイルスや中間宿主をもつさび病菌などは，雑草類で越年（越冬，越夏）するものが多い．また，作物のこぼれ種子などに由来する自生植物は感染状態で越冬すると，重要な伝染源となる．果樹や樹木などでは，**休眠枝梢**（ししょう）に潜在感染する病原体が伝染源になる場合もある．たとえば，モモ炭疽病菌は枝の組織内に潜在感染し，リンゴうどんこ病菌は芽の鱗片上で越冬する．

そのほかウイルスのなかには，昆虫，線虫，菌類などの媒介者の中で生存するものも多い．菌類や細菌のなかにも，ニレ立枯病菌（たちがれびょうきん）やリンゴ・ナシ火傷病菌（かしょうびょうきん）のように媒介昆虫の体表面で生存するものがある．

野外条件での病原体の生存期間の長さはさまざまである．一般に，病原菌の分生胞子の生存期間は長くない．それに対して，土壌伝染病を起こす病原菌の休眠胞子や菌核などの耐久体の生存期間は5〜10年，あるいはそれ以上にもなる．ナス科植物青枯病菌などの病原細菌は土壌中あるいは残渣中で，また，ビートえそ性葉脈黄化ウイルスなどの菌類伝搬性のウイルスは媒介菌類の休眠胞子とともに，数年以上生存できる．

土壌中で休眠する卵胞子や休眠胞子などの耐久体は，多くは植物の根から浸出してくるグルコースなどの糖やアスパラギンなどのアミノ酸に反応してめざめ，感染行動を開始する．病原菌のなかには宿主植物に特異的な物質に反応するものもあり，たとえば，ダイコン根（ね）くびれ病菌は，遊走子がダイコンから分泌されるインドール-3-アルデヒドに誘引されて宿主の根に向かう．

5・3 病原体の伝染方法

病原体の大部分は，風や水などの物理的要因によって伝染するが，一部は昆虫などの媒介者によって伝搬されて伝染する．菌類の遊走子，細菌，線虫などは運動能力をもつが，自力で移動できる距離はわずかで，分布域の急激な拡大には洪水などの物理的要因がかかわる場合が多い．病原体の伝染方法には，風媒伝染，水媒伝染，土壌伝染，種子伝染，媒介者による伝染などがある．

風媒伝染

風媒伝染は，植物体の地上部に発生する菌類病で特に重要な伝染方法である．地上部の感染植物体から胞子などが風によって運ばれて伝染する病気は，**空気伝染病**という[*1]．菌類病の風媒伝搬では伝染に成功する確率が低いために，胞子の形成量が多い．たとえば，うどんこ病菌は病斑 1 cm^2 当たり数千個の，べと病菌は 10 万個の分生胞子をつくる．風によって運ばれるのはおもに分生胞子などの胞子であるが，菌核なども土砂とともに運ばれることがある．

風媒伝染 airborne dissemination

空気伝染病 airborne disease

*1 空気伝染病は作物の生育期間中に短時間に激化し，大流行するので，複利式の病気とされる．これに対して，土壌伝染病は長い時間をかけて隣接した個体に徐々に広がっていくので，単利式の病気とされる．

植物病原菌類の風媒伝染は，胞子の離脱，飛散，宿主表面への付着の三つの段階からなる．植物体の表面には空気がほとんど動かない境界層とよばれる層があるが，菌類は子実体などをつくって胞子をその外側の乱流層に送り込み，それが空気の渦によってさらに上空へ運ばれる[*2]（図 5・3）．

*2 空気中に飛散している胞子は，ゼラチンゼリーを塗布したスライドガラスなどを利用した胞子採集器で捕捉して計測できる．

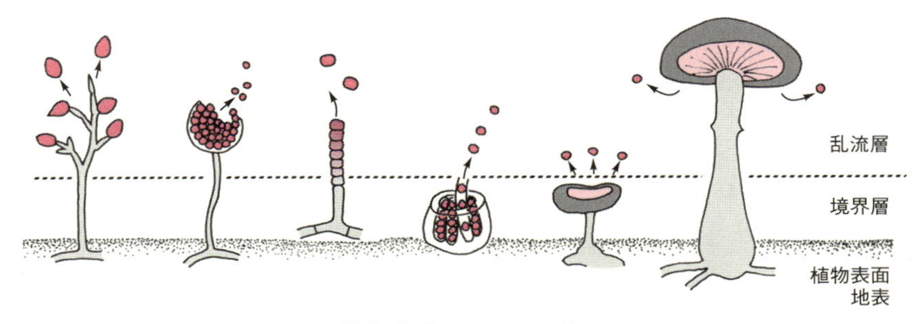

図 5・3　菌類の胞子飛散方法［J. A. Lucas, "Plant Pathology and Plant Pathogens", 3rd ed., Blackwell (1998), Fig. 3·8 をもとに作成.］

胞子は風や降雨，湿度変化などによって受動的な離脱をするが，能動的な離脱機構をもつものもある．イネいもち病菌の分生胞子の水田での飛散は夜間に多く，20～22 ℃で 90％以上の湿度が 10 時間以上続くと胞子の飛散が起こる．

離脱した胞子は上昇気流などによって上空に運ばれる．菌類胞子や細菌は 27,000 m の上空でも検出されている．ムギ類黒さび病菌の夏胞子は高度 4000 m でも検出されているが，この胞子が 1600 m の高度から秒速 1.2 cm の速度で落下するときに秒速 9 m の風に運ばれると，1200 km の距離を移動することになる．米国では，テキサス州で越冬したムギ類黒さび病菌の夏胞子が遠距離飛散し，1700 km 以上離れたノースダコタ州やサウスダコタ州の春コムギに感染する経過が追跡されている（図 5・4）．

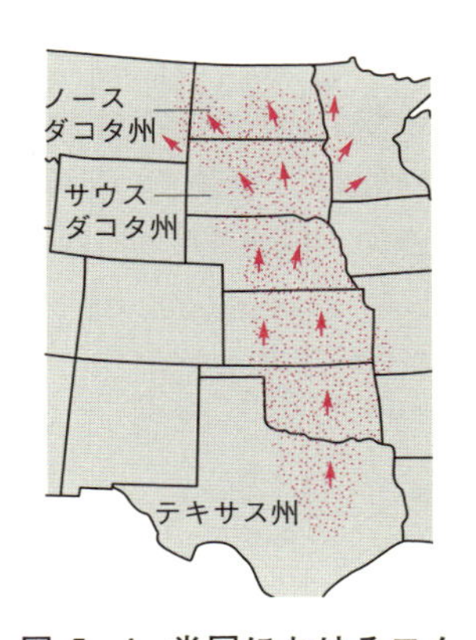

図 5・4　米国におけるコムギ黒さび病菌の遠距離飛散

上空に達した胞子などは自然落下するが，湿った空気中では乾燥した場合よりも 2～3 倍早く落下する．大気中に飛散した胞子は，飛散距離が大きくなるにつれて密度が小さくなるので，宿主植物に到達して伝染に成功する確率はより小さくなる．胞子の宿主植物への付着の成功率は，宿主表面への衝突速度，降雨の有無，宿主表面の濡れ，毛の有無，粘性などによって変化する．

水媒伝染

水媒伝染 water dissemination

水媒伝染は雨水や灌漑水などの水を媒体とした伝染をいう．また，雨滴やその飛沫によるものを飛沫伝染，地上の流水によるものを流水伝染という．雨滴は空気中を飛散している胞子を捕捉して植物体へ運んだり，土壌表面の病原体を土壌粒子とともに植物体に跳ね上げたりする．スプリンクラー灌水によって病原体が跳ね飛ばされて伝染が起こることも多い．灌漑水による伝染は，イネ紋枯病菌(もんがれびょうきん)，イネ黄化萎縮病菌，イネ白葉枯病菌などで起こる．水耕栽培では，ミツバベと病菌などの病原菌が培養液に混入すると，急速に増殖して大きな被害をもたらす．

土壌伝染

土壌伝染病 soilborne disease
土壌伝染 soil dissemination
土壌生息菌 soil inhabitant
根系生息菌 root inhabitant

病原体が土壌中で生存し，宿主植物の根や地際部(じぎわぶ)から侵入して発病する病気を**土壌伝染病**という．**土壌伝染**する病原体は，**土壌生息菌**と**根系生息菌**とに分けられる．土壌生息菌は通常は土壌中で腐生的に生存し，宿主植物と接触すると寄生を始めるもので，宿主範囲が広いために病原体が圃場に定着すると輪作などによる防除は困難である．一方，根系生息菌は土壌中で自由生活できないもので，これはさらに作物残渣の上で腐生的に生存できる根系生息型寄生菌と，休眠胞子などをつくって土壌中で生存する休眠生存型絶対寄生菌とに分けられる．また，トマトモザイクウイルスなど一部のウイルスは，土壌中に残存したウイルス粒子が植物の根などに接触することにより感染する（表5・1）．線虫や菌類などの土壌生息媒介者による病気も土壌伝染病に含まれる．

一般に土壌伝染病では病原菌の土壌中での移動距離は小さく，土壌中の病原体が病気の拡大につながる場合は少ない．しかし，土壌中の病原体は，客土(きゃくど)によって新しい土地に運ばれたり，地表水や土ぼこりとともに移動することもある．また，農機具や自動車のタイヤ，トラクターなどの農作業機械，植物の根に付着した土壌とともに運ばれることもある*．

*植物検疫によって国際フェリーから上陸するトラックなどのタイヤの洗浄が求められたり，土がついた植物体の輸入が禁止されていたりするのは，病原体が土とともに運ばれるのを防ぐためである．

表 5・1 土壌伝染するおもな病原体

生息様式	病原体
土壌生息	果樹類紫紋羽病菌 *Helicobasidium mompa* ナス科植物青枯病菌 *Ralstonia solanacearum*
根系生息	
根系生息型寄生	各種作物の萎凋病菌 *Fusarium oxysporum* ムギ類立枯病菌 *Gaeumannomyces graminis* var. *tritici* ナス半身萎凋病菌 *Verticillium dahliae*
休眠生存型絶対寄生	アブラナ科植物根こぶ病菌 *Plasmodiophora brassicae*
接　触	トマトモザイクウイルス *Tomato mosaic virus*

種子伝染

病原体が種子の内部に含まれる場合や，表面に付着している場合は，**種子伝染**を起こすものがある．病原体による種子汚染には，病原体が種子の内部にまで感染している侵入，種子表面に結合する付着，種子と混在する混入の三つのタイプがある（表5・2）．

種子伝染 seed dissemination

表5・2　種子伝染するおもな病原体

汚染様式	病原体	
侵入	ダイズ紫斑病菌 *Cercospora kikuchii*	キュウリ褐斑病菌 *Corynespora cassiicola*
	トマト萎凋病菌 *Fusarium oxysporum* f.sp.*lycopersici*	イネばか苗病菌 *Gibberella fujikuroi*
	イネいもち病菌 *Pyricularia oryzae*	オオムギ裸黒穂病菌 *Ustilago nuda*
	ラッカセイ斑紋ウイルス *Peanut mottle virus*	ダイズモザイクウイルス *Soybean mosaic virus*
付着	ダイコン黒斑病菌 *Alternaria japonica*	イネもみ枯細菌病菌 *Burkholderia glumae*
	キュウリ緑斑モザイクウイルス *Cucumber green mottle mosaic virus*	
	トマトモザイクウイルス *Tomato mosaic virus*	
混入	ムギ類麦角病菌 *Claviceps purpurea* var. *purpurea*	
	クローバ類菌核病菌 *Sclerotinia trifoliorum*	

植物ウイルスの多くは感染植物に形成される種子には伝わらないので，通常は種子から植物を育成すればウイルスに感染していない植物個体が得られる．一方，ジャガイモの各種ウイルスなど，栄養繁殖器官で生存する病原体は容易に次代に伝染し，大きな被害をもたらす．そこで，ジャガイモ，イチゴ，サツマイモなどでは茎頂培養などによってウイルスを除いた（ウイルスフリー）種苗がつくられ，栽培に利用されている（§13・4参照）．

媒介者による伝染

媒介者による伝染は，ウイルス，ファイトプラズマ，また，細菌，菌類などで起こる．リンゴ・ナシ火傷病菌はミツバチなどの訪花昆虫などによって伝搬される．イネばか苗病菌の分生胞子はウンカ，ヨコバイ類やスズメなどが，ウリ類炭疽病菌（たんそびょうきん）の分生胞子はウリハムシが伝搬する．ナシ赤星病菌ではこの菌のさび柄子殻が甘い蜜を分泌し，これにひき寄せられたアリやハチなどの昆虫がさび柄胞子を伝搬してさび柄胞子の融合を助ける．欧米のニレ立枯病菌はキクイムシによって，西日本を中心に広く発生しているマツ類材線虫病の病原であるマツノザイセンチュウはマツノマダラカミキリによって伝搬される．

媒介者 vector

植物ウイルスの自然界での媒介者の大部分は昆虫で，アブラムシ，ヨコバイ，ウンカ，コナジラミとアザミウマが重要である（図5・5）．

ウイルスのアブラムシ，ヨコバイ，ウンカなどによる伝搬様式は，非永続型伝搬と永続型伝搬に分けられる．**非永続型伝搬**では，媒介昆虫は罹病植物に口針を数秒から数十秒探り挿入するだけでウイルスを獲得する．昆虫がウイルスを獲得するにはウイルス粒子が口針内壁に結合することが必要で，これにはキュウリモザイクウイルス（CMV）では外被タンパク質が，*Potyvirus* 属ウイルスではヘルパー成分タ

アブラムシ aphid
ヨコバイ leafhopper
ウンカ planthopper
コナジラミ whitefly
アザミウマ thrips
非永続型伝搬 nonpersistent transmission
ヘルパー成分タンパク質 helper component protein

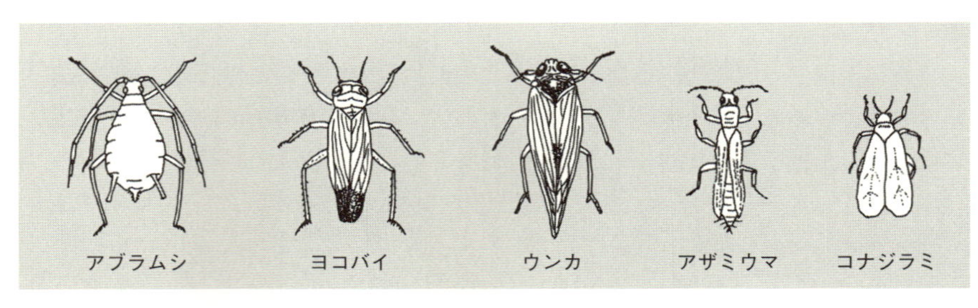

図 5・5 植物ウイルスのおもな媒介昆虫. 縮尺は異なる

ンパク質（HC-Pro）が関与し，次の吸汁の際にウイルスが唾液とともに植物細胞に注入されて感染が起こる．一方，タバコモザイクウイルス（TMV）はきわめて安定なウイルスであるが，口針内壁に結合する構造をもたないため，吸汁されてもアブラムシによる伝搬は起こらない．

永続型伝搬 persistent transmission

永続型伝搬の場合には獲得吸汁に数時間以上が必要で，その後数時間から数日間の虫体内潜伏期間の後，ウイルスを獲得した保毒虫は数日以上，ときには終生伝染能力を保持する．永続型伝搬には二つのタイプがあり，ウイルスが昆虫の体内を循環した後に伝染するものを**循環型**，虫体内でウイルスが増殖するものを**増殖型**とよぶ．増殖型のイネ萎縮ウイルスは保毒ツマグロヨコバイが終生伝染能力をもつだけでなく，保毒雌虫の卵を通じて仔虫にまで伝染する．これを**経卵伝搬**という．このほか非永続型と永続型の中間の**半永続型伝搬**がある．

循環型 circulative type

増殖型 propagative type

経卵伝搬 transovarial transmission

半永続型伝搬 semipersistent transmission

最近はガラス温室などの普及に伴い，コナジラミやアザミウマによって伝搬されるウイルス病が増加している．また，一部のウイルスはハムシやバッタなどの咀嚼（そしゃく）口をもつ昆虫によって，機械的に伝搬される．トマトなどの授粉昆虫として使われるマルハナバチは体表に付着したTMVなどを伝搬することがある．このほか，**ダニ**により伝搬されるウイルスもある（表5・3）．

ダニ mite

このほかのウイルスの媒介者には，**線虫**と**菌類**がある．ユミハリセンチュウやナガハリセンチュウなどの線虫は，タバコ茎えそウイルスやトマト輪点ウイルスなどを伝搬する．ウイルスは線虫の口針または食道の内壁に吸着され，線虫が植物の根を吸汁する際に伝染する．線虫内部でのウイルスの増殖はなく，線虫は脱皮すると

線虫 nematode

菌類 fungus(-i)

表 5・3 節足動物によるウイルスの伝搬

媒介者	伝搬様式	おもなウイルス
アブラムシ	非永続型	キュウリモザイクウイルス *Cucumber mosaic virus*
		ジャガイモYウイルス *Potato virus Y*
アブラムシ	半永続型	カンキツトリステザウイルス *Citrus tristeza virus*
アブラムシ	永続型・循環型	ジャガイモ葉巻ウイルス *Potato leaf roll virus*
ヨコバイ	永続型・増殖型	イネ萎縮ウイルス *Rice dwarf virus*
コナジラミ	永続型・循環型	トマト黄化葉巻ウイルス *Tomato yellow leaf curl virus*
アザミウマ	永続型・増殖型	トマト黄化えそウイルス *Tomato spotted wilt virus*
ダ　ニ	不明	ニンニクCウイルス *Garlic virus C*

伝搬能力を失う．また，ネコブカビ類の *Polymyxa* 属，ツボカビ類の *Olpidium* 属などの菌類は，ビートえそ性葉脈黄化ウイルスやタバコえそ D ウイルスなどのウイルスを伝搬する．いずれの菌類もウイルスを保毒した遊走子が植物の根に感染して，ウイルスを伝搬する．

その他の伝染方法

ヒトによる農作業が病原体を伝染させる場合も多い．たとえば，トマトのトマトモザイクウイルス（ToMV）などは，芽かきや整枝，摘果などの作業の際に感染組織の汁液がハサミや手指に付着して他の個体に容易に**接触伝染**する．植物の葉と葉の接触によっても，ウイルスが接触伝染する場合がある．ただし，接触伝染するウイルスは ToMV，TMV やジャガイモ X ウイルスなど少数で，接種源でのウイルス濃度が一定以上ないと伝染は起こらない．CMV は通常は接触伝染しないが，メロンやキュウリなどでは *Potyvirus* 属ウイルスと重複感染すると植物体内のウイルス濃度が極端に高くなり，接触伝染するようになる．

接触伝染 contact dissemination

花粉伝染する病原体は少ないが，プルヌスえそ輪点ウイルスは花粉によってオウトウ（ミザクラ）に伝染する．

花粉伝染 pollen dissemination

ウイルス，ウイロイド，ファイトプラズマは**接ぎ木伝染**する．健全な接ぎ穂を罹病台木に接いでも，逆に罹病穂木を健全台木に接いでも，これらは罹病部から健全部に広がる．そのため，カンキツやリンゴなどでは，高接ぎ更新によってウイルス病の被害が拡大した．最近広く行われるようになった野菜の接ぎ木栽培でも，ウイルスの伝染には十分に注意する必要がある．罹病接ぎ木苗の移動によって，野菜の病気が遠隔地に運ばれることもある．

接ぎ木伝染 graft dissemination

5・4 発病と流行に影響する環境条件

病気の発生と流行には環境条件が大きく影響する．病気の発生と流行に影響する環境要因としては，自然環境と人為環境が重要である．

自然環境では，温度，湿度，降雨，風，日照などが影響し，一般に植物の病気は温暖，高湿度の環境でよく発生する．**温度**は病原体と宿主植物の両方に作用するために，発病を左右する最も大きな要因である．生育適温は病原体ごとに異なる．たとえば，積雪下で増殖するコムギ雪腐小粒菌核病菌（ゆきぐされこつぶきんかくびょうきん）などは低温を好み，施設栽培のトマトなどで発生が多いナス科植物青枯病菌などは高温を好む．また，**湿度**は病原菌類の胞子形成や宿主への侵入に影響する．病原菌類の胞子形成には通常 95% 以上の湿度が，宿主への侵入には水滴が必要である．たとえば，イネいもち病菌の胞子発芽と侵入には，葉面に水滴が 6 時間以上存在することが必要である．そのため，イネいもち病菌やイネごま葉枯病菌（はがれびょうきん）は，朝露が消えにくい場所で発生が多くなる．施設栽培の野菜などでは，昼夜の温度差によって夜間に施設内部が加湿状態になり，べと病菌や疫病菌などの発生が多くなる．一方，うどんこ病菌の発芽には水滴は必要でないため，低湿度条件で発生が多くなる．

降雨は病原菌胞子の離脱と飛散に重要であり，また，宿主表面を濡らすことにより，宿主植物への侵入を容易にする．菌類胞子や病原細菌は雨滴や植物体上あるいは地上の雨水により運ばれて伝染する．降雨は高湿度条件をつくり出し，発病を促進する場合が多い．

風も発病や流行に影響する．ジェット気流や台風のような強風は，病原体の遠距離の伝染を起こす．また，強風は葉面に傷口をつくり，また，土壌表面の病原体を巻上げて植物体上へ運ぶことにより，細菌やウイルスなどの侵入を助長する．一方，風は葉面の水分を蒸発させる効果があり，胞子発芽などを抑えて発病を軽減させる効果もある．施設栽培で通風を良くすると病気の発生を抑えることができるのは，このためである．

日照の不足は植物の光合成を低下させ，遊離の糖やアミノ酸，アミドを増加させる．蒸散の低下は養分吸収を抑制させ，たとえば，イネではケイ酸の蓄積が減少するために組織が軟弱になり，病原体に対する抵抗性が低下する．日照不足は多雨，多湿，低温とともに起こることが多く，イネいもち病菌などの多発を招く．施設栽培では光量不足が起こると作物は軟弱になり，病気に対する抵抗性が低下することが多い．

微生物相 microbial flora

植物生育促進根圏細菌 plant growth-promoting rhizobacteria(*pl.*)

抑止土壌 suppressive soil

土壌伝染病の場合には，土壌の**微生物相**も病気の発生に大きな影響を与える．土壌中の作物の根圏に生息する蛍光性 *Pseudomonas* 属細菌などは抗菌性物質を出すとともに植物の生育を促進し，トマト青枯病などの発病を抑える．このように作物の根圏に生息し，病原体に拮抗作用を示す細菌を**植物生育促進根圏細菌**(PGPR)という．また，拮抗微生物などが定着していて土壌伝染病が発病しにくい性質をもつ土壌を，**抑止土壌**という．発病抑止の機構は，抗菌性物質の生成，アメーバによる耐久体胞子の捕食，*Trichoderma* 属菌などによる菌寄生，シデロフォアの分泌(§8・1参照）などによると考えられている．

植物の病気の発生や流行に影響する人為環境には，栽培方法，肥培管理などがある（§13・4参照)．一般に，宿主植物の病気に対する感受性は肥料過多の土壌で高まりやすい．

5章　病気の発生と流行　まとめ

- 病気の発生と流行は，伝染源に存在する病原体が宿主植物へ伝染することによって始まる．
- 伝染とは，病原体がある宿主植物から別の宿主植物へ移動することをいう．
- 病気の流行は，病原体と宿主植物，環境条件からなる三角形に時間軸を加えた病気のピラミッドで表すことができる．
- 病原体の伝染には伝染源と宿主植物との間の循環があり，この病原体の循環過程を伝染環という．
- 病原体が伝染源において劣悪な条件を生き延びることを生存といい，これは活動的生存と休眠的生存の二つに分けられる．
- 病原体が生存する伝染源は，種苗，作物残渣，土壌，雑草，休眠枝梢などである．
- 病原体の大部分は，風や水などの物理的要因により伝染するが，一部は昆虫などの媒介者によって伝搬されて伝染する．
- 病気の発生と流行に影響する環境要因としては，温度，湿度，降雨，風，日照などの自然環境と施肥，栽培密度など人為的環境が重要である．
- 一般に，植物の病気は温暖，高湿度の環境でよく発生し，宿主植物の病気に対する感受性は肥料過多の土壌で高まりやすい．

植物の伝染病と生理病

6 微生物分類の概要

植物の伝染病について考えるためには，微生物とは何かを理解する必要がある．植物病原体のおもなグループである菌類と細菌，ウイルスの分類学的位置づけを確認しよう．

6・1 微生物とは

植物に伝染病を起こす病原のほとんどは微生物である．微生物は植物や動物などとともに生物世界を構成し，発酵や腐敗，あるいは病気などという現象を通して人間の生活と深くかかわっている．それでは，微生物とは何だろうか．

微生物は分類学上の科学用語ではない．肉眼ではほとんど観察できない微小な生物の総称で，直径がおおむね 1 mm 以下の生物をいう．顕微鏡の助けを借りないと観察できない生物といってもよい．微生物には分類学的にはきわめて多様な生物群が含まれるが，一般的には，ウイルス，細菌，原生動物，藻類，菌類の 5 群に分けられる．なお，生物学では生物は細胞をもつものとして定義されていて，それに従うとウイルスは生物に含まれないことになるが，通常はウイルスも微生物に含めて扱われる．

微生物 microorganism, microbe

6・2 生物の高次分類と植物病原体の位置

ギリシャ時代以来，生物は動物界と植物界とに二分されてきた（二界説）が，1894 年にヘッケルは微生物を含む第三のグループとして原生生物界を加えることを提唱した（三界説）．その後，電子顕微鏡観察によって，細菌が DNA を核様体としてもつ**原核生物**で，その他の生物が核膜に包まれた核をもつ**真核生物**であることが明らかになった．そこで 1959 年に，ホイッタカーは生物を発達段階によって**モネラ界**，**原生生物界**，**菌界**，**植物界**，**動物界**の五つのグループに分けた．この五界説とよばれる生物分類は広く受け入れられ，生物群を細胞の共生進化を中心に考えたマーギュリスも，ホイッタカーの五界説をほぼ踏襲している．

ところがその後，細菌の生化学的研究や分子系統解析が進むにつれて，形態的にはほとんど区別できない原核生物が全く異なる 2 群からなることが明らかになり，1977 年にウーズは細菌と古細菌とを区別し，生物を六つの界に分けた（六界説）．ウーズはその後の 1990 年に，**界**のさらに上位に**ドメイン**という分類階級を新設し，生物界を大きく**古細菌**（アーキア），**細菌**，**真核生物**の三つのドメインに分類することを提唱した．古細菌と細菌（真正細菌），真核生物との間には，表 6・1 のよう

ヘッケル E. Haeckel
原核生物 prokaryote
真核生物 eukaryote
ホイッタカー R. H. Whittaker
モネラ界 Monera
原生生物界 Protista
菌界 Fungi
植物界 Plantae
動物界 Animalia
マーギュリス R. Margulis
ウーズ C. R. Woese
界 kingdom
ドメイン domain
古細菌 Archaea
細菌 Bacteria
真核生物 Eukarya

表 6・1 古細菌，細菌，真核生物のおもな違い

	古細菌	細　菌	真核生物
細胞膜脂質	エーテル脂質	エステル脂質	エステル脂質
細胞壁	多様でムラミン酸を欠く	ムラミン酸を含むペプチドグルカン	多様
細胞小器官	なし	なし	あり
核膜に包まれた核	なし	なし	あり
DNA	環状単一で細胞膜に付着	環状単一で細胞膜に付着	複数分子が核膜に包まれる
DNA 結合タンパク質	ヒストン様	HU タンパク質など	ヒストン
イントロン	あり	なし	あり
リボソーム	70S	70S	80S
翻訳開始の tRNA	メチオニン	ホルミルメチオニン	メチオニン
クロラムフェニコール感受性	なし	あり	なし
ジフテリア毒素感受性	あり	なし	あり

な大きな違いがある．なお，古細菌は現在では必ずしも原始的な生物群とは考えられてはおらず，その性質のなかには真核生物と共通するものも多い．

キャバリエ-スミス T. Cavalier-Smith

原生動物界 Protozoa

クロミスタ界 Chromista

アーケゾア界 Archezoa

ストラメノパイル stramenopile

一方，原生生物界と菌界は異質な系統を含んでいたので，1998 年にキャバリエ-スミスはこれらを，**原生動物界**，**クロミスタ界**，**菌界**の三つの界に再編し，生物を八つの界からなるものとした（八界説）．彼はまた，ミトコンドリアをもたない原始的な真核生物の界として**アーケゾア界**を設けたが，その後の研究でそれらは二次的にミトコンドリアを失った生物と考えられるようになり，撤回されている．また，クロミスタ界のうち，卵菌類などが含まれる不等毛類は，**ストラメノパイル**というグループとしてまとめられることもある．なお，原生生物界（原生動物界），クロミスタ界などには依然として多様な系統群が含まれており，今後さらに新しい界が設けられる可能性がある．

2000 年代に入って分子系統解析が進んだ結果，現在では生物の高次分類も大き

<table>
<tr><th>ヘッケル
1894 年</th><th>ホイッタカー
1959 年</th><th>ウーズ
1977 年</th><th>ウーズ
1990 年</th><th>キャバリエ-スミス
1998 年</th><th>本書での分類</th></tr>
<tr><td rowspan="6">原生生物界</td><td rowspan="2">モネラ界</td><td>古細菌界</td><td>古細菌</td><td>古細菌界</td><td>古細菌界</td></tr>
<tr><td>細菌界</td><td>細　菌</td><td>細菌界</td><td>細菌界</td></tr>
<tr><td rowspan="3">原生生物界</td><td rowspan="3">原生生物界</td><td rowspan="6">真核生物</td><td>アーケゾア界</td><td rowspan="3">原生生物界</td></tr>
<tr><td>原生動物界</td></tr>
<tr><td>クロミスタ界</td></tr>
<tr><td>菌　界</td><td>菌　界</td><td>菌　界</td><td>菌　界</td></tr>
<tr><td>植物界</td><td>植物界</td><td>植物界</td><td>植物界</td><td>植物界</td></tr>
<tr><td>動物界</td><td>動物界</td><td>動物界</td><td>動物界</td><td>動物界</td></tr>
</table>

図 6・1 生物の高次分類の考え方

表 6・2 国際原生生物学会による五つのスーパーグループ

スーパーグループ	クリステ形状	鞭毛数	おもな分類群
エクスカバータ(腹側に細胞口をもつ)	盤状/なし	2/4/それ以上	ユーグレナ
SAR†			
ストラメノパイル(前方鞭毛に中空の小毛をもつ)	管状	2	不等毛藻類(褐藻類，珪藻類)，卵菌類
アルベオラータ(細胞表層内側に小胞をもつ)	管状	2/0	渦鞭毛虫類，鞭毛虫類
リザリア(アメーバ様)	管状	2/0	有孔虫類，放散虫類，クロララクニオン藻類
アーケプラスチダ(葉緑体をもつ)	平板状	2/0	灰色藻類，紅色藻類，緑色藻類，陸上植物
アメーボゾア(アメーバ様)	管状	2/0	アメーバ類，変形菌類，タマホコリカビ類
オピストコンタ(後方鞭毛をもつ)	平板状	1/0	襟鞭毛虫類，子のう菌類，担子菌類，後生動物

† SAR はストラメノパイル(Stramenopiles)–アルベオラータ(Alveolata)–リザリア(Rhizaria) の略．
出典：S. M. Adl et al., *J. Eukaryot. Microbiol.* **59**, 429(2012).

く見直されるようになった．進化の過程で細胞内共生や遺伝子の水平伝播がしばしば起こり，生命の系統樹が単純な分枝では示せないことも明らかになってきた．国際原生生物学会では界を廃止して**スーパーグループ**を設置することとし，2012 年の分類では真核生物全体を五つのスーパーグループに分けることを提唱している(表 6・2)．これによると菌界の菌類は卵菌類や陸上植物などとは遠縁で，後生動物などと同じ系統として分類される．しかし，所属が未確定な分類群も多く，その後もスーパーグループについては議論が続いている．

スーパーグループ supergroup. 概要については，拙著『微生物学』，東京化学同人(2016)，§ 8・3 を参照.

そこで，混乱を避けるために本書では，生物全体を古細菌界，細菌界，原生生物界，菌界，植物界，動物界の 6 界に分類し，伝統的な分類に近い形で解説することにする（図 6・1).

現在の生物分類では，分類階級は大きな順に，ドメイン，界，**門**，**綱**，**目**，**科**，**属**，**種**などが使われていて，たとえばヒトは，真核生物ドメイン，動物界，脊索動物門，哺乳綱，サル目，ヒト科，ヒト属 *Homo*，ヒト *sapiens* とされる．ヒトの学名が *Homo sapiens* と表記されるように，最も重要なのは種とその上位階級である属である．

門 phylum(植物界)/division(動物界)

綱 class

目 order

科 family

属 genus(*pl.* genera)

種 species

ただし，微生物における門，綱，目などの分類は流動的で，研究者によって考え方が大きく異なる．そこで，以降の分類表では科以上の分類階級名についての一例を示し，本文中では科以上の分類階級名は“類”として表記することにする．

表 6・3 では本書で解説するウイルスと生物の分類を示す．表中の変形菌類，ネコブカビ類，卵菌類などは，以前は**藻菌類**（鞭毛菌）とよばれ，菌界に含まれると考えられていた．また，菌界のなかに示した**アナモルフ菌類**（不完全菌類）は有性生殖器官が知られていないか通常は無性的に増殖する菌群をまとめたグループであるが，植物病原菌として重要な菌も多いので，便宜的な分類群として加えることにする(§7・1 参照).

藻菌類 phycomycetes(*pl.*)

鞭毛菌 mastigomycetes(*pl.*)

アナモルフ菌類 anamorphic fungi (*pl.*)

不完全菌類 deuteromycetes (*pl.*), fungi imperfecti(*pl.*)

表 6・3 本書で解説するウイルスと生物の分類†

非細胞性		**ウイルス**(核酸とタンパク質でできたキャプシドからなる) **ウイロイド**(低分子RNAだけからなる)
細胞性	古細菌ドメイン	古細菌界：エーテル型脂質を含む細胞膜をもつ原核生物 メタン菌，高度好塩菌，超好熱菌
	細菌ドメイン	細菌界：エステル型脂質を含む細胞膜をもつ原核生物 シアノバクテリア類 ユレモ，アナベナなど **プロテオバクテリア類** 植物感染性 *Rhizobium* (根粒菌，根頭がんしゅ病菌)，リケッチア，腸内細菌(大腸菌，*Erwinia*)，コレラ菌，*Pseudomonas*, *Xanthomonas*, *Azotobacter*, ピロリ菌，紅色硫黄細菌など フィルミクテス類 枯草菌，黄色ブドウ球菌，乳酸菌など **テネリクテス類** マイコプラズマ，ファイトプラズマ，スピロプラズマなど **アクチノバクテリア類** *Storeptomyces*，結核菌など
	真核生物ドメイン	原生生物界：真核生物のうち，菌界，植物界，動物界に含まれないもの 原生動物 渦鞭毛虫類 ヤコウチュウなど 繊毛虫類 ゾウリムシなど 襟鞭毛虫類 藻類 ユーグレナ藻類 ユーグレナなど 紅色藻類 アサクサノリ，テングサなど 緑色藻類 オオヒゲマワリ，シャジクモなど 変形菌類 **ネコブカビ類** アブラナ科植物根こぶ病菌，*Polymyxa* など 真正粘菌類 モジホコリなど 鞭毛菌類 サカゲツボカビ類 **卵菌類** ジャガイモ疫病菌, *Olpidium*など 菌　界：胞子を形成し，一部を除いて生活環に鞭毛をもたない従属栄養の真核生物 ツボカビ類 カエルツボカビなど ケカビ類 ケカビ，クモノスカビなど **子のう菌類** パン酵母，うどんこ病菌など **担子菌類** サルノコシカケ，さび病菌など **アナモルフ菌類**(不完全菌類) イネいもち病菌，灰色かび病菌など 植物界：胚から発生する独立栄養の真核生物 コケ植物類，シダ植物類，種子植物類 動物界：胞胚から発生する従属栄養の真核生物 **線形動物類** キタネグサレセンチュウなど 海綿動物類 軟体動物類 節足動物類 脊索動物類

† 太字は重要な植物病原体が含まれる分類群.

6章　微生物分類の概要　まとめ

- 微生物とは肉眼ではほとんど観察できない微小な生物の総称で，ウイルス，細菌，原生動物，藻類，菌類などが含まれる．
- ウイルスは細胞性でないので，生物とは区別して分類される．
- 生物は，古細菌ドメイン，細菌ドメイン，真核生物ドメインの三つに大別される．
- 細菌ドメインには細菌界があり，さまざまな細菌が属する．
- 真核生物ドメインは，原生生物界，菌界，植物界，動物界の四つに分けられる．
- 真核生物については分子分類に基づいたスーパーグループによる再分類が提案されている．
- 植物病原体として重要な微生物は，ウイルス，細菌，ネコブカビ類，卵菌類，子のう菌類，担子菌類，アナモルフ菌類（不完全菌類），線虫類などである．

7 菌類病

植物病原体のなかでの最大のグループである菌類とは，どのような微生物だろうか．主要な植物病原菌類の形態と生活環，それらによって起こる菌類病の特徴をみよう．

7・1 植物病原菌類の分類と形態

菌類 fungi (*pl.*)

＊1 真菌類という用語は，菌糸状の菌類を菌糸体をもたない変形菌類やネコブカビ類などから区別して示すために使う場合もある．

菌類病 fungal disease

菌類は糸状菌ともよばれ，細菌と区別するために真菌類ともよばれる[*1]．菌類は胞子によって繁殖する従属栄養の真核生物で，キチンやグルカンなどの多糖類からなる細胞壁をもつ．一般にかび，キノコ，酵母とよばれる生物が含まれる．ほとんどの菌類は植物遺体などの分解者として有機物を分解して生息しているが，一部は生きた植物に寄生して病原性を示す．植物の病気全体のうち約80%は菌類によるものである．植物の菌類による病気を**菌類病**という．

菌類は子のう菌類や担子菌類などのほかにネコブカビ類や卵菌類なども含むと考えられていたが，現在では原生生物界と菌界の二つの界に分けられるようになった（§6・2参照）．主要な植物病原菌類の分類所属は表7・1のようになる．

有性世代 sexual stage

テレオモルフ teleomorph

アナモルフ菌類 anamorphic fungi (*pl.*)

不完全菌類 deuteromycetes (*pl.*), fungi imperfecti (*pl.*)

無性世代 asexual stage

アナモルフ anamorph

菌類の分類はおもに形態を基準として行われ，**有性世代**（完全世代）の形態的特徴である**テレオモルフ**によって分けられる．なお，テレオモルフが観察されないために分類所属が明らかにされていない菌類ならびに通常は無性的に増殖する菌類は便宜的に**アナモルフ菌類**（不完全菌類）として扱われ，**無性世代**（不完全世代）の形態である**アナモルフ**によって分類される．これらのアナモルフ菌類は分類学上は多くが子のう菌類に，一部は担子菌類に所属するものと考えられていて，有性世代が発見されるとテレオモルフによって分類所属が移動され，新しく学名が付けられる．

＊2 生物体を構成するもののうち生殖機能をもたない部分．

隔壁 septum (-a)

菌糸 hypha (-ae)

菌糸体 mycelium (-a)

吸器 haustorium (-a)

菌類の栄養体[*2]（栄養器官）は，細胞が**隔壁**とよばれる細胞壁で仕切られ，糸状になって**菌糸**を形成し，それが枝分かれした**菌糸体**の形態をとるものが多い．細胞外に分解酵素を分泌し，栄養を細胞表面から摂取する．通常は，菌糸先端の新しい細胞の代謝が最も活発である．また，絶対寄生菌などには，生きた植物細胞から栄養を吸収するための特殊な器官である**吸器**を形成するものもある．

菌糸束 mycelial strand

根状菌糸束 rhizomorph

菌根 mycorrhiza (-ae)

菌核 sclerotium (-a)

菌糸が植物の細根のように束になったものは**菌糸束**といい，これがさらに内部と外部で組織分化している場合は**根状菌糸束**（こんじょうきんしそく）という．また，植物の根との間に共生的あるいは非共生的な複合体である**菌根**をつくるものもある．菌糸が密集して集塊になった褐色あるいは黒色の耐久体は**菌核**という．

胞子 spore

菌類は**胞子**と総称される器官で繁殖する．胞子は個体数を増やすための繁殖器官

表 7・1　植物病原菌類の分類と代表的な病原菌

界	分類	代表的な病原菌
原生生物界	ネコブカビ門 Plasmodiophoromycota: 遊走子は鞭毛を２本もつ．菌糸体を欠き，変形体をつくる．絶対寄生性	
	ネコブカビ綱 Plasmodiophoromycetes	アブラナ科植物根こぶ病菌 *Plasmodiophora brassicae*
		ジャガイモ粉状そうか病菌 *Spongospora subterranea*
	卵菌門 Oomycota: 遊走子は鞭毛を２本もつ．菌糸は隔壁を欠く．卵胞子をつくる	
	卵菌綱 Oomycetes	ジャガイモ疫病菌 *Phytophthora infestans*
		ウリ類べと病菌 *Pseudoperonospora cubensis*
		野菜類苗立枯病菌 *Pythium* spp.
菌界	ツボカビ門 Chytridiomycota: 遊走子は鞭毛を１本もつ．菌糸は隔壁を欠く	
	ツボカビ綱 Chytridiomycetes	ソラマメ火ぶくれ病菌 *Olpidium viciae*
		クズ赤渋病菌 *Synchytrium minutum*
	ケカビ亜門 Mucoromycotina: 菌糸は隔壁を欠く．接合胞子をつくる	
	ケカビ綱 Mucoromycetes	サツマイモ軟腐病菌 *Rhizopus stolonifer*
	子のう菌門 Ascomycota: 菌糸には隔壁があり，子のう胞子をつくる	
	子のう菌綱 Ascomycetes	ムギ類麦角病菌 *Claviceps purpurea* var. *purpurea*
		イネ稲こうじ病菌 *Claviceps virens*（アナモルフ名 *Ustilagonioidea virens*）
		ムギ類立枯病菌 *Gaeumannomyces graminis* var. *tritici*
		イネばか苗病菌 *Gibberella fujikuroi*（アナモルフ名 *Fusarium moniliforme*）
		コムギ赤かび病菌 *Gibberella zeae*（アナモルフ名 *Fusarium graminearum*）
		リンゴモニリア病菌 *Monilinia mali*
		ウリ類うどんこ病菌 *Podosphaera xanthii*（アナモルフ名 *Oidium citrulli*）
		白紋羽病菌 *Rosellinia necatrix*
		モモ縮葉病菌 *Taphrina deformans*
	担子菌門 Basidiomycota: 菌糸には隔壁があり，担子胞子をつくる	
	担子菌綱 Basidiomycetes	ならたけ病菌 *Armillaria mellea*
		ツバキもち病菌 *Exobasidium camelliae*
		ナシ赤星病菌 *Gymnosporangium asiaticum*
		紫紋羽病菌 *Helicobasidium mompa*
		エンバク冠さび病菌 *Puccinia coronata*
		ムギ類黒さび病菌 *Puccinia graminis*
		コムギ赤さび病菌 *Puccinia recondita*
		イネ紋枯病菌 *Thanatephorus cucumeris*（アナモルフ名 *Rhizoctonia solani*）
		オオムギ裸黒穂病菌 *Ustilago nuda*
		木材腐朽菌（サルノコシカケ類など多くの種がある）
	アナモルフ菌類: 無性世代しか知られていないために分類所属が確定できないもの，ならびに通常は無性的に増殖するもの	
		ナシ黒斑病菌 *Alternaria alternata* Japanese pear pathotype
		イネごま葉枯病菌 *Bipolaris leersiae*（テレオモルフ名 子のう菌 *Cochliobolus miyabeanus*）
		イチゴ灰色かび病菌 *Botrytis cinerea*（テレオモルフ名 子のう菌 *Botryotinia fuckeliana*）
		ウリ類炭疽病菌 *Colletotricum orbiculare*（テレオモルフ名 子のう菌 *Glomerella orbiculare*）
		キュウリつる割病菌 *Fusarium oxysporum* f. sp. *cucumerinum*
		カンキツ緑かび病菌 *Penicillium digitatum*
		イネいもち病菌 *Pyricularia oryzae*（テレオモルフ名 子のう菌 *Magnaporthe oryzae*）

であると同時に，伝染して分布を拡大するための機能ももつ．胞子には，無性胞子と有性胞子とがある．また，キノコなどのように，菌類が胞子形成のためにつくる複雑な構造体を**子実体**という．

子実体 fruit body

無性胞子

無性胞子は栄養体と同一の遺伝的組成のもので，通常は菌糸の先端に形成される．これは**分生胞子**(分生子)とよばれ，大きさや形はさまざまである．*Fusarium* 属菌などのように1種の菌類で大小2種類の分生胞子を形成する場合もあり，それらは大型分生胞子，小型分生胞子として区別される．分生胞子の形成方式にはいくつかの型があり，アナモルフ菌類での分類の手がかりになっている．ネコブカビ類や卵菌類などでは，鞭毛をもつ**遊走子**がつくられる．無性胞子は比較的少ない素材とエネルギーで多数つくることができ，短時間に分布を広げるために使われる．

分生胞子 conidium(-a), conidiospore

遊走子 zoospore

有性胞子

有性胞子は性質が異なる二つの細胞が融合し，その核が融合し，減数分裂を行って遺伝的に多様なものをつくるものであり，分類群ごとに特徴がある．卵菌類では**卵胞子**，ケカビ類では**接合胞子**，子のう菌類では**子のう胞子**，担子菌類では**担子胞子**（担胞子）とよばれる．有性胞子は少数しかつくることができないが遺伝的に多様なものができるので，環境条件の大きな変化や微生物による寄生などに遭遇しても生き残るチャンスを増やすために使われる．

卵胞子 oospore

接合胞子 zygospore

子のう胞子 ascospore

担子胞子 basidiospore

分類方法

菌類の分類は伝統的には形態を重視して行われてきたが，最近はゲノム*1 の DNA 塩基配列の相同性の検定のほか，ゲノム DNA あるいは **PCR**（ポリメラーゼ連鎖反応）法で増幅した特定の配列を比較する分子系統解析による分類も行われるようになった．分子系統解析では，生物が共通にもつ保存性が高い遺伝子である**リボソーム遺伝子**（rDNA）の塩基配列の相同性の比較が属以上の高次分類に，また，rDNA 内の **ITS 領域**の比較が種内変異の解析に用いられる．

*1 その生物がもつ遺伝情報の全体．

PCR : polymerase chain reaction の略．

リボソーム遺伝子 ribosomal DNA

ITS 領域：内部転写スペーサー領域 internal transcribed spacer region の略．

種以下の分類

1種の菌類を小さな差異によって，変種，分化型，レース，交配型などとして，種以下をさらに分類することがある．

変種（var.）は形態や病原性などの差によるもので，たとえば，ムギ類立枯病菌 *Gaeumannomyces graminis* は，オオムギ，コムギなどに感染する *G. graminis* var. *tritici* とエンバクに感染する *G. graminis* var. *avenae* の二つに分けられる．**分化型**（f. sp.）は寄生できる宿主植物の種の違いによる病原性の差を示すもので，たとえば，トマト萎凋病菌 *Fusarium oxysporum* f. sp. *lycopersici*，キュウリつる割病菌 *F. oxysporum* f. sp. *cucumerinum* のように表記される．**レース**は宿主植物の品種*2 に対する病原性が異なる菌系で，これは菌類がもつ非病原性遺伝子と植物がもつ抵抗性遺伝子の組合わせによって決定される．**交配型**は，種内で交配できる菌系の組合わせがある場合*3 に，それぞれを区別していう．

変種 variety

分化型 forma specialis (*pl.* formae speciales)

レース race

*2 同一種内で実用的形質により区分される群．

交配型 mating type

*3 このような性質をヘテロタリック heterothallic という．

核相変化

核相は，細胞の核の染色体数構成の状態が基本数（n）の何倍であるかを示す用語である．菌類の核相変化は動植物などとは異なり，図7・1に示すようにきわめて複雑である．**単相**は1細胞に一倍体（n）の核が1個ある状態で，**複相**は二倍体（$2n$）の核が1個あるもの，**重相**は一倍体の核が2個（$n+n$）あるものである．このほかに，1細胞に一倍体の核が多数あるものや，二倍体の核が多数あるものもある．菌類には，有性生殖の有無，核相の変化などの組合わせにより，多様な生活環がある．

単相 haploid
複相 diploid
重相 dikaryon

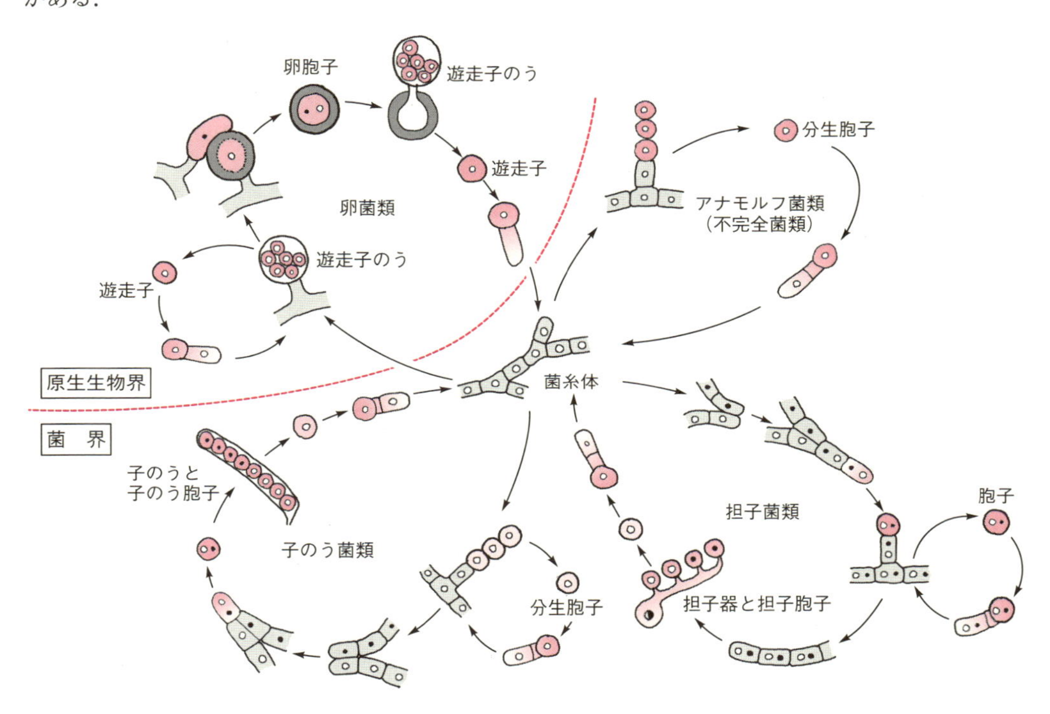

図7・1　おもな菌類グループの生活環と核相の変化

7・2 ネコブカビ類による病気

ネコブカビ類（原生生物界）の栄養体は菌糸体の形をとらず，細胞壁をもたない単核または多核の変形体である．アメーバ運動により細菌などを体表から摂取して，細胞内消化を行う．多核の栄養体全体がそのまま繁殖体である遊走子のうとなり*，子実体は形成しない．

ネコブカビ類の重要な植物病原菌はネコブカビ目に所属する．いずれも，長短2本の尾型の鞭毛をもつ**一次遊走子**が植物の根毛に感染して**一次変形体**を形成した後に，**遊走子のう**をつくる．遊走子のうの中に形成された長短2本の尾型の鞭毛をもつ**二次遊走子**は根毛の外に泳ぎ出し，2個が融合して2核の**接合子**となり，これが植物の主根あるいは側根に感染して多核の**二次変形体**を形成する．変形体では核融合と減数分裂が起こって単相の**休眠胞子**が形成され，根の細胞中に充満する．休眠胞子は根の腐敗により土壌中に分散するが，土壌中で数年以上生存できる．

ネコブカビ類 plasmodiophoromycetes (*pl.*)

＊ 栄養体の全体が繁殖体になる性質を**全実性** holocarpy という．

一次遊走子 primary zoospore
一次変形体 primary plasmodium (-a)
遊走子のう sporangium (-a)
二次遊走子 secondary zoospore
接合子 zygote
二次変形体 secondary plasmodium (-a)
休眠胞子 resting spore

ネコブカビ類は絶対寄生菌である．なお，一部の *Polymyxa* 属菌は，植物ウイルスの媒介者として知られている．

アブラナ科植物根こぶ病 club-root of crucifers

アブラナ科植物根こぶ病

アブラナ科植物根こぶ病菌 *Plasmodiophora brassicae* による．ハクサイやキャベツなどのアブラナ科植物の根に寄生して，こぶを形成する．病原菌には，いくつかのレースが知られている（図7・2，図7・3）．

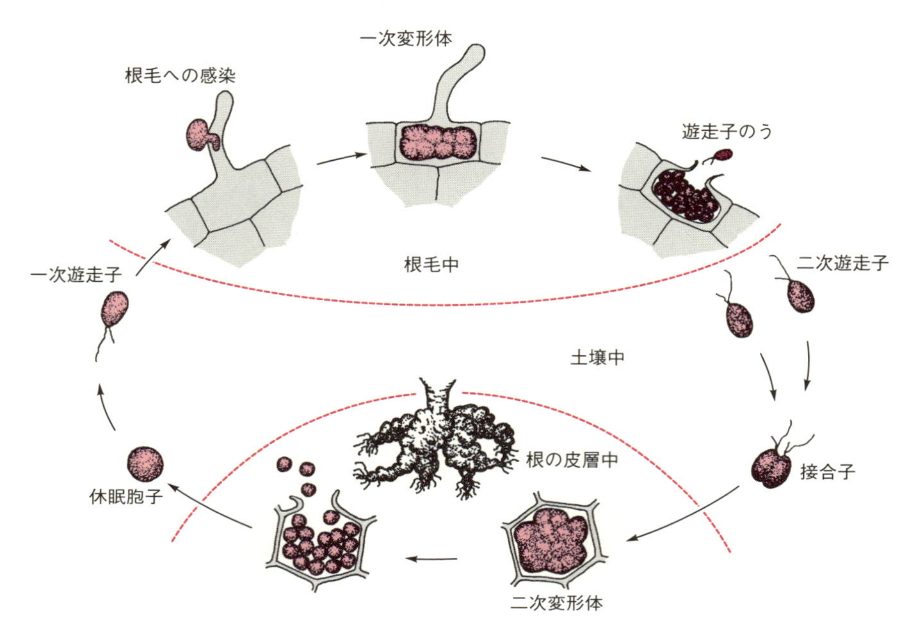

図 7・2 アブラナ科植物根こぶ病菌の生活環

図 7・3 根こぶ病による根の変形．左：キャベツ，右：ミズナ．［草刈眞一提供］

発生は春から秋にわたり，夏には少ない．生育初期に発病したものは早期に萎凋（いちょう）し，枯死するものもある．萎凋は根にこぶができる結果，水分の吸収と通導が悪くなるためである．主根には異常に肥大した表面が平滑なこぶが，側根には大きさがさまざまなこぶができる．病株の茎葉の生育は衰え，葉色はあせて淡黄色になる．病植物のこぶの中には無数の休眠胞子が形成され，これが次代の感染源になる．伝染は病土や汚染された水，罹病植物の移動などによって起こる．被害が大きい土壌伝染病で，休眠胞子が土壌中で数年以上生存できるため，一度発生すると根絶は困難である．

防除には，薬剤や太陽熱利用による土壌消毒，非宿主作物との輪作などの方法がある．遊走子によって感染が起こるため，排水をよくすることによって被害を軽減できる．また，酸性土壌で発病が激しくなるので，石灰施用などによって pH を上昇させることによって発病を抑制できる．

7・3 卵菌類による病気

卵菌類（原生生物界）の菌類の栄養体は単細胞の単体または菌糸で，生活環に遊走子をもつ時期がある．菌糸は隔壁がなく，多核の細胞からなり，多核菌糸体という．菌界に属する菌類の細胞壁の主成分はキチンであるが，卵菌類の細胞壁の主成分はセルロースである．また，リシン合成系はほとんどの菌類ではアミノアジピン酸を経由するが，卵菌類では細菌などと同じくジアミノピメリン酸経由である．卵菌類の遊走子は，尾型鞭毛と**マスチゴネマ**とよばれる小毛をもつ羽型鞭毛と 1 本ずつもつ．尾型鞭毛とは異なり，マスチゴネマをもつ遊走子は羽型鞭毛の先端方向に遊泳する（図 7・4）．

卵菌類 oomycetes (*pl.*)

マスチゴネマ mastigoneme

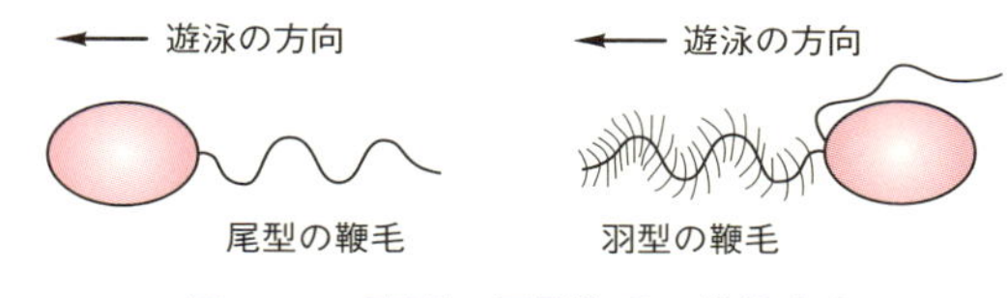

図 7・4　羽型・尾型鞭毛の遊泳方向

卵菌類は有性生殖により**造卵器**と**造精器**をつくり，これらの接合による受精によって厚い細胞壁をもつ**卵胞子**ができる．この卵胞子は有性繁殖器官であると同時に耐久体でもあり，土壌中で長期間生存できる．卵胞子は，植物の根や植物残渣から浸出してくる栄養物に反応して発芽し，**遊走子のう**を形成する．この遊走子のうからは**遊走子**がつくられ，これが新たな組織に侵入する．宿主で増殖した後，気孔などから**遊走子のう柄**を生じ，その先端に**遊走子のう**をつくり，その内部に多数の遊走子を形成して感染を繰返す．なお，*Pythium* 属菌では明確な遊走子のう柄はつくられず，遊走子は遊走子のうの先端につくられる**球のう**の中で分化する．

卵菌類の多くは，植物残渣の上で腐生的に生活できる．

造卵器 oogonium (-a)

造精器 antheridium (-a)

遊走子のう柄 sporangiophore

球のう vesicle

ジャガイモ疫病

ジャガイモ疫病菌 *Phytophthora infestans* による病気で，ジャガイモやナス，トマトなどに大きな被害を与える．この菌には病原性が異なる多くのレースがある．また，二つの交配型 A_1 と A_2 があり，両者が出会うと造卵器と造精器ができ，有性生殖を行う（図 7・5）．

ジャガイモの葉に疫病菌が感染すると暗緑色で水浸状（すいしんじょう）の斑点を生じ，葉の全体が

ジャガイモ疫病 late blight of potato

軟化して腐敗したようになる．葉の裏面には遊走子のう柄と遊走子のうができる．葉柄が侵されると葉が黄化し，枯死する．この菌は夜間 18～21 ℃の多湿な条件で遊走子のう柄を気孔から出し，遊走子のうを形成する．遊走子のうは葉面上の水滴の水温が 17 ℃以上の場合は直接に発芽して植物体に感染し，12～13 ℃の場合は遊走子を放出してその遊走子が植物体に感染する．

発生を防ぐためには健全種いもを使い，排水をよくする．発生が認められた場合は，早期に薬剤を散布する．

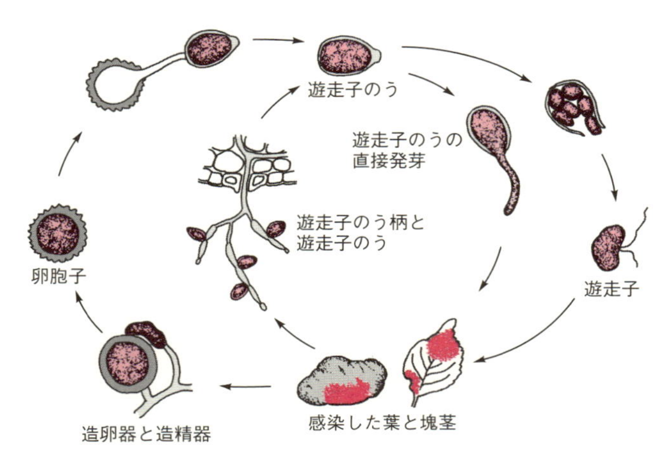

図 7・5　ジャガイモ疫病菌の生活環

ウリ類べと病 downy mildew of cucurbit

ウ リ 類 べ と 病

べと病は，ツユカビ科の菌によって起こる病気の総称である．べと病菌類は絶対寄生性で，腐生生活は行わない．べと病菌類は発芽の様式と遊走子のう柄の形態によって分類される（図 7・6）．発芽管発芽は遊走子のうから菌糸が直接発芽して伸

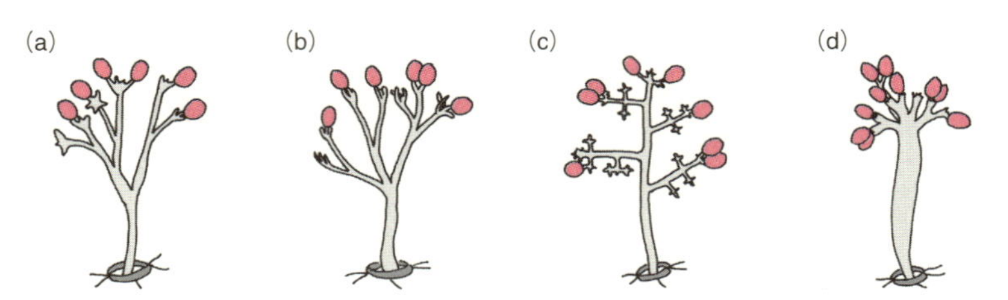

図 7・6　おもなツユカビの遊走子のう柄の形態． (a) *Bremia* 属（掌状が特徴，キク科植物など，発芽管発芽），(b) *Peronospora* 属（ダイコン，ネギ，ホウレンソウ，ダイズなど，発芽管発芽）と *Pseudoperonospora* 属（キュウリ，ホップ，アサなど，遊走子発芽），(c) *Plasmopara* 属（ブドウ，セリ科植物など，遊走子発芽），(d) *Sclerospora* 属（アワ，雑草など，遊走子発芽）．

長し感染するもので，遊走子発芽は遊走子のう内に遊走子が形成され，それが放出されて感染するものである．

ウリ類べと病はウリ類べと病菌 *Pseudoperonospora cubensis* による病気で，ウリ類の葉を侵す．特に，施設栽培のキュウリでの被害が大きい（図 7・7）．感染した

図 7・7　キュウリべと病
（口絵）［築尾嘉章提供］

ウリ類の葉の表面は葉脈に囲まれた部分が黄化し，その裏面に気孔から遊走子のう柄が生じ，灰白色羽毛状の標徴が観察される．この菌は遊走子によって宿主に移動し，遊走子は被のう化して**被のう胞子**を形成した後に気孔侵入するが，直接侵入することもある．菌糸は細胞間隙に蔓延して，吸器により栄養を吸収する．きわめてまれに造卵器と造精器をつくり，卵胞子を形成する．

被のう胞子 cystospore

対策としては排水不良，多湿を避けるとともに，地表面にマルチングをして病原菌が跳ね上がるのを防ぐ．発病が認められた場合は，早期に薬剤を散布する．

7・4 ツボカビ類による病気

ツボカビ類 chytridiomycetes (*pl.*)

ツボカビ類（菌界）は，菌界のなかで例外的に鞭毛をもつ群で，生活環は多様である．細胞壁の主成分はキチンで，菌糸は通常は形成しない（図 7・8）．鞭毛は 1 本（尾型）で，植物体の地下部に病気を起こすものが多い．ソラマメ火ぶくれ病菌 *Olpidium viciae* などがある．なお，一部の *Olpidium* 属菌は，植物ウイルスを伝搬する．

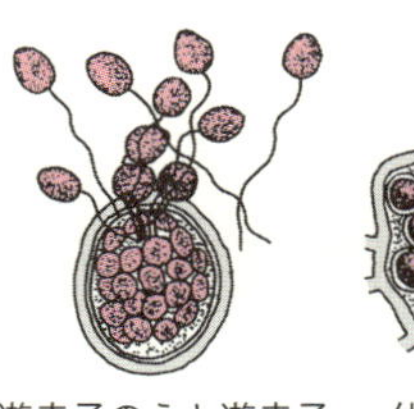

図 7・8 ツボカビ類

7・5 ケカビ類による病気

ケカビ類 mucoromycetes (*pl.*)

ケカビ類（菌界）は菌糸に隔壁を欠き，有性生殖により**接合胞子**をつくる（図 7・9）．サツマイモ軟腐病菌（なんぷびょうきん） *Rhizopus stolonifer* など，野菜類や果物などに軟腐を起こすものが多い．

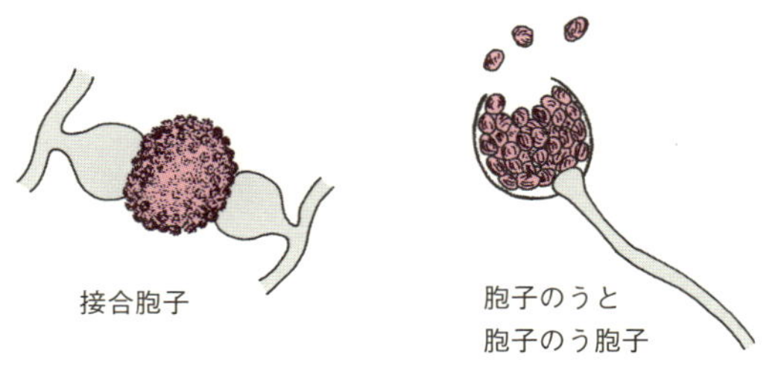

図 7・9 ケカビ類

7・6 子のう菌類による病気

子（し）のう菌類 ascomycetes (*pl.*)

子のう菌類（菌界）は菌類のなかでも最大のグループで，生活環は多様である．植物病原菌として重要な菌が多い．栄養体は隔壁のある菌糸体であるが，酵母のように出芽細胞の形態をとるものもある．無性的につくられる分生胞子は菌糸の先端に生じるものと，**分生子果**とよばれる器官に形成されるものがある．おもな分生子果には，球状ないしフラスコ形の**分生子殻**，浅い皿状の**分生子層**（分生子盤），マット状の菌糸組織に分生胞子が形成される**分生子座**（スポロドキア）がある．

分生子果 conidioma (-mata)
分生子殻 pycnidium (-a)
分生子層 acervulus (-i)
分生子座 sporodochium (-a)

子のう菌類は有性生殖によって**子のう**をつくり，その中に通常 8 個の**子のう胞子**をつくる．子のうは，宿主組織から直接露出して生じるものと，**子のう果**とよばれる器官に形成されるものとがある．子のう果には多様な形態があり，分類の基準とさ

子のう ascus (-i)
子のう果 ascocarp

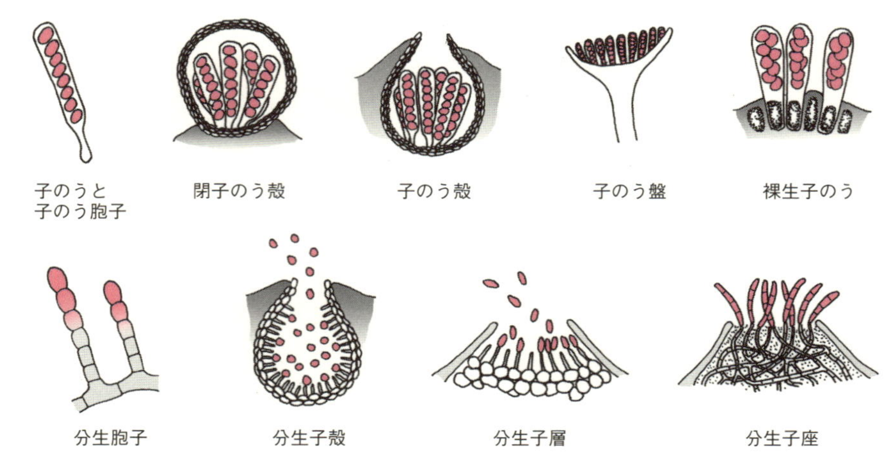

図 7・10 子のう菌類

閉子のう殻 cleistothecium(-a)
子のう殻 perithecium(-a)
子のう盤 apothecium(-a)
子のう子座 ascostroma(-mata)
偽子のう殻 pseudothecium(-a)
裸生子のう naked ascus(-i)
モモ縮葉病(しゅくようびょう) leaf curl of peach

れる．子のう果全体が閉じていて孔口のないものを**閉子のう殻**（子のう球），孔口をもつものを**子のう殻**，杯状ないし盤状で子のうが露出しているものを**子のう盤**，菌糸が密に集合した子座の中の小腔室に子のうができる場合，その子座を**子のう子座**とよぶ．子座内の小腔室が一つで子のう殻とよく似た構造である場合には**偽子のう殻**という．子のうが菌糸上に直接できるものは**裸生子のう**という（図 7・10）．

モモ縮葉病

病原菌のモモ縮葉病菌 *Taphrina deformans* は原始的な子のう菌で，子のうは植物体上に露出して形成される（図 7・11，図 7・12）．前年にこの菌の感染を受けたモモなどのバラ科植物の新葉は縮葉や肥大を起こす．菌糸が葉肉の細胞間隙や表皮とクチクラの間をみたし，感染葉は部分的に紅色や淡黄色に変色して火ぶくれ状になる．これらの奇形と変色は，病原菌の感染によって植物体内のオーキシンやサイトカイニンの濃度が増大するためである．子のうは宿主表面に露出して白色の子実層を形成する．子のう胞子は子のう内で出芽を繰返して増加する．

病原菌は枝の表面に付着しているので，出芽前の石灰硫黄合剤散布で防除できる．

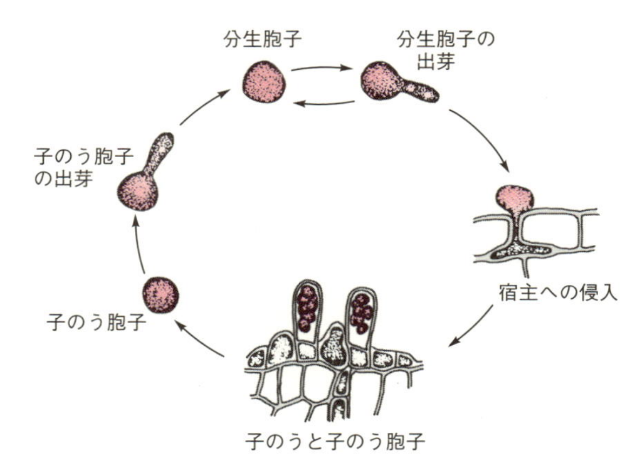

図 7・11 モモ縮葉病菌の生活環

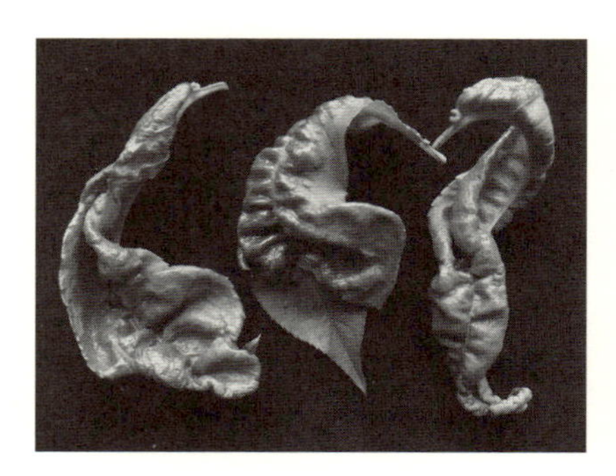

図 7・12 モモ縮葉病(口絵も参照)

なお，同属のサクラてんぐ巣病菌（すびょうきん） *T. wiesneri* はサクラやオウトウにてんぐ巣症状を起こす．感染した枝の一部はこぶ状になり，そこから小枝が密生して鳥の巣状になる．

ウリ類うどんこ病

うどんこ病は，ウドンコカビ科の菌による病気である．粉状のかび*で，栄養体のほとんどは宿主表面に分布し，吸器を宿主細胞内に挿入して栄養を吸収する（外部寄生）．有性生殖により子のう殻（閉子のう殻）をつくり，これと分生胞子の形態が分類の基準になる．子のう殻では表面の付属糸の形態と内部の子のうの数によって，分生胞子では分生胞子と基部の細胞（脚胞）の大きさ，分生胞子の数，分生胞子内部の貯蔵物質であるフィブロシン体の有無が重要である（図 7・13）．う

ウリ類うどんこ病 powdery mildew of cucurbit

＊病名はうどん粉を振りかけたように見えることによる．

フィブロシン体 fibrosin body

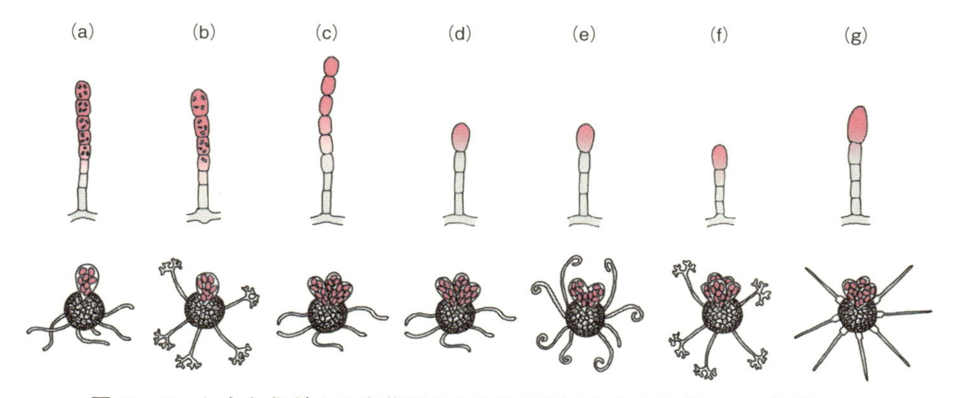

図 7・13　おもなうどんこ病菌類の分生胞子（上）と子のう殻（下）の特徴．
（a）*Podosphaera* 属 *Sphaerotheca* 節（ウリ類，バラなど），（b）*Podosphaera* 属 *Podosphaera* 節（リンゴ，ウメなど），（c）*Blumeria* 属（ムギ類），（d）*Erysiphe* 属 *Erysiphe* 節（キク，オダマキなど），（e）*Erysiphe* 属 *Uncinula* 節（ブドウ，エノキなど），（f）*Erysiphe* 属 *Microshaera* 節（オニグルミ，コナラなど），（g）*Phyllactinia* 属（クワ，カキなど）．

どんこ病菌類は春から秋にかけては分生胞子を多数形成して繁殖するが，気温が下がって環境条件が悪くなると有性生殖を行って子のう殻をつくるようになる．うどんこ病菌類は絶対寄生菌で，宿主群ごとに多数の病原菌が知られている．

キュウリなどウリ科植物のうどんこ病は，多くはウリ類うどんこ病菌 *Podosphaera xanthii*（*Sphaerotheca cucurbitae*，アナモルフ名 *Oidium citrulli*）の感染によって起こる．この菌が感染した葉の表面は白色の粉状の斑点が現れ，その後葉の全面が灰白色の菌糸体で覆われ，最後には枯死することが多い（図 7・14）．本病はやや乾燥した条件で発病することが多く，施設栽培での被害が大きい．肥料過多の場合に多発する傾向がある．この菌は主として分生胞子の飛散により空気伝染して，分布を拡大する．秋以降に気温が低下すると，葉の表面の古い菌叢（きんそう）（菌糸体の集塊）内に黒色の微細な粒が形成されることがあるが，これが子のう殻（閉子のう殻）で次年への感染源になる．

病原体が葉面に露出しているために，感染初期から薬剤を散布すれば防除できる．ハウス栽培などではくん煙剤も使われる．

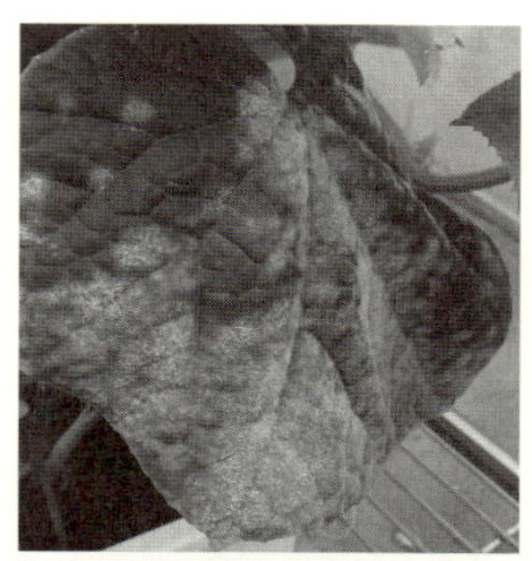
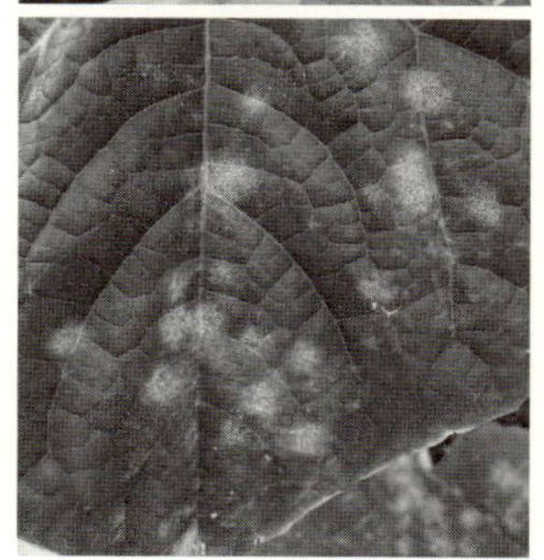

図 7・14　キュウリうどんこ病． 下は初期の病徴．

7・7　担子菌類による病気

担子菌類 basidiomycetes (*pl.*)

担子菌類（菌界）はいわゆるキノコの仲間であり，そのほかにさび病菌や黒穂病菌などのグループがある．木材腐朽菌は樹木や木材，木造家屋などを腐朽，崩壊させる担子菌類で，サルノコシカケ類などのほか多くの種がある．木材の腐朽は白色腐朽（カワラタケ，コフキタケなど）と褐色腐朽（オオシロサルノコシカケ，カイメンタケなど）に分けられるが，これらの違いは病原菌がもつ酵素の分解性による*（§17・4 参照）．担子菌類の菌糸体には隔壁があり，多くの種では隔壁孔がある．

＊木材腐朽菌は通常は樹病学（森林病理学）で扱われる．

担子器 basidium (-a)

担子菌類は有性生殖によって**担子器**をつくり，その上に 1〜4 個の**担子胞子**（担胞子）をつくる（図 7・15）．キノコは子実体であり，傘の下側のひだに担子器をつくって担子胞子を広範囲に散布する役割をもつ．**さび病菌類**（サビキン類）や**黒穂病菌類**（クロボキン類）ではそれぞれ冬胞子，黒穂胞子とよばれる厚膜胞子から担子器である前菌糸をつくり，その上に担子胞子をつくる．さび病菌類と黒穂病菌類では，担子胞子を**小生子**とよぶことがある．

さび病菌類 urediniomycetes (*pl.*)
黒穂病菌類 ustilagomycetes (*pl.*)
小生子 sporidium (-a)

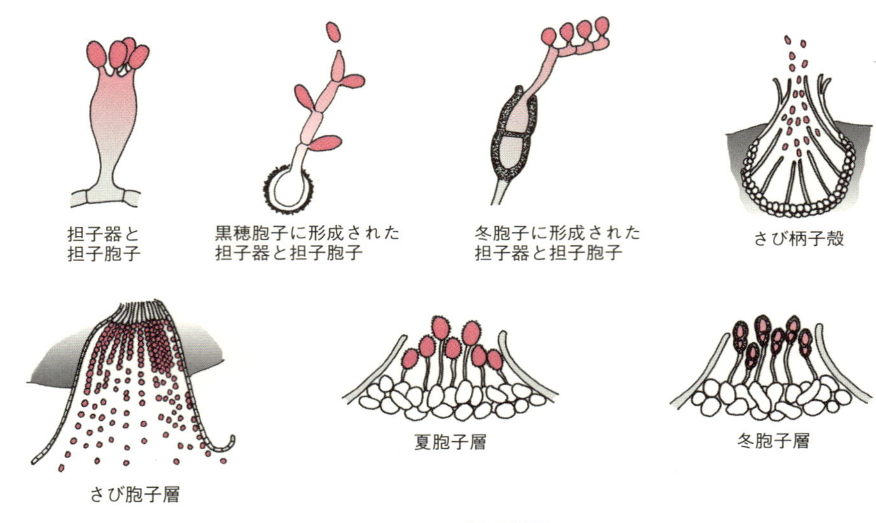

図 7・15　担子菌類

かすがい連結 clamp connection

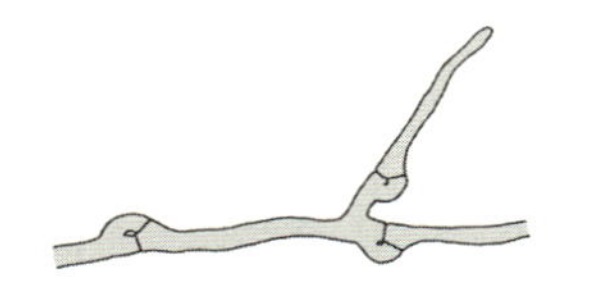

図 7・16　かすがい連結

さび病菌類と黒穂病菌類以外の担子菌では，担子胞子の発芽で生じた 1 核性の一次菌糸は他の一次菌糸と融合して，2 核性の二次菌糸をつくる．これらの二次菌糸は**かすがい連結**とよばれる構造をもち，菌糸の隔壁近くで細胞壁の一部が外側に膨らんだ小突起をもつ（図 7・16）．これらの担子菌の二次菌糸の細胞はヘテロカリオンといって遺伝的に異質な 2 核をもち，菌糸の先端部で同調的に核分裂を行う．このときにそのまま分裂して間に隔壁ができると同質の核を 2 個含むホモカリオンになってしまうので，これを防ぐために 2 核のうちの 1 個が後方に移行した後に隔壁ができる結果，このようなかすがい連結ができる．

ヘテロカリオン heterokaryon
ホモカリオン homokaryon

オオムギ裸黒穂病

オオムギ裸黒穂病 loose smut of barley

オオムギ裸黒穂病菌 *Ustilago nuda* によって起こる．この菌に感染したオオムギは穂全体が黒い粉状になるが，これが**黒穂胞子**（冬胞子）である．穂の黒穂胞子は風雨で飛散し，穂軸だけが残るようになるので裸黒穂病とよぶ．

黒穂胞子 teliospore

黒穂胞子は開花中の柱頭上で発芽して前菌糸を生じ，担子胞子を形成することなく発芽して1核性の菌糸になり，それらが融合することにより2核性の菌糸になる．この2核性の菌糸は子房内に侵入して花器感染し，胚の中に菌糸が共存するようになる．このような保菌種子は外観的には健全種子と区別できないが，播種すると植物の生長に伴って病原菌が発育し，ムギの成熟期に穂で急速に増殖して多数の黒穂胞子ができる．この菌では，担子胞子は形成されない（図7・17）．

発病予防には，無病種子を使用するか種子消毒を行う．

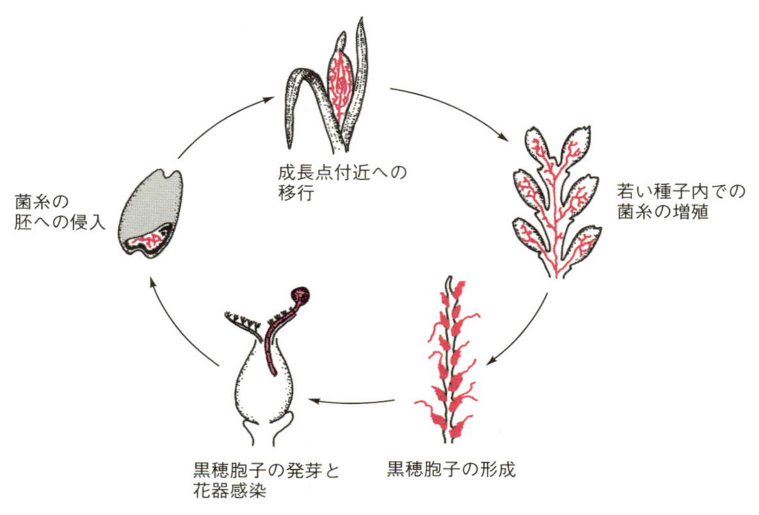

図 7・17　オオムギ裸黒穂病菌の生活環

ムギ類さび病

ムギ類さび病 rust of cereals

各種の植物にさび病を起こすさび病菌類の生活環は複雑である．ほとんどのさび病菌類は異種寄生菌で，2種以上の植物を宿主とし，**宿主交代**を行う．この場合，経済的に重要でないほうの宿主を**中間宿主**という．さび病菌類は，いずれも絶対寄生菌である．

宿主交代 host alternation
中間宿主 alternative host
さび柄胞子 pycniospore
精子 spermatium (-a)
さび胞子 aeciospore
夏胞子 uredospore
冬胞子 teliospore

さび病菌類では形成する胞子の種類が多いので，**さび柄胞子**(精子，0)，**さび胞子**(I)，**夏胞子**(II)，**冬胞子**(III)，**担子胞子**(IV) のようにローマ数字で表すことが多い．このうち，さび柄胞子と担子胞子が1核性，夏胞子が2核性で，冬胞子では2核が融合して複相核になる．おもなさび病菌類の宿主と中間宿主での寄生の状況は，表7・2のようになる（図7・18も参照）．なお，バラさび病菌 *Phragmidium mucronatum* とインゲンマメさび病菌 *Uromyces appendiculatus*（*U. phaseoli*）は宿主交代をしないため，同種寄生菌という．

日本でしばしばみられるムギ類のさび病菌は，コムギ赤さび病菌 *Puccinia recondita* による**コムギ赤さび病**と，オオムギ小さび病菌 *P. hordei* による**オオムギ小さび病**である．コムギ黄さび病菌 *P. striiformis* による**コムギ黄さび病**は西日本に発生し，夏胞子が毎年春に黄砂とともに中国大陸から飛来して発生するものと推

コムギ赤さび病 leaf rust, brown rust
オオムギ小さび病 dwarf leaf rust
コムギ黄さび病 stripe rust, yellow rust

図 7・18 カリン赤星病(口絵). 葉裏のさび胞子層(左)と葉表のさび胞子殻(右).

表 7・2 おもなさび病菌類の宿主と胞子の種類

菌	宿主植物(赤字は中間宿主)	胞子の種類†
コムギ赤さび病菌	カラマツソウ類	0, I
	コムギ	II, III, IV
オオムギ小さび病菌	オオアマナ類	0, I
	オオムギ	II, III, IV
ムギ類黒さび病菌	メギ類	0, I
	コムギ, オオムギ, エンバク	II, III, IV
エンバク冠さび病菌	クロウメモドキ類	0, I
	エンバク	II, III, IV
ナシ赤星病菌	ナシ, ボケ, カリン	0, I
	ビャクシン類	III, IV
マツ類こぶ病菌	クロマツ, アカマツ	0, I
	コナラ, クヌギ, カシワ	II, III, IV
バラさび病菌	バラ	0, I, II, III, IV
インゲンマメさび病菌	インゲンマメ	0, I, II, III, IV

† 0：さび柄胞子, I：さび胞子, II：夏胞子, III：冬胞子, IV：担子胞子.

コムギ黒さび病 stem rust, black rust

夏胞子層 uredium(-a)

定されている. コムギ黒さび病菌 *P. graminis* による**コムギ黒さび病**は, 山間部や北海道で問題になることがある.

コムギ赤さび病菌は, コムギとカラマツソウ類(アキカラマツなど)を宿主とする. 5〜6 月ごろにコムギに生じるさび色の斑点は**夏胞子層**で, これに多数の**夏胞**

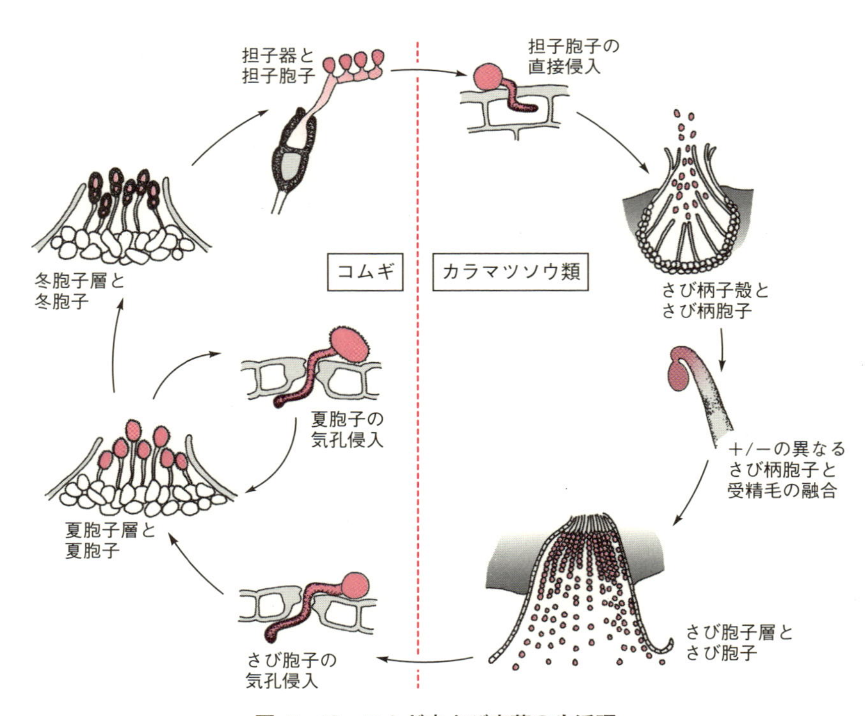

図 7・19 コムギ赤さび病菌の生活環

子ができる．夏胞子は淡褐色，単胞の球形で，表面に小さな刺状突起がある．夏胞子は気孔から侵入して感染を繰返す．その後，被害部には**冬胞子層**ができ，これに2胞の**冬胞子**を生じる．冬胞子は発芽して前菌糸となり，これが担子柄となって減数分裂の後に**担子胞子**ができる．担子胞子はカラマツソウ類に感染して**さび柄子殻**（精子殻）を形成し，そこから**さび柄胞子**を出す．これには＋と－があり，これらが融合すると2核性の菌糸になり，葉のさび閉子殻のある反対側の面に**さび胞子層**をつくり，**さび胞子**を放出する．このさび胞子が空気伝染して，コムギに感染する（図7・19）．日本では，収穫後のこぼれムギ上で夏を越した夏胞子が秋に播種されたムギに感染し，夏胞子か植物体内で菌糸で越冬し，翌春の伝染源になることが多い．

冬胞子層 telium(-a)

さび柄子殻 pycnium(-a)

精子殻 spermagonium(-a)

さび胞子層 aecium(-a)

窒素肥料の多用は発病を多くするので控える．発生を発見したら早期に薬剤を散布する．

イネ紋枯病

イネ紋枯病（もんがれびょう） sheath blight of rice

イネ紋枯病菌 *Thanatephorus cucumeris*（アナモルフ名 *Rhizoctonia solani*）によって起こる．日本ではイネいもち病についで重要なイネの病気で，毎年5～13万tの被害がある．高温多湿条件で発生が多く，西日本で被害が大きい（図7・20）．

この菌は葉や葉鞘（ようしょう）に，楕円形で，周縁部は濃褐色，内部が淡緑色から灰色，長さが10～40 mmの斑紋を形成する．伝染源は水田に残された菌核である．水田に水が張られると菌核が浮遊してイネに漂着し，発芽して葉鞘に感染する．まれに，葉鞘上に有性世代（担子胞子）を形成する．イネ以外の多くの作物や雑草に感染する．

イネ紋枯病に抵抗性の品種はない．窒素肥料の多用と密植を避け，防除薬剤を散布する．

図 7・20　イネ紋枯病（口絵）［岡田清嗣提供］

7・8　アナモルフ菌類による病気

アナモルフ菌類（不完全菌類，菌界）は，有性世代が知られていないため分類位置

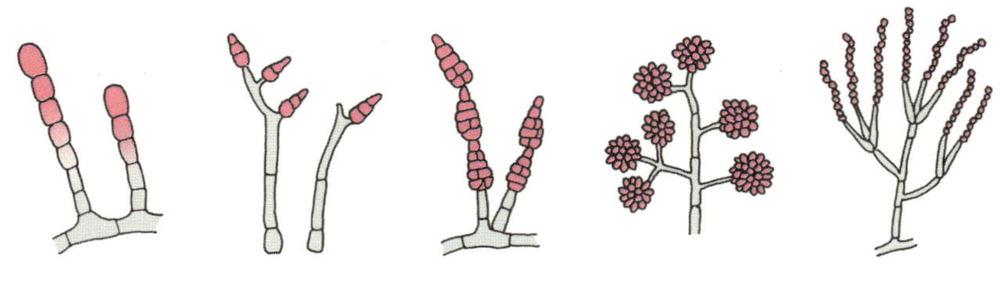

分生子柄と分生胞子

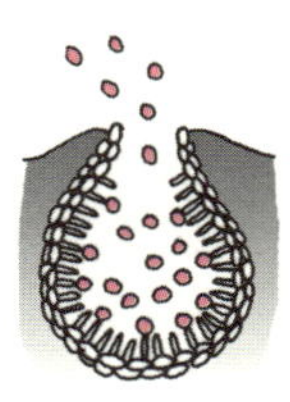

分生子殻

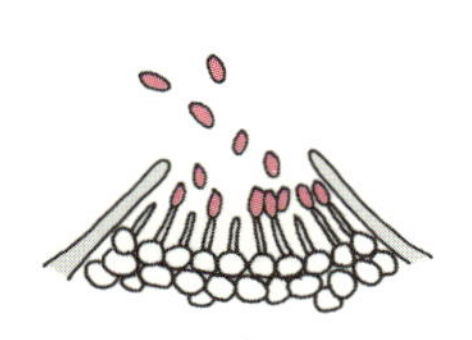

分生子層

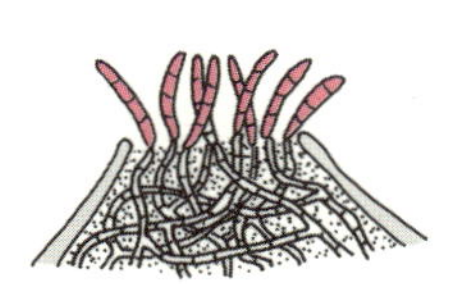

分生子座

図 7・21　アナモルフ菌類

がわからないものを便宜的にまとめた群である．イネいもち病菌 *Pyricularia oryzae* などは有性世代が明らかになったが，自然界では無性的に増殖するのでアナモルフ菌（不完全菌）として扱われることが多い．

分生子柄 conidiophore

アナモルフ菌類は，**分生胞子**形成の有無や様式，形態，直接分生胞子をつける柄である**分生子柄**，菌糸が集合してその上に分生子柄をつける**分生子座**，分生胞子が形成される器官である球状の**分生子殻**や皿状の**分生子層**の形態などで分類される（図 7・21）．

イネいもち病 rice blast

イネいもち病

イネいもち病菌 *Pyricularia oryzae*（テレオモルフ名 *Magnaporthe oryzae*）によって起こる．イネいもち病菌は交配実験によって子のう菌であることが確かめられたが，自然界では有性世代は見つかっていないので，通常はアナモルフ菌として扱う*．分生胞子は洋ナシ形で，二つの隔壁をもつものが多い．多くのレースがある．

* 寒天平板培地の上でイネのいもち病菌とシコクビエという雑穀のいもち病菌とをともに培養したところ，二つの菌の菌糸先端が出会った箇所に子のう胞子が形成され，子のう菌類であることが明らかになった（このような培養法を，対峙培養 paired culture という）．その後，世界の離れた場所のイネいもち病菌の菌株どうしでも子のう胞子をつくる組合わせがあることが明らかになった．

この病気はイネの苗代期から出穂後まで各期を通じて発生し，葉，節（せつ），穂首（ほくび），枝梗（しこう），もみなどの各部に発病し，それぞれ，葉いもち，節いもち，穂首いもち，枝梗いもち，もみいもちとよばれる．葉でははじめ円形で灰緑色の小斑点を生じ，その後中央が灰白色，周囲が褐色の長形の紡錘形の病斑となる．葉に病斑ができると葉鞘が短くなるため，植物体の背丈が低くなって，いわゆる“ずりこみ”症状を示す．進展して穂軸を囲むと，穂は登熟せずに白穂になる（図 7・22，図 7・23）．発生型としては，葉いもちが多く穂いもちが少ない南日本型と葉いもちが少なく穂いもちが多い北日本型がある．収量への影響は穂首いもちが最も大きい．夏季に低温が続く冷害年には，被害が大きくなる．

イネいもち病菌は低温，乾燥条件のもとで長期間生存でき，汚染もみや被害わら

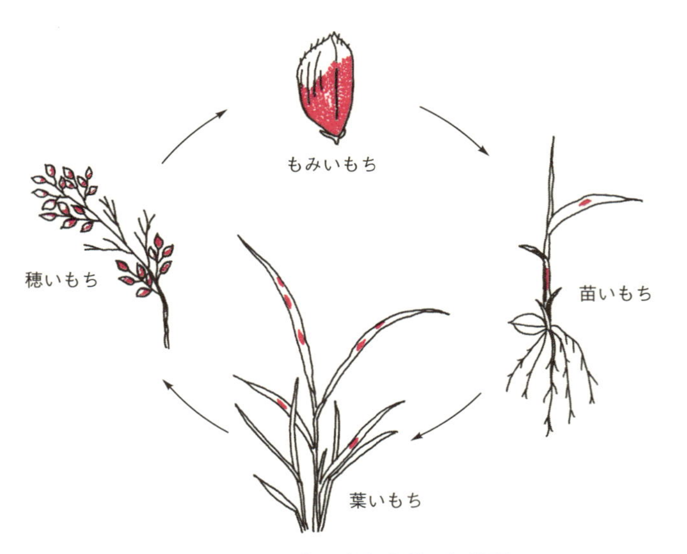

図 7・22 イネいもち病菌の伝染環

図 7・23 イネいもち病．左：激発によるずりこみ症状（口絵も参照），右：葉いもち．［左は草刈眞一，右は西崎仁博提供］

が翌年の感染源になる．苗いもちはおもに種子伝染によると考えられる．分げつ後期[*1]に最低気温が16℃を超え，降雨が2日以上続くと，広域に葉いもちが発生する可能性が高くなる．若い葉ほど感染しやすい．分生胞子の形成適温は24～28℃，発病適温は20～25℃である．葉いもちの一つの病斑には1晩に数千から2万個の分生胞子ができる．イネ葉上の胞子が発芽して感染が成立するためには，気温が16～30℃の範囲で，イネ葉上に水滴が連続して8時間以上保持される気象条件が必要になる．感染が成立するとおよそ7日後に病斑が出現し，胞子を飛散させるようになる．

＊1 分げつとは，イネ科で根に近い茎の節から側枝が発生すること．

予防には抵抗性品種を栽培し，窒素肥料や緑肥の多施用を避ける．育苗箱での薬剤散布により発病を抑えることができるが，発病が予測される場合には適切な薬剤を散布する．

灰色かび病

灰色かび病 gray mold

灰色かび病は灰色かび病菌 *Botrytis* 属菌による病気で，代表的な種は *B. cinerea*（テレオモルフ名 *Botryotinia fuckeliana*）である[*2]．多くの野菜や観賞植物などに発生する[*3]（図7・24）．伝染はおもに分生胞子で行われるため，本菌は通常はアナモルフ菌として扱う．

＊2 本病の病原体には50種以上の菌が含まれる．

＊3 この菌のように病原体の宿主範囲が広く，多くの植物種に感染できる性質を**多犯性** omnivorous という．

各種の作物の花弁や果実などに発生し，灰色微粉状のかびを密生させる．分生胞子は風媒伝染し，被害植物組織中の菌糸や菌核，分生胞子で越冬する．発芽適温は20℃付近で，曇雨天が続き，湿度が高い場合に多発する．施設栽培では，特に春先の密閉による多湿化によって多発することがある．

予防には窒素過多と密植を避け，マルチ栽培を行う．多湿を避ける．発生が認められる場合は，早期に薬剤散布を行う．

図 7・24　イチゴ灰色かび病（口絵）［築尾嘉章提供］

7・9 マイコトキシンによるヒトや動物の被害

菌類が生育中の植物に感染して起こす病気による被害とは異なるが，*Aspergillus* 属，*Penicillium* 属，*Fusarium* 属などの菌類が貯蔵中や輸送中の穀類やマメ類などに発生して，ヒトや動物に有害な毒素である**マイコトキシン**（カビ毒）を生成して大きな被害をもたらすことがある．マイコトキシンは慢性の細胞毒性，発がん性などを示すものが多く，加熱によっても毒性は失われない．

マイコトキシン mycotoxin

ピーナッツなどに発生する *Aspergillus flavus* は**アフラトキシン**という毒素をつくるが，なかでもアフラトキシン B_1 は強力な発がん作用をもち，地上最強の毒素ともいわれる．1950年代に東南アジアから日本に輸入された米は黄色に変色していて黄変米として問題になったが，黄変米には *Penicillium citreo-viride*, *P. citrinum* などによる毒素が含まれていることがわかった．植物病原菌が生産するマイコトキシンとしては，麦角アルカロイドのほかに，コムギ赤かび病菌 *Gibberella zeae*（アナモルフ名 *Fusarium graminearum*）が生産する**デオキシニバレノール**などがある．

アフラトキシン aflatoxin

デオキシニバレノール deoxynivarenol：ヒトや家畜に嘔吐や下痢などを起こす．

現在の先進国では食品検査が厳格に行われているので，一定以上のマイコトキシンが含まれる穀物などは食用や飼料用には使用されない．

7章　菌類病　まとめ

- 菌類は胞子によって繁殖する従属栄養の真核生物で，キチンやグルカンなどの多糖類からなる細胞壁をもち，菌糸体という糸状の栄養体をもつものが多い．
- 菌類は，おもに有性生殖器官の形態によって分類される．
- 菌類の胞子には無性胞子と有性胞子があり，きわめて多くの形態がある．
- おもな植物病原菌が所属するグループは，ネコブカビ類，卵菌類，子のう菌類，担子菌類，アナモルフ菌類（不完全菌類）である．
- ネコブカビ類の栄養体は菌糸体の形をとらず，細胞壁をもたない単核または多核の変形体であり，全体が遊走子のうになり，休眠胞子が形成される．アブラナ科植物根こぶ病菌などがある．
- 卵菌類は多核で隔壁のない菌糸体で遊走子をもつ時期があり，有性生殖により卵胞子をつくる．ジャガイモ疫病菌やウリ類べと病菌などがある．
- 子のう菌類は隔壁のある菌糸体で，有性生殖により子のう胞子をつくる．モモ縮葉病菌や各種のうどんこ病菌などがある．
- 担子菌類は隔壁のある菌糸体で，有性生殖により担子胞子をつくる．各種の黒穂病菌やさび病菌，イネ紋枯病菌などがある．
- アナモルフ菌類は無性世代しか知られていないために分類所属が確定できないもの，ならびに通常は無性的に増殖するものを集めた便宜的な分類群であり，イネいもち病菌や灰色かび病菌などがある．

細　菌　病

8

植物病原菌として重要な細菌の形態と伝染環，細菌によって起こる細菌病の特徴をみよう．

8・1　植物病原細菌の分類と形態

細菌（真正細菌，細菌界）は最小の細胞性生物で，細胞膜に古細菌がもたないエステル型脂質を含む原核生物である．細胞外マトリックスの構造の違いによって，グラム陰性細菌とグラム陽性細菌とに分けられる．大きさは 0.5〜5.0 μm 程度で，形態は桿状（かんじょう）のものが多い．一般的には二分裂で増殖する．ほとんどの細菌は有機物などの分解者として生息しているが，一部は生きた動植物に病原性を示す．植物の場合には，病気の約 10%が細菌によるものである（表 8・1）．細菌による植物の病気を**細菌病**という．

細菌 bacteria (*pl.*)

細菌病 bacterial disease

植物病原細菌の多くは桿状で細胞壁をもつが，菌糸を形成して細長く増殖するアクチノバクテリア類（放線菌類）や細胞壁をもたないファイトプラズマ，スピロプラズマなどのモリキューテス類などもある．細菌の分類は，従来はおもに形態的，培養的特徴に基づいて行われたが，現在ではリボソーム遺伝子(rDNA)の塩基配列などの比較による分子系統解析を重視するようになった．その結果，以前の *Pseudomonas* 属細菌のうち蛍光色素を産生しないものの多くは，*Ralstonia* 属，*Burkholderia* 属などの新属に移された．

細菌の種以下の分類群には，**亜種**（subsp.），**病原型**（pv.）などがある．

病原型 pathovar. 菌類の f. sp. に相当する．

多くの原核生物は菌体を保持するために細胞壁をもつ．細胞壁はペプチドグリカンが主成分であり，多糖鎖に短いペプチドが架橋した構造をとる．細胞壁は多くの抗菌薬，特にペニシリンなどの β-ラクタム系抗生物質などの作用点となっている．

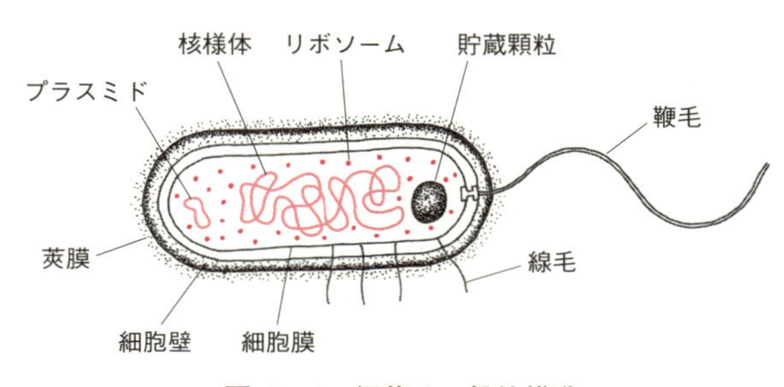

図 8・1　細菌の一般的構造

表 8・1 植物病原細菌の分類と代表的な病原細菌

界	門・綱	代表的な病原細菌
細菌界	プロテオバクテリア門(グラム陰性)	
	α プロテオバクテリア綱	カンキツグリーニング病菌 Liberibacter asiaticum（暫定学名）
		毛根病菌 *Rhigobium radiobacter* (Ri)
		根頭がんしゅ病菌 *Rhizobium radiobacter* (Ti)
	β プロテオバクテリア綱	イネもみ枯細菌病菌 *Burkholderia glumae*
		ナス科植物青枯病菌 *Ralstonia solanacearum*
	γ プロテオバクテリア綱	リンゴ・ナシ火傷病菌 *Erwinia amylovora*
		野菜類軟腐病菌 *Pectobacterium carotovorum*
		キュウリ斑点細菌病菌 *Pseudomonas syringae* pv. *lachrymans*
		インゲンマメかさ枯病菌 *Pseudomonas syringae* pv. *phaseolicola*
		タバコ野火病菌 *Pseudomonas syringae* pv. *tabaci*
		イネ白葉枯病菌 *Xanthomonas oryzae* pv. *oryzae*
		カンキツかいよう病菌 *Xanthomonas citri* subsp. *citri*
		アブラナ科植物黒腐病菌 *Xanthomonas campestris* pv. *campestris*
		ブドウピアス病菌 *Xylella fastidiosa*
	テネリクテス門(グラム陽性・低GC群†, 細胞壁を欠く)	
	モリキューテス綱	クワ萎縮病菌 Phytoplasma asteris（暫定学名）
		イネ黄萎病原菌 Phytoplasma oryzae（暫定学名）
		カンキツスタボーン病菌 *Spiroplasma citri*
		コーンスタント病菌 *Spiroplasma kunkelii*
	アクチノバクテリア門(グラム陽性・高GC群†)	
	アクチノバクテリア綱	トマトかいよう病菌 *Clavibacter michiganensis* subsp. *michiganensis*
		ジャガイモ輪腐病菌 *Clavibacter michiganensis* subsp. *sepedonicum*
		ジャガイモそうか病菌 *Streptomyces* spp.

† GC：細菌DNAの塩基のうちのGCの比率.
出典：瀧川雄一, 植物防疫 **60**：81−85(2006)をもとに作成.

グラム染色 Gram staining
1884年にデンマークのグラム(H. C. Gram)が確立した方法. スライドガラスに熱固定した細菌をクリスタルバイオレットなどの塩基性色素で染めた後, ヨウ素ヨウ化カリウム溶液で処理し, アルコールで脱色し, サフラニンなどで染色する. 染色性の違いは, 細胞内に形成されたクリスタルバイオレットとヨウ素の複合体が脱色の過程で細胞壁を通過して除かれるかどうかに基づく.

リポ多糖 lipopolysaccharide, 略称 LPS.

バクテリオシン bacteriocin：細菌が近縁の細菌を殺すために生産するタンパク質性抗細菌物質の総称.

細胞壁を欠くモリキューテス類は, 植物の篩管内などの特別に保護された環境以外では生育できない. 原核細胞は核膜をもたず, 核様体を構成する染色体は多くの細菌では1個で, 核分裂は行わない. 原形質流動はない. 光合成・酸化的リン酸化は細胞膜で行われ, ミトコンドリアなどの細胞小器官の分化はない (図8・1).

細菌は**グラム染色**によって紫色に染色される陽性細菌と赤く染色される陰性細菌とに大別されるが, 植物病原細菌の多くはグラム陰性細菌である. グラム陽性細菌ではペプチドグリカン層が厚く, 表面にタイコ酸などの酸性多糖類をもつ. グラム陰性細菌の細胞壁ではペプチドグリカン層の外側に, タンパク質, **リポ多糖**, リン脂質などを含む外膜がある. 外膜には多くのタンパク質が含まれていて, バクテリオファージ（細菌ウイルス）や**バクテリオシン**などのレセプター（受容体）が含まれ, 抗原性も強い. グラム陰性細菌の外膜と細胞膜との間隙はペリプラズム（細胞周辺腔）といい, 酵素や基質の貯蔵場所となっている. また, 多くの細菌では細胞壁の外側に莢膜あるいは粘液層とよばれる, 有機高分子からなるゲル状の層がある.

細胞膜は細胞質を包んでいる表層膜で, おもに脂質とタンパク質からなる. 菌体内外への物質の透過と選択的輸送, 細胞壁成分などの合成, 電子伝達系によるATP生産などを行う.

核は境界膜がないために細胞中央部にぼんやりと拡散した状態として観察され，核様体とよばれる．多くの細菌ではDNAは1本の二本鎖環状染色体として存在し，全長は1〜2 mm程度あり，複製時には細胞膜の特定部位と結合が起こる．

リボソームは，直径約20 nmの電子密度の高い粒子として観察される．沈降係数が30Sと50Sのサブユニットからなり，結合して70Sリボソームになる*．細菌では乾燥重量のおよそ40%がリボソームで，活発な増殖を支えている．抗生物質のうちストレプトマイシンやクロラムフェニコールなどは細菌のリボソームに結合し，タンパク質合成を特異的に阻害する．

運動性細菌のほとんどは**鞭毛**（べんもう）という直径約10〜20 nmのらせん状の長い細胞外付属物をもっており，鞭毛の数や位置は分類の重要な基準になっている．細菌の鞭毛は真核生物の鞭毛と比べて単純で，フラジェリンというサブユニットがらせん状に集合して構成される．線毛は鞭毛に似るが，直径は約7〜10 nmで短い．線毛は真核細胞への付着，接合相手への付着などに関与する．一部の細菌は，耐久体として**内生胞子**（芽胞）を形成する．そのほかの耐久体には，アクチノバクテリア類の多核性菌糸の先端部から切り離されて形成される**外生胞子**などがある．

プラスミド（染色体外DNA）は，細菌ゲノム（染色体DNA）とは独立に複製する小型の二本鎖環状DNAで，薬剤耐性，バクテリオシン産生など，付加的な性質をコードし，細菌から細菌へかなり安定に伝達される．病原性遺伝子がプラスミド上にコードされている細菌もある．

植物病原細菌を含む多くの細菌はその増殖に必要な鉄イオンFe^{3+}を菌体内に取込むために，**シデロフォア**とよばれる低分子のキレート物質を菌体外に分泌する．菌体外に分泌されたシデロフォアは鉄イオンと結合するが，この複合体は細胞壁にあるレセプターを経由して菌体内に輸送される．その結果，シデロフォアを多く生産する植物生育促進根圏細菌（PGPR）ともよばれる細菌が土壌中で増殖するとほかの微生物は鉄欠乏状態になり，周囲の微生物による土壌伝染病の発病が減少すると考えられている（§5・4参照）．

* 30Sと50Sのサブユニットが結合すると，80Sではなく70Sになることに注意．真核生物では40Sと60Sのサブユニットが結合して，80Sリボソームになる．S値は沈降係数Svedberg unitで，超遠心溶液中をタンパク質などが沈降する速度の単位．

鞭毛 fragellum (-a)

内生胞子 endospore

外生胞子 exospore

プラスミド plasmid

シデロフォア siderophore

8・2 細菌による病気

細菌は自らの力による直接侵入はせず，傷口や自然開口部から侵入する．細菌病には，細菌が生産する酵素によって軟腐（なんぷ）症状を現して腐敗するもの，主として葉の柔組織を侵して斑点性の病斑を形成するもの，維管束の導管部で増殖して導管を詰まらせることにより萎凋（いちょう）を起こすもの，葉や茎，花，芽などを褐変（かっぺん），枯死させるもの，感染により植物のホルモンバランスを狂わせて器官の一部を肥大させたり，細胞を異常分裂させるものなどがある．

根頭がんしゅ病

菌体の周囲に数本の鞭毛をもつ，根頭がんしゅ病菌 *Rhizobium radiobacter*（Ti）（旧学名 *Agrobacterium tumefaciens*）による．果樹や花木などの苗木に発生する土壌伝染病で，病原細菌は土壌中で長く生存できる．病原細菌は地際部の傷口から侵入し，感染した植物はおもにこぶの拡大により生育が衰える（図8・2，図8・3）．

根頭がんしゅ病 crown gall

Ti プラスミド tumor inducing plasmid：病原性遺伝子を除去した Ti プラスミドは，植物への遺伝子導入ベクターとして広く使われる．

菌体がもっている巨大な**Ti プラスミド**（pTi）の T-DNA（transfer DNA）部分が植物組織へ移行する．これが植物細胞の DNA にランダムに組込まれ，そこにコードされている遺伝子が発現してオーキシンとサイトカイニンが生産されるため，地際部や根に大小のこぶができる．根頭がんしゅ病菌は，植物の傷口から出るアセトシリンゴンなどのフェノールや糖を感知すると T-DNA を切り出し，それを植物細胞へ送り込む．根頭がん腫病菌が植物細胞に T-DNA を送り込む機構はⅣ型分泌系といわれ，動植物病原細菌の多くが細胞にタンパク質などを送り込む機構（Ⅲ 型分泌機構，§19・1 参照）によく似ている．T-DNA はこの細菌だけが栄養源として利用できるオパインと総称される特殊なアミノ酸をつくる酵素もコードしていて，こぶの細胞はオパインも生産するようになる．輪作や土壌消毒のほかに，バクテリオシンであるアグロシン 84 を産生する *Rhigobium radiobacter* 84 による生物防除が有効である．

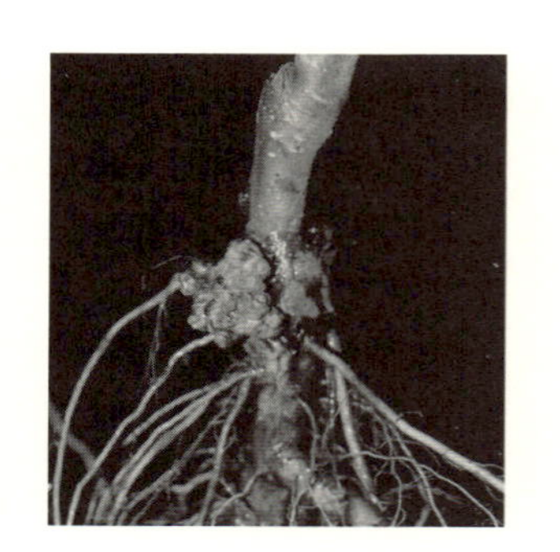

図 8・2 リンゴ根頭がんしゅ病［青森県りんご試験場提供］

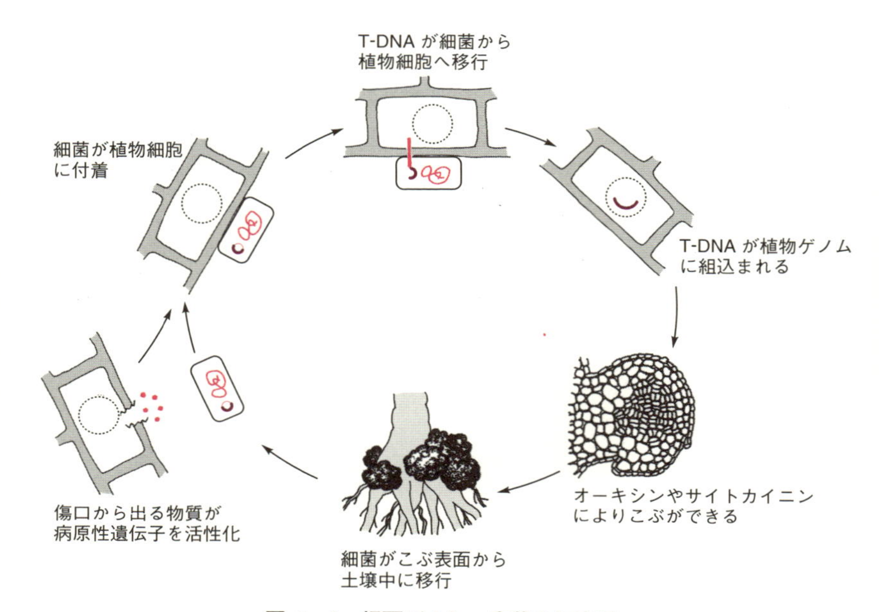

図 8・3 根頭がんしゅ病菌の伝染環

細根を異常分枝させるメロン，トマト，バラの毛根病菌 *Rhizobium radiobacter*（Ri）（旧学名 *Agrobacterium rhizogenes*）も，pTi によく似たプラスミド pRi をもっていて，その T-DNA 上にある遺伝子群が植物に毛状根をつくらせる．なお，マメ科植物に共生して窒素固定を行う根粒菌 *Rhizobium* spp.もこれらの細菌に近縁である．

トマトかいよう病 bacterial canker of tomato

トマトかいよう病

病原のトマトかいよう病菌 *Clavibacter michiganensis* subsp. *michiganensis* は植物病原細菌としては数少ないグラム陽性細菌で，鞭毛をもたない．感染植物を萎凋させ，果実などに鳥眼状のコルク状病斑をつくる．通常は種子伝染によって発病するので，種子消毒が重要である．

ナス科植物青枯病

ナス科植物青枯病 bacterial wilt of solanaceous plants

一方の極に1～4本の鞭毛をもつナス科植物青枯病菌 *Ralstonia solanacearum*（旧学名 *Pseudomonas solanacearum*）によって起こる，トマト，ナスなどナス科植物の世界的に重要な土壌伝染病である．病原細菌は宿主に対する寄生性，糖利用の違い，ナス科植物に対する病原性によって，それぞれ，レース，生理型（biovar），菌群に分けられている．

病原細菌はおもに根の傷口から侵入して導管内で増殖し，植物全体を急激に萎凋させる．病原細菌が生産する菌体外多糖類が導管の水分通導を妨げ，これが萎凋をひき起こす主要な病原因子である．病植物の茎を切断して水に浸すと菌泥（きんでい）が観察できる（図8・4）．病原細菌は土壌中で長期間生存できる．

薬剤等による土壌消毒のほか，抵抗性品種の利用，非宿主作物との輪作などの対策が行われている．トマト，ナスには多くの抵抗性台木があり，栽培地に分布する菌群に対応して利用されている．しかし，最近は抵抗性台木に感染できる強病原性レースも出現している．トマトでは，根に内部共生する *Pseudomonas fluorescens* を利用した生物防除も効果が認められている．

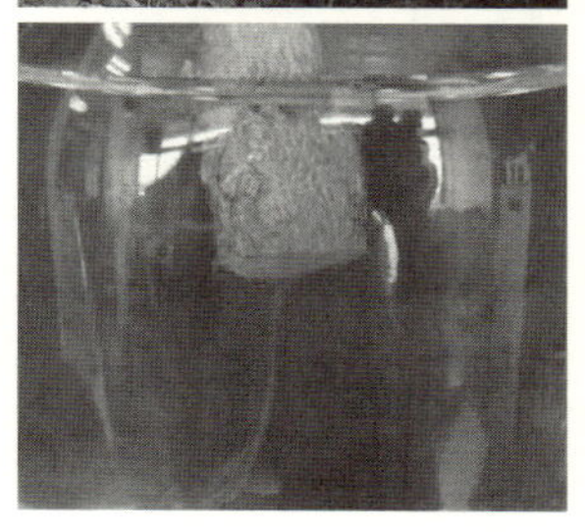
図 8・4　ナス科植物青枯病. トマト発病株(上)とナスの茎から水中に流れ落ちる菌泥(下).［西崎仁博提供］

野菜類軟腐病

野菜類軟腐病 soft rot of vegetables

菌体の周囲に多数の鞭毛をもつ野菜類軟腐病菌 *Pectobacterium carotovorum*（旧学名 *Erwinia carotovora* subsp. *carotovora*）によって起こる．ハクサイなど多くの野菜類を侵し，産生するペクチナーゼによって宿主細胞を遊離させ，腐敗させる（図8・5）．腐敗が進んだ組織は悪臭を放つ．重要な土壌伝染性病であり，輸送中や保存中にも発生する．病原細菌は土壌中や植物遺体中で越冬し，風雨などによる傷口や昆虫による食痕から植物組織中に侵入する（図8・6）．

ハクサイやダイコンでは抵抗性品種が利用できる．イネ科作物などとの輪作や土

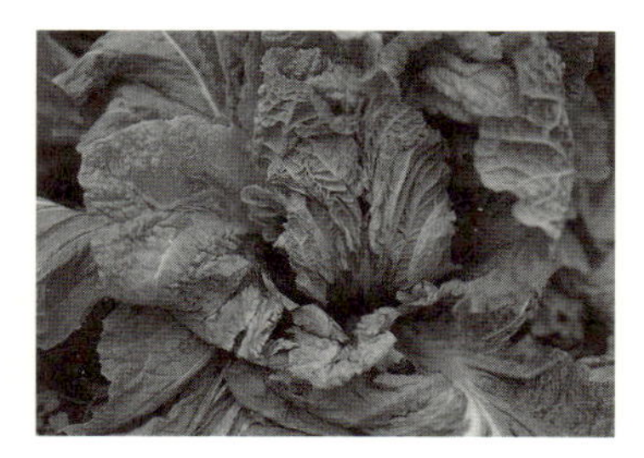
図 8・5　ハクサイ軟腐病(口絵)［岡田清嗣提供］

図 8・6　野菜類軟腐病菌の伝染環

壌消毒が有効で，最近は優れた効果を示すオキソリニック酸剤も使われている．非病原性 *Pectobacterium carotovorum* を主成分とする生物農薬も効果がある．

イネ白葉枯病 bacterial leaf blight of rice

イネ白葉枯病

一方の極に1本の鞭毛をもつイネ白葉枯病菌 *Xanthomonas oryzae* pv. *oryzae* によって起こる．日本では箱育苗の普及に伴って発生が激減したが，アジアの稲作地帯に広く発生するイネの重要な病気である．病原細菌はイネ品種に対する病原性によってレースに分けられている．

病原細菌がイネの葉縁に分布する水孔や傷口から侵入すると葉枯れ症状になり(図8・7)，幼苗期に根の傷口から侵入するとクレセックとよばれる急性萎凋症状になる．病原細菌は導管内で増殖して充満するが，葉面や葉縁に押し出され，菌泥となることがある．激発するともみも侵され，不稔になる．

図 8・7 イネ白葉枯病(口絵)［西崎仁博提供］

クレセック kresek

防除には抵抗性品種の利用，おもな越冬植物であるサヤヌカグサなどの除去が重要である．薬剤の散布や水面施用も有効である．窒素肥料の過多は発病を助長する．

8・3 アクチノバクテリア類による病気

アクチノバクテリア類 actinomycetes(*pl.*)

アクチノバクテリア類（放線菌類）は分枝する菌糸状の形態をもつ細菌群で，ほとんどは土壌中に生息する．好気性で，気中菌糸を伸ばし，先端に外生胞子をつくって繁殖する．植物病原は少ない．ストレプトマイシンやバンコマイシンなどの抗生物質の多くは，アクチノバクテリア類が生産する．

近年全国的に発生が増えているジャガイモそうか病は，*Streptomyces scabies*，*S. acidiscabies*，*S. turgidiscabies* などの複数の病原菌によって起こる．

8・4 モリキューテス類による病気

モリキューテス類 mollicutes，モリクテス類ともいう．

ファイトプラズマ phytoplasma

モリキューテス類は細胞壁をもたない細菌のグループである．

植物に病気を起こす**ファイトプラズマ**は，1967年に土居養二らによって発見された．クワ萎縮病，アスター萎黄病，キリてんぐ巣病などのヨコバイ伝搬性の萎黄叢生病とよばれる一群の病気は，病徴や昆虫媒介性などからウイルス病と考えられてきたが，感染植物の篩管内に動物寄生性のモリキューテス類であるマイコプラズマとよく似た微生物が電子顕微鏡観察によって観察された．これらがテトラサイクリン系抗生物質で治療できることが示され，モリキューテス類に属する新しい植物病原体，**マイコプラズマ様微生物**（MLO）による病気であることが明らかになった．MLO についてはその後，リボソーム遺伝子などの分子系統解析が行われ，現在では動物寄生性マイコプラズマ属とは区別して，ファイトプラズマとして分類されるようになった．

マイコプラズマ様微生物 mycoplasma-like organisms

ファイトプラズマは大きさが 0.1～1.0 μm 程度で，不定形で細胞壁を欠き，細菌が通過できない除菌フィルターを通過する．二分裂と出芽で増殖するが，現在まで人工培養には成功していない．多くのファイトプラズマはヨコバイ類によって，一部はキジラミ類によって伝搬される．ファイトプラズマは媒介昆虫の体内でも増殖し（永続型・増殖型伝搬，§5・3参照），媒介昆虫は終生伝搬能力をもち続けるが，経卵伝搬はしない．

MLO発見の後，コーンスタント病とカンキツスタボーン病でも類似の病原体が発見されたが，これらはらせん形で人工培養ができることから，ファイトプラズマとは区別して**スピロプラズマ**として分類されている．スピロプラズマによる植物の病気は日本では未発生である（図8・8）．

コーンスタント病 corn stunt

カンキツスタボーン病 citrus stubborn

スピロプラズマ spiroplasma

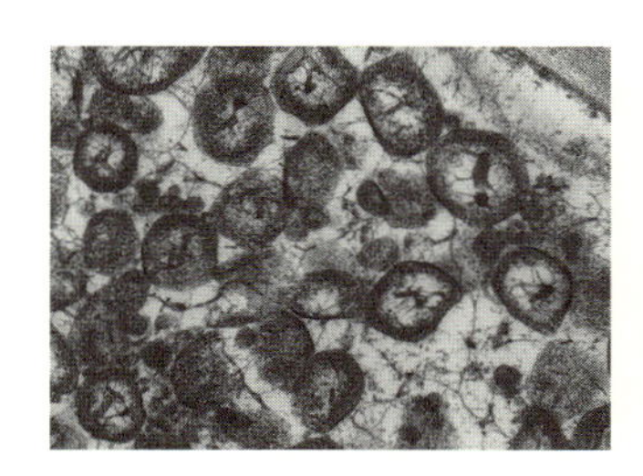
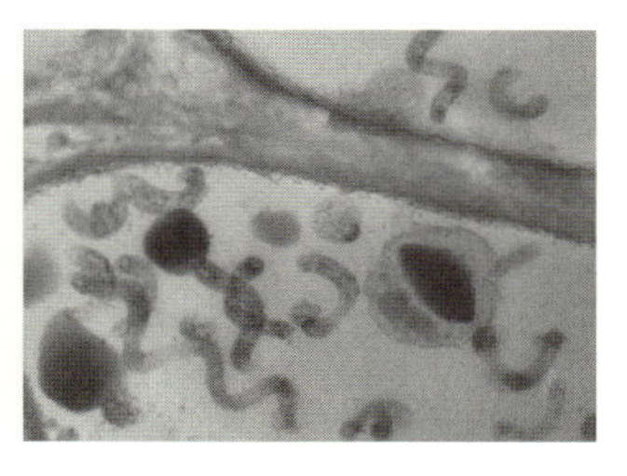

図 8・8　篩管細胞のミツバてんぐ巣病原ファイトプラズマ(左)**とコーンスタント病原スピロプラズマ**(右)．［左は奥田誠一，右はR. E. Davis 提供］

イネ黄萎病

イネ黄萎病(おういびょう) yellow dwarf of rice

イネ黄萎病原ファイトプラズマ Phytoplasma oryzae（暫定種名）によって起こる．1915年に高知県で発生が認められて以来，イネの早期栽培化に伴って発生地域が東北地方にまで拡大しており，東南アジアでも発生している．ツマグロヨコバイなどのヨコバイ類によって伝搬される．

病株は退緑した葉が出現して全身が淡緑色となり，分げつが増加して萎縮する．日本では明瞭な病徴が認められるのは生育後期が多く，刈取り後に淡黄色の萎縮した再生芽(ひこばえ)を現す（図8・9）．媒介昆虫は1時間の獲得吸汁でファイトプラズマを高率に保毒し，約1カ月間の虫体内潜伏期間の後に媒介を始め，終生媒介能力を保つ．幼虫態で越冬したヨコバイが，翌年の一次伝染を起こす．

媒介昆虫の防除が重要である．

図 8・9　イネ黄萎病のイネ再生芽での発生(口絵)［奥田誠一提供］

8章　細菌病　まとめ

- 細菌は最小の細胞性生物で，細胞膜にエステル型脂質を含む原核生物である．
- 植物病原菌の多くは桿状で細胞壁をもつが，菌糸状のアクチノバクテリア類や細胞壁をもたないファイトプラズマ，スピロプラズマなどもある．
- 細菌は直接侵入せず，傷口や自然開口部から侵入する．
- 細菌病には，軟腐症状を現して腐敗するもの（野菜類軟腐病など），葉の柔組織を侵して斑点性病斑を形成するもの，維管束の導管部で増殖して萎凋を起こすもの（ナス科植物青枯病など），器官を肥大させたり，細胞を異常分裂させるもの（根頭がんしゅ病など）などがある．
- アクチノバクテリア類は土壌中に生息し，ジャガイモそうか病などを起こす．
- ファイトプラズマは感染植物の篩管内に生息し，ヨコバイ類などによって伝搬される不定形の細菌で，イネ黄萎病などを起こす．
- スピロプラズマはファイトプラズマに似るが，らせん状で人工培養できる．

9 ウイルス病

ウイルスは細胞構造をもたない微小な微生物である．植物病原ウイルスの構造，感染と発病のしくみ，ウイルス病の特徴をみよう．

9・1 植物病原ウイルスの分類と形態

ウイルスは細胞構造をもたず，きわめて小さい．植物ウイルスの**ウイルス粒子**は，小さいものは直径約 17～30 nm 程度の小球形，最長のひも状ウイルスは直径 11 nm で長さ約 2.0 μm である．ウイルスは生きた細胞内だけで増殖でき，複製は宿主細胞の代謝系に完全に依存する．そのため，宿主細胞に影響を与えずにウイルスの増殖だけを阻害する薬剤は見つかっていない．ウイルスは増殖が終わった段階で親ウイルスと同じものができ，細胞性生物にある“生長”という過程はない．なお，後で説明するように，ウイルスに近い病原体に**ウイロイド**がある．ウイロイドはこれまでのところ，植物寄生体としてだけ知られている．

ウイルスはゲノム核酸の種類によって大まかに分類され，粒子形態や媒介者の種類，ゲノム構造などによって，科や属が設けられている．宿主ごとに，動物ウイルス，植物ウイルス，昆虫ウイルス，菌類ウイルス，細菌ウイルスと分類することもある．おもな植物ウイルスを分類群によって並べると，表 9・1 のようになる．ウイルスの分類では，科などの上位分類が確定していない属もある．ウイルスでは，種以下の病原性などによって分けられる分類群を**系統**という．

ウイルスは基本的には**核タンパク質**であり，RNA または DNA がタンパク質でできた**キャプシド**（外殻）に包まれている．ウイルス粒子の構造は，球形，棒状，ひも状などがあり，核タンパク質がさらに**エンベロープ**とよばれる膜に包まれているものもある．ウイルス核酸を取巻くキャプシドは，**外被タンパク質**（CP）とよばれるタンパク質サブユニットが集合したものである．小型のウイルスでは CP は 1 種類であるが，数種類の構造タンパク質からなるウイルスもある．CP の機能は基本的にはゲノム核酸の保護であるが，ウイルスの植物体内での移行，媒介者による伝搬に必要な場合が多い．CP の構造がそのウイルスの病徴を変化させる例も知られている．

ウイルス粒子の基本構造は，らせん形か正二十面体形*のいずれかである．棒状とひも状のウイルスの核酸は多くが一本鎖 RNA であり，らせん状の核酸にキャプシドが巻付くように配列してウイルス粒子を構成している．一方，球形粒子は正二十面体形であり，CP サブユニットが数個集まったキャプソメアが単位になって構

ウイルス virus：近年，粒子直径，ゲノムサイズが従来のウイルスよりはるかに大きい“巨大核質 DNA ウイルス”とよばれるウイルス群が発見されているが，詳細は明らかではない．

ウイルス粒子 virion

ウイルスは生物か

“生物”を“細胞をもつもの”と定義すると，ウイルスは生物ではないことになる．しかし，ウイルスは生物と共通な遺伝情報保存機構をもち，生物の代謝機構によって自己を複製できるので，限りなく生物に近い存在であることは明らかである．ウイルスの起源についての定説はないが，生物の遺伝子の一部が自律的に複製できるようになったものという説が有力とされる．また，ウイルスは原始地球の生命体が生き続けてきたものという考え方もある．

ウイロイド viroid：-oid は“～のようなもの”という意味．

系統 strain

核タンパク質 nucleoprotein

キャプシド capsid

エンベロープ envelope

外被タンパク質 coat protein

*いずれも最少の素材とエネルギーによって安定な構造をつくる様式．

表 9・1 植物ウイルスの分類の概要と代表的なウイルス

ゲノム核酸†	ウイルス名および形
一本鎖 DNA ゲノム	ジェミニウイルス科(二連小球形粒子) タバコ巻葉日本ウイルス *Tobacco leaf curl Japan virus* トマト黄化葉巻ウイルス *Tomato yellow leaf curl virus*
二本鎖(RT)DNA ゲノム	カリモウイルス科(大型球形粒子) カリフラワーモザイクウイルス *Cauliflower mosaic virus*
二本鎖 RNA ゲノム	レオウイルス科(大型球形粒子) イネ萎縮ウイルス *Rice dwarf virus*
一本鎖(－鎖)RNA ゲノム	ラブドウイルス科(エンベロープをもつ桿状大型粒子) ムギ北地モザイクウイルス *Northern cereal mosaic virus* ブニヤウイルス科(エンベロープをもつ大型球形粒子) トマト黄化えそウイルス *Tomato spotted wilt virus* テヌイウイルス科(糸状粒子) イネ縞萎縮ウイルス *Rice stripe virus*
一本鎖(＋鎖)RNA ゲノム	ブロモウイルス科(三分節ゲノム小球形粒子) キュウリモザイクウイルス *Cucumber mosaic virus* プルヌスえそ輪点ウイルス *Prunus necrotic ringspot virus* ルテオウイルス科(単一ゲノム小球形粒子) ジャガイモ葉巻ウイルス *Potato leafroll virus* ティモウイルス科(単一ゲノム小球形粒子) カブ黄化モザイクウイルス *Turnip yellow mosaic virus* トンブスウイルス科(単一ゲノム小球形粒子) タバコえそＤウイルス *Tobacco necrosis virus D* アルファフレキシウイルス科(単一ゲノムひも状粒子) ニンニクＣウイルス *Garlic virus C* ジャガイモＸウイルス *Potato virus X* ポティウイルス科(単一ゲノムひも状粒子) ジャガイモＹウイルス *Potato virus Y* カブモザイクウイルス *Turnip mosaic virus* ズッキーニ黄斑モザイクウイルス *Zucchini yellow mosaic virus* クロステロウイルス科(単一ゲノムひも状粒子) カンキツトリステザウイルス *Citrus tristeza virus* ビルガウイルス科 (単一ゲノム棒状粒子) タバコモザイクウイルス *Tobacco mosaic virus* (二分節ゲノム棒状粒子) コムギ萎縮ウイルス *Soil-borne wheat mosaic virus* ベニウイルス科(多分節ゲノム棒状粒子) ビートえそ性葉脈黄化ウイルス *Beet necrotic yellow vein virus*

† RT，＋鎖，－鎖については，本文を参照．

(a) タバコモザイクウイルスのらせん形棒状粒子の一部

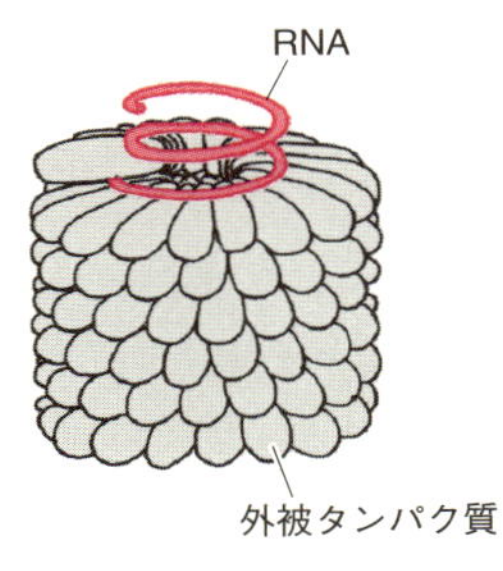

(b) カブ黄化モザイクウイルスの正二十面体形粒子

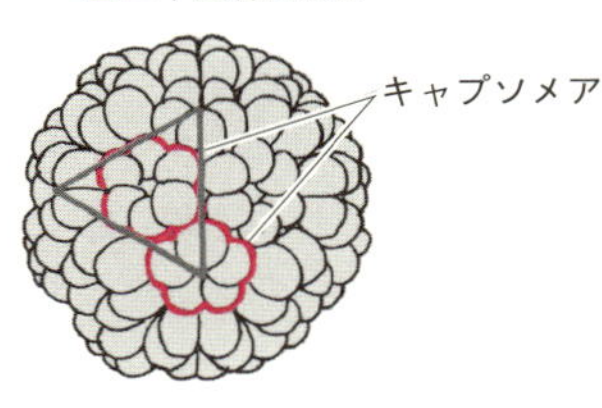

図 9・1 ウイルス粒子の構造. (b)の正二十面体形粒子は内部に核酸がある.

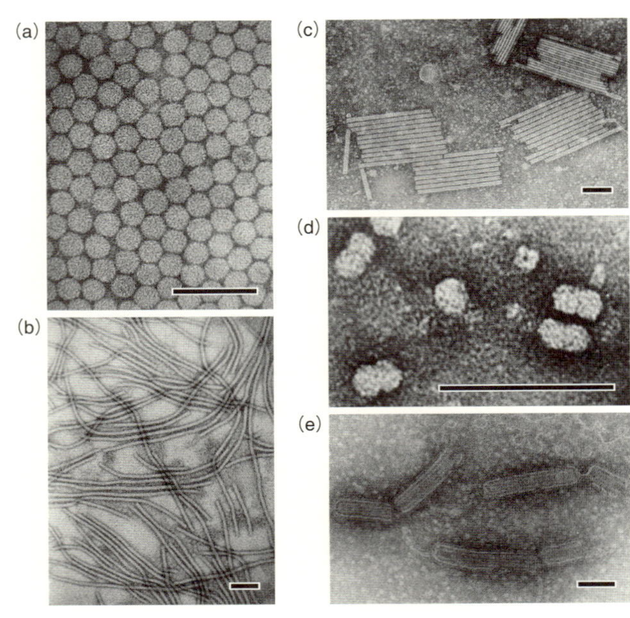

図 9・2 植物ウイルスのネガティブ染色*による電子顕微鏡写真. (a) キュウリモザイクウイルス, (b) ズッキーニ黄斑モザイクウイルス, (c) タバコモザイクウイルス, (d) タバコ巻葉日本ウイルス, (e) ムギ北地モザイクウイルス. スケールは 100 nm. [(d)は尾崎武司提供]

*試料にタングステンなどの重金属の液体を混合して影を付け, 浮き上がらせて電子顕微鏡観察する方法.

成される (図 9・1). 代表的な植物ウイルスの粒子形態は図 9・2 のとおりである.

植物ウイルスでは, ゲノム核酸として一本鎖 RNA をもつものが約 70% を占め, それ以外は二本鎖 RNA, 一本鎖 DNA, 二本鎖 DNA のいずれかの核酸をもつ. タバコモザイクウイルスなどでは一つの粒子が 1 本のゲノム核酸をもっていて, 単一ゲノムウイルスとよばれる. しかし, 分節ゲノムウイルスといって, ゲノム核酸が複数分子に分かれて保持されているものも多い. 分節ゲノムウイルスはさらに, 一つの粒子にゲノム核酸がすべて保持されている場合と複数粒子に分かれて保持されている場合があり, 後者は多粒子性ウイルスとよばれる.

ウイルスの精製 (純化) は, ウイルス感染植物組織から植物成分とウイルス粒子を分別して感染性のあるウイルス粒子だけを単離する操作で, 基本的には病葉汁液を有機溶媒によって清澄化し, 分画遠心などによって行う. 多粒子性ウイルスのように大きさや密度が異なるものを分別するためには密度勾配遠心を行う. ウイルス試料の精製度は紫外吸収曲線によって判定できる. 核酸とタンパク質は 220〜300 nm の波長域でそれぞれ特有の紫外吸収曲線を示すので, 分光光度計によって精製したウイルス試料の紫外吸光度を測定するとウイルス量が定量できる. ウイルスの CP やゲノム核酸は電気泳動などによって検出でき, 分子量なども測定できる.

サテライトウイルス satellite virus

ヘルパーウイルス helper virus

ウイルスのなかにはタバコえそサテライトウイルス (TNSV) のように, 他のウイルスと共存してはじめて増殖できるものがあり, **サテライトウイルス**とよばれる. サテライトウイルスの増殖を介助するウイルスを**ヘルパーウイルス**といい, TNSV は複製増殖するための遺伝情報の一部をタバコえそ D ウイルスに依存する. また, キュウリモザイクウイルスなどでは, 分離株によってはウイルス粒子中にゲノムRNA以外に**サテライトRNA**という低分子RNAが含まれていることがある．サテライトRNAはウイルス核酸の複製量やウイルスによる病徴を変化させることが多い．

サテライトRNA satellite RNA：ゲノム核酸に寄生している核酸と考えられる．

9・2 植物ウイルスの増殖と移行

ウイルスはゲノムとして二本鎖DNA，一本鎖DNA，二本鎖RNA，一本鎖RNAのいずれかをもち，さまざまな様式によって遺伝情報を複製して次世代に伝達する．

DNAウイルスでは，他の生物と同じようにDNA上の情報をmRNA（メッセンジャーRNA）にコピーし（転写），そのmRNAがアミノ酸の配列を規定してタンパク質をつくる（翻訳）．なお，カリモウイルス科のウイルスなどの二本鎖DNAウイルスでは，一方のDNAからRNAを転写し，それを鋳型として**逆転写**（RT）を行って子ウイルスのDNAをつくる．

逆転写 reverse transcription：通常はDNAからRNAが転写されてタンパク質が翻訳されるが，逆方向にRNAからDNAが転写されることをいう．

RNAウイルスではRNAからRNAの複製が行われ，また，RNAからタンパク質が翻訳される．＋鎖のRNAウイルスは，ゲノムRNAが感染細胞内でそのままmRNAと同様に働くもので，リボソームと結合してウイルスが必要とするタンパク質を合成する．一方，ラブドウイルス科などの－鎖のRNAウイルスは，mRNAと相補的なRNAをゲノムとしてもつ．これらの－鎖RNAには感染性がないので，感染直後に相補鎖である＋鎖RNAをつくり，それを使ってタンパク質を翻訳する*．また，レオウイルス科の二本鎖RNAウイルスでは，－鎖からmRNAをつくる．このほか，トマト黄化えそウイルスなど一部のウイルスではゲノムの一本鎖RNAが＋鎖の部分と－鎖の部分からなり，**アンビセンスRNA**とよばれている．

＊これらの－鎖RNAウイルスは植物細胞へ侵入した直後に相補鎖をつくる必要があるため，ウイルス粒子中にRNA転写酵素を含んでいる．

アンビセンスRNA ambisense RNA：ambi-は“両側”の意味．

植物ウイルスの増殖

植物ウイルスの増殖様式はさまざまであるが，一本鎖＋鎖RNAウイルスであるタバコモザイクウイルス（TMV）を代表例としてみよう．TMV粒子は直径18 nm，長さ300 nmの棒状で，らせん状の約6400塩基からなるRNAの周囲に，158アミノ酸残基からなる外被タンパク質（CP）が約2130配列して，管状の核タンパク質を構成している（図9・1参照）．

TMVのゲノム構造は図9・3のとおりで，5′末端に真核生物のmRNAと同じくm7Gキャップ，3′末端にtRNA様構造をもつ．**オープンリーディングフレーム**

オープンリーディングフレーム open reading frame：核酸上のタンパク質が翻訳される開始コドンから終止コドンまでの配列のこと．

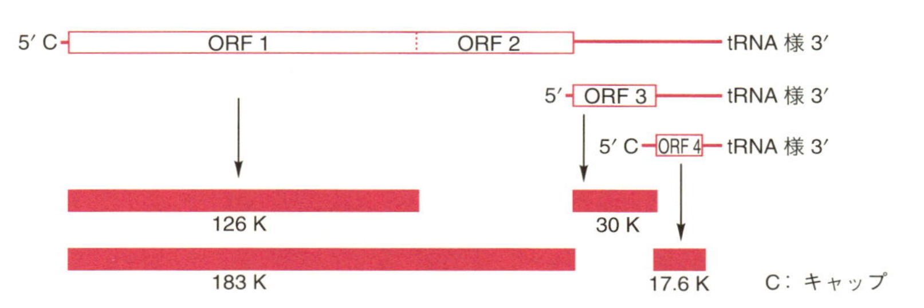

図 9・3　タバコモザイクウイルスのゲノム構成

(ORF) は四つあり，リボソームはTMVのゲノムRNA上を5′末端から3′末端方向に移動しながらポリペプチド鎖をつくる．126Kと183K*1のタンパク質は宿主タンパク質と結合して，**RNAポリメラーゼ**になる．126Kタンパク質の終止コドン (UAG) は不完全なために読み過ごしが起こり，そのまま翻訳が続くことによって183Kタンパク質ができる．30Kと17.6Kのタンパク質は，－鎖から＋鎖が転写される際に，全長RNA以外につくられる短いRNAである**サブゲノムRNA**から翻訳されるが，それぞれ**移行タンパク質** (MP) とCPとなる．このようにTMVは読み過ごしやサブゲノムRNAを活用して，1本の短い核酸から複数のタンパク質を効率よく生産するためのしくみをもっている．

*1 Kは1000を表し，たとえば126Kはそのタンパク質の分子量が126,000 Da（ドルトン）であることを示す．

RNAポリメラーゼ　RNA polymerase. RNAレプリカーゼともいう．

サブゲノムRNA　subgenomic RNA

移行タンパク質 movement protein

TMVの感染と増殖の過程は，**プロトプラスト**への接種実験によって解析された．TMVが植物の一つの細胞に感染を起こすためには，10^4～10^5個のウイルス粒子が必要と考えられている．植物ウイルスは植物に感染するとウイルス粒子全体が宿主細胞内に入った後にCPがはずれるが，この過程を**脱外被**という．ウイルスが感染を起こすためには必須の段階である*2.

脱外被 uncoating

*2 動物ウイルスや細菌ウイルスは細胞侵入の時点で外被を細胞膜に残し，細胞内には核酸だけが入るものが多い．

TMVは5′末端から徐々に脱外被を始め，リボソームと結合してRNAポリメラーゼの合成を開始する．脱外被した＋鎖RNAからは，RNAポリメラーゼの働きによってまず－鎖RNAがつくられ，＋鎖RNAと二本鎖を形成して**複製型**

複製型 replicative form

プロトプラスト
protoplast
酵素処理により細胞壁を除去した植物細胞．1969年に建部 到らはTMVの増殖過程を解析することを目的として，TMVをタバコ葉肉プロトプラストに同調的に感染させることに初めて成功した．その後，プロトプラストからの植物個体の再生，融合プロトプラストからの雑種植物の作出が行われ，プロトプラストは植物バイオテクノロジーの基盤技術の一つになった．

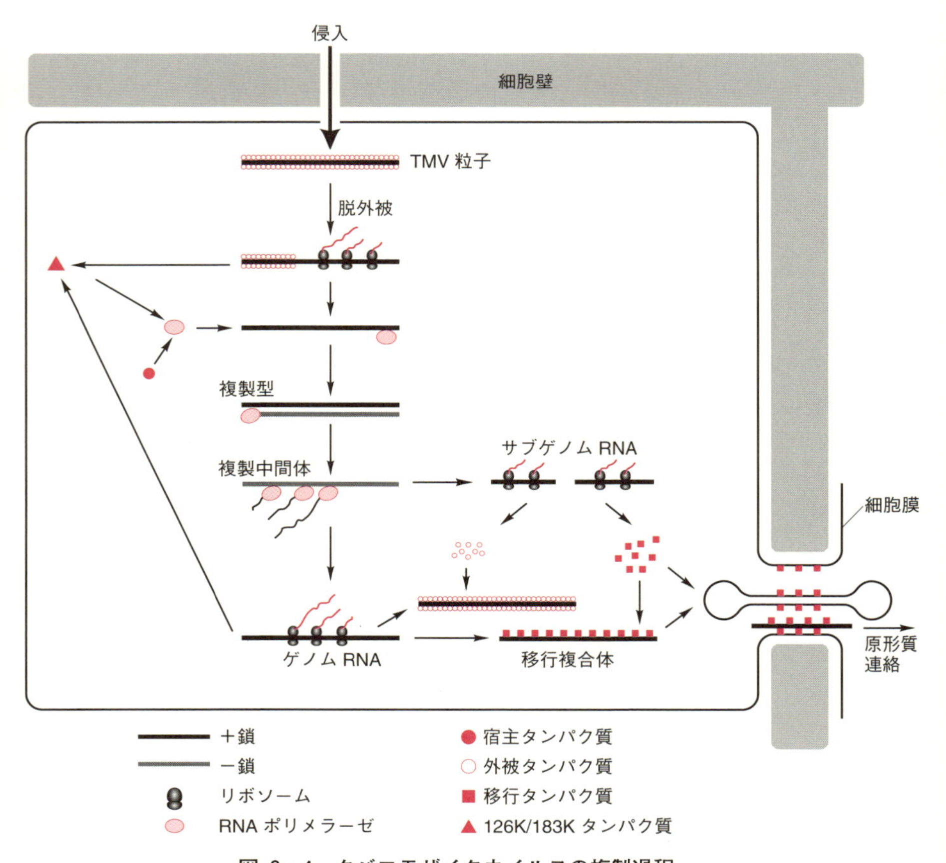

図9・4　タバコモザイクウイルスの複製過程

(RF) になる．次に，－鎖側の**複製中間体** (RI) を鋳型にして＋鎖のゲノム RNA と 2 種類のサブゲノム RNA が合成され，サブゲノム RNA から MP と CP が翻訳される．完成したゲノム RNA と CP は，**自己集合**によって自動的に TMV 粒子に組上がる (図 9・4).

複製中間体 replicative intermediate

自己集合 self-assembly

一方，ポティウイルス科などのウイルスでは TMV などの場合とは異なり，長大なゲノム RNA から一度に**ポリタンパク質**が翻訳される．次にそれがウイルスがつくるプロテアーゼ (タンパク質分解酵素) によって切断され，それぞれが機能的なタンパク質になる．

ポリタンパク質 polyprotein

ウイルスの感染植物個体内での移行

ウイルスは，接種した葉 (接種葉) の最初に感染した細胞 (一次感染細胞) から**原形質連絡**を通って隣接する細胞へ移行し，さらに篩管系を通って全身に広がる (図 9・5).

原形質連絡 plasmodesma (-mata)

原形質連絡を通過する**細胞間移行**には，MP あるいは MP と CP の両方が必要である．細胞間移行は一部のウイルスではウイルス粒子の形態で移行するが，多くは核酸と MP などとが複合体を形成して行われる．細胞間移行が成立し，ウイルスが一次感染細胞から周辺の細胞へ広がると，接種葉での**局部感染**が成立する．ウイルスの感染に対して宿主植物が強度の抵抗性，つまり**過敏感反応**を示す場合には，植物は局部壊死病斑を形成してウイルスを病斑の内部に封じ込め，それ以上外側の組織へ移行できなくする (§18・3 参照).

細胞間移行 cell-to-cell movement

局部感染 local infection

過敏感反応 hypersensitive response

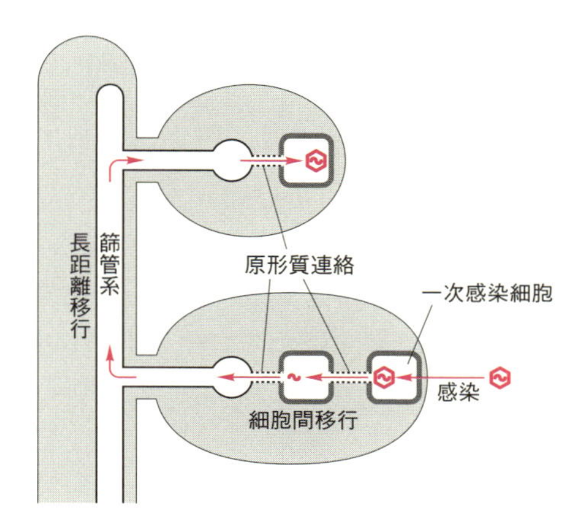

図 9・5 植物ウイルスの全身移行過程

＊あるウイルスに感染しないと考えられてきた植物種にウイルスを接種すると，一次感染細胞ではウイルスの複製が起こる場合が多いことがわかった．しかし，その後の細胞間移行と長距離移行が起こらなければ肉眼的には病徴は認められず，"宿主"にはならない．したがって，ウイルスの細胞間移行と長距離移行は一次感染細胞での複製の有無とともに，ウイルスの宿主特異性を決定する重要な過程といえる．

接種葉で増殖したウイルスは，維管束系の篩部組織へ侵入し，篩管系を通って全身へ運ばれるが，これが**長距離移行**である．篩管系に入ったウイルスは同化産物とともに短時間で茎頂部などに運ばれ，それから全身に広がる．その結果，植物個体全体に**全身感染**が成立し，モザイクなどの病徴を現すようになる* (図 9・6).

長距離移行 long-distance movement

全身感染 systemic infection

自然界では植物ウイルスの多くは昆虫により，一部は菌類あるいは線虫により媒介されて伝染する (§5・3 参照)．また，主要ウイルスの多くは汁液伝染するので，汁液接種が基本的な実験操作として用いられる (§3・3 参照).

図 9・6　キュウリモザイクウイルスによるタバコのモザイク病徴(左)とタバコモザイクウイルスによるタバコ(キサンチ nc)の局部壊死病斑(右)

干渉 interference

クロスプロテクション cross protection

＊病原性が弱いウイルスを弱毒ウイルス，強いウイルスを強毒ウイルスという．ウイルスが毒素を出すことはない．

あるウイルスを接種した植物に同種あるいは近縁のウイルスを接種すると，後から接種したウイルスの感染が起こらないことがあり，この現象を**干渉**という．これは，最初に接種したウイルス（一次ウイルス）が後から接種したウイルス（二次ウイルス）の増殖を阻害する現象で，**クロスプロテクション**ともよばれる．弱毒ウイルスによる強毒ウイルスの防除はこのしくみを利用している＊(§13・2 参照)．この機構については，一次ウイルスの CP が二次ウイルスの脱外被を阻害するか，一次ウイルスのゲノムが二次ウイルスのゲノムと雑種を形成して増殖を阻害するものと考えられてきたが，近年は RNA サイレンシングによると考えられるようになってきた（§18・3 参照）．

獲得抵抗性 acquired resistance

また，一次ウイルスが存在しない組織に二次ウイルスに対する抵抗性が観察されることがあり，**獲得抵抗性**とよばれる．たとえば，接種葉に局部病斑が形成されるとそのシグナルが全身に広がり，ウイルスを接種していない上位葉でもウイルスの再接種に対して抵抗性になることがある（§18・5 参照）．

9・3　ウイルスによる病気

イネ萎縮病 rice dwarf disease

イネ萎縮病

イネ萎縮ウイルス *Rice dwarf virus* によって起こる．関東以西で発生が多い病気で，葉色が濃緑色になって乳白色の小斑点が現れ，分げつが増加して株全体が著し

図 9・7　イネ萎縮病による萎縮病徴(左)と葉の白斑(右，口絵)［大村敏博提供］

図 9・8　ズッキーニ黄斑モザイクウイルスによるキュウリモザイク病(口絵)．激しいモザイク病徴．

く萎縮する（図9・7）．イネのほか，ムギ類やスズメノテッポウなどの雑草にも感染する．ツマグロヨコバイなどのヨコバイ類によって，永続型伝搬される．ヨコバイ類は幼虫で越冬し，春先に羽化して苗代に飛来して一次伝染を起こす．ウイルスは虫体内でも増殖し（増殖型），保毒雌虫からの経卵伝搬も起こる．

防除には抵抗性品種が利用できる．媒介昆虫の防除も有効であるが，地域全体での集団防除を行う必要がある．

キュウリモザイク病

キュウリモザイク病 cucumber mosaic disease

キュウリモザイク病は，キュウリモザイクウイルス *Cucumber mosaic virus*（CMV）のほか，ズッキーニ黄斑モザイクウイルス *Zucchini yellow mosaic virus*（ZYMV）などによって起こる（図9・8）．

CMVは直径約30 nmの小球形ウイルスで，温帯地域の野菜や花などの最重要ウイルスである．トマトやキュウリをはじめ，1000種以上の植物にモザイク病を起こす．多くの系統が報告されており，また，サテライトRNAが加わることによって病原性が変化することがある．CMVはモモアカアブラムシなど多くのアブラムシによる非永続型伝搬によって伝染する．CMVは通常は接触伝染しないが，ウリ科植物などでZYMVなどと重複感染した場合には接触伝染するようになる．圃場周辺の雑草などが感染して，伝染源となっている場合が多い．弱毒ウイルスによる防除が有効である．

9・4 植物病原ウイロイドの分類と形態

ウイロイド viroid

ウイロイドは250～400塩基ほどの単一低分子の環状一本鎖RNAで，キャプシドをもたない（図9・9）．ウイロイドはゲノム構造と複製様式によって，二つの科に分類される（表9・2）．

ウイロイドRNAは未変性状態では二本鎖領域と一本鎖領域とが交互に連なった棒状構造をとっている．ウイロイド核酸は強固な二本鎖状態になっているため，キャプシドをもたなくても高い活性を保つことができる．ウイロイドはウイルスと

ホスピウイロイド科

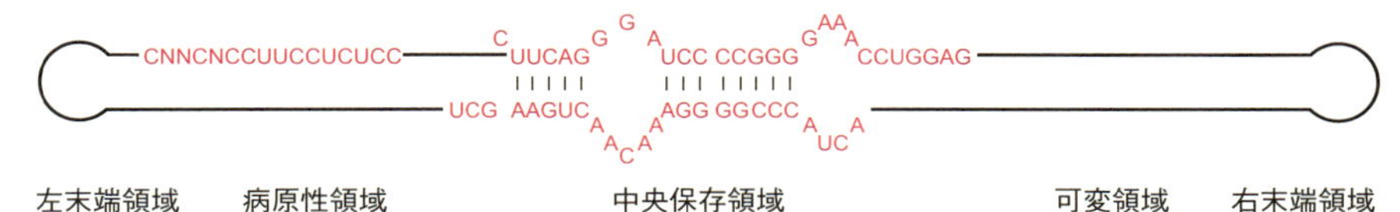

アブサンウイロイド科

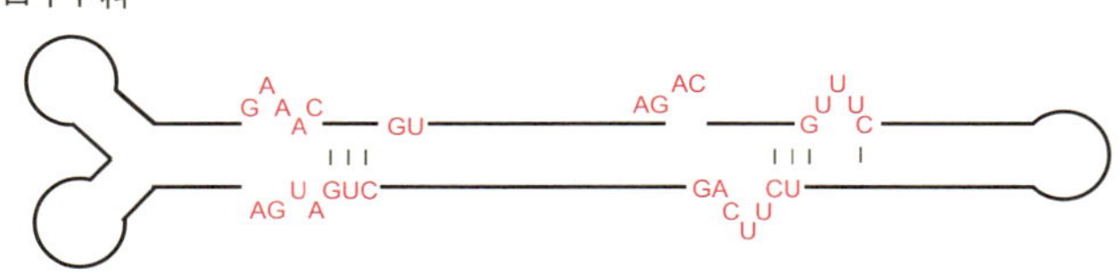

図 9・9 ウイロイドの構造． NはAUGCのいずれか．

表 9・2 ウイロイドの分類と代表的なウイロイド†

ホスピウイロイド科 CCR をもち，リボザイム活性がない	リンゴさび果ウイロイド *Apple scar skin viroid* キク矮化ウイロイド *Chrysanthemum stunt viroid* ホップ矮化ウイロイド *Hop stunt viroid* ジャガイモやせいもウイロイド *Potato spindle tuber viroi*
アブサンウイロイド科 CCR がなく，リボザイム活性がある	モモ潜在モザイクウイロイド *Peach latent mosaic viroid*

† CCR，リボザイム活性については，本文を参照.

は異なり，タンパク質をつくることはない*．ウイロイドは，汁液接種やナイフによる切りつけによって，一部のウイロイドは種子伝染によって伝染する．

ウイロイドは図 9・10 のように，2 通りの**ローリングサークル**とよばれる様式で複製される．ホスピウイロイド科のジャガイモやせいもウイロイド（PSTVd）などは，核内の DNA 依存性 RNA ポリメラーゼⅡの働きによって＋鎖が回転して－鎖が転写され，次にその－鎖を鋳型にして＋鎖が転写された後，＋鎖が核内の酵素によって，**中央保存領域**(CCR)で単位長に切断されて連結される．一方，アブサンウイロイド科のモモ潜在モザイクウイロイド（PLMVd）などでは，葉緑体内でつくられる－鎖を鋳型にして転写された＋鎖が，その RNA がもつ**リボザイム**

*ウイロイドはキャプシドをもたないため，血清学的検出は行えない．

ローリングサークル rolling circle

中央保存領域 central conserved region：ホスピウイロイド科のウイロイドがほぼ共通にもっている中央部分の配列．

リボザイム ribozyme：RNA がもっている酵素活性のこと．酵素活性はタンパク質だけがもつと考えられてきたが，1980 年代以降 RNA がさまざまな酵素活性をもつことが明らかにされた．

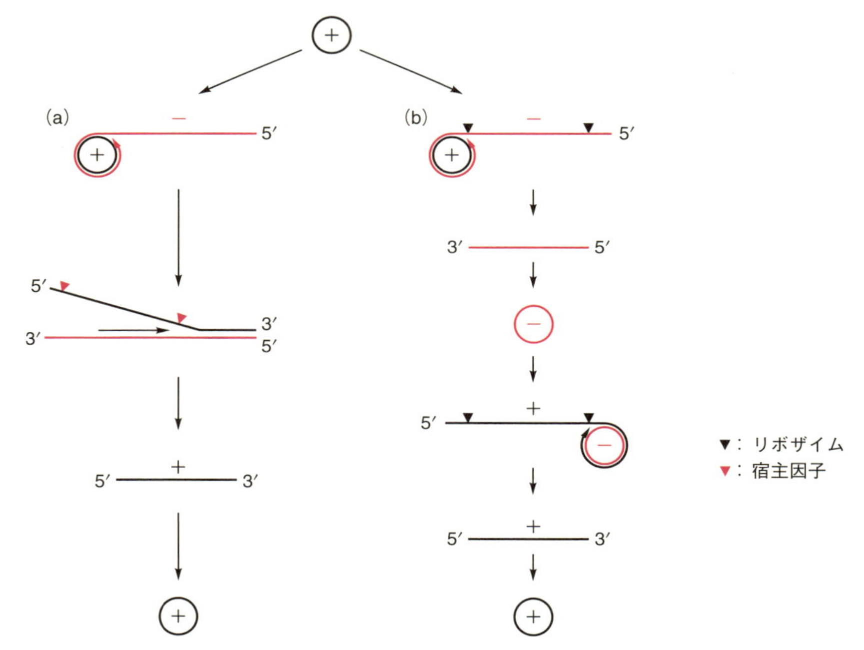

図 9・10 ウイロイドのローリングサークル型複製の模式図. (a) ＋鎖ローリングサークル型(ホスピウイロイド科)．まず，回転する＋鎖を鋳型にして－鎖が転写され，次に－鎖を鋳型にして＋鎖が転写される．この＋鎖は宿主因子により単位長に切断され，両端が閉じて環状の＋鎖になる．(b) －鎖ローリングサークル型(アブサンウイロイド科)．まず，回転する＋鎖を鋳型にして－鎖が転写される．この－鎖はウイロイドがもつリボザイム活性により単位長に切断され，両端が閉じて環状の－鎖になる．次に，回転する－鎖を鋳型にして＋鎖が転写され，同様にリボザイムにより切断されて環状の＋鎖になる．

によって自己切断して連結される.

9・5 ウイロイドによる病気

ホップ矮化病

ホップ矮化病 hop stunt disease

ホップ矮化ウイロイド *Hop stunt viroid*（HSVd）によって起こる. 日本では1952年ごろから発生が知られ, 接木と汁液で伝染することからウイルス病と考えられてきたが, HSVdによって起こることが明らかになった. 近年は国内での発生はほとんどなく, 事実上根絶された. このウイロイドは国外では韓国, 中国, 米国以外では発生がみられないが, 塩基配列がわずかに異なる変異株が世界各地のブドウやカンキツに潜在的に感染している.

図 9・11 ホップ矮化ウイロイドによるホップの矮化（左）**と葉巻病徴**（右）［佐野輝男提供］

感染したホップの主茎の節間が短くなり, 全身的に矮化し, 毬花（きゅうか）の収量と品質が低下する（図9・11）. ビールの苦み成分の含有量が低下するため, 被害が大きい. 圃場では, おもに作業時に使われる刃物や手などに付着した汁液で機械的に伝染し, 蔓や根の接触でも伝染するので剪定用具などをよく消毒する必要がある. ウイロイドは耐熱性が高いので煮沸処理だけでは不十分で, 長時間乾熱処理するかリン酸三ナトリウム溶液などによるアルカリ処理で不活化させる（§13・2参照）.

9章 ウイルス病 まとめ

- ウイルスは小さく非細胞性で, 宿主細胞内でのみ増殖できる.
- ウイルス粒子は基本的にはらせん形か正二十面体形の核タンパク質であり, RNAまたはDNAがタンパク質でできたキャプシドに包まれている.
- ウイルスはゲノム核酸の種類, 粒子形態や媒介者の種類, ゲノム構造などによって分類される.
- ウイルスは一次感染細胞から原形質連絡を経由して隣接細胞に移行し, さらに篩管系により全身に感染する.
- ウイルス病にはイネ萎縮ウイルスによるイネ萎縮病, キュウリモザイクウイルスによるキュウリモザイク病などがある.
- ウイロイドは単一低分子の環状一本鎖RNAである.
- ウイロイド病には, ホップの生育を阻害するホップ矮化病などがある.

10 線 虫 病

線形動物門に属する線虫の一部は植物に病気を起こす．植物病原線虫と線虫病の特徴をみよう．

10・1 植物病原線虫の分類と形態

線虫 nematode

線虫は線形動物門に属する小動物で，多くは土壌中などの環境中で自由生活する．一部の種は動植物に寄生する．体は細長いひも状で体節構造はもたず，無色透明である．種数は昆虫より多く，地球上のバイオマスの15%を占めると考えられている．ヒトの寄生虫であるカイチュウ（回虫）やギョウチュウ（蟯虫），イヌのフィラリアなども線虫である．*Caenorhabditis elegans* は1998年に，多細胞生物として最初に全ゲノムが解読された．

植物病原線虫は長さが0.3～3.0 mmで，頭部に栄養を吸収するための口針をもつ（図10・1）．多くは雌雄異体で両性生殖が行われるが，雌雄同体の種もあり，雄が知られず単為生殖で繁殖するものもある．植物に寄生する線虫は4000種を超えるが，重要なものは約200種である．植物病原線虫はいずれも絶対寄生者であり，宿主植物がなければ死滅する．ナガハリセンチュウ属，ユミハリセンチュウ属などの線虫は，植物ウイルスの媒介者としても重要である．植物病原線虫のおもなものを表10・1に示す．

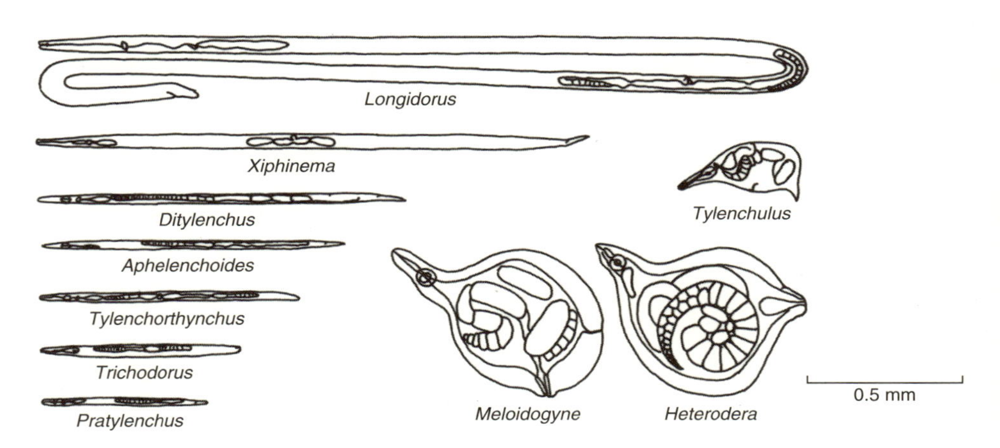

図10・1 線虫の形態

表 10・1　植物病原線虫の分類の概要と代表的な種

動物界	線形動物門		
	ハリセンチュウ目	ティレンクルス科	ミカンネセンチュウ *Tylenchulus semipenetrans*
		プラティレンクス科	キタネグサレセンチュウ *Pratylenchus penetrans*
		ヘテロデラ科	ダイズシストセンチュウ *Heterodera glycines*
			サツマイモネコブセンチュウ *Meloidogyne incognita*
		アフェレンコイデス科	イネシンガレセンチュウ *Aphelenchoides besseyi*
			マツノザイセンチュウ *Bursaphelenchus xylophilus*
	ドリライムス目	ロンギドルス科	ナガハリセンチュウ *Longidorus* spp.
			オオハリセンチュウ *Xiphinema* spp.
		トリコドルス科	ユミハリセンチュウ *Trichodorus* spp.

10・2 線虫による病気

線虫による病徴は一般に慢性的で，全身的に現れる萎凋や黄化，葉枯れ，生育不良などと，部分的に起こるこぶ，奇形，根腐れなどがある．

線虫の寄生様式には，植物内で生活する**内部寄生**，体の一部が植物内に入る**半内部寄生**，大半が植物外になる**外部寄生**の三つの型がある．線虫の寄生部位は，種ごとに異なる．

内部寄生 endoparasitism
半内部寄生 semi-endoparasitism
外部寄生 ectoparasitism

植物病原線虫には移動しながら加害箇所を拡大する移動性の種類と，移動せずに組織内に定住する定着性の種類とがある．移動性で内部寄生性のネグサレセンチュウ属，ハリセンチュウ属，クキセンチュウ属の線虫は根や葉に侵入して組織を損傷するとともに組織に壊死を起こす．一方，定着性で内部・半内部寄生性のネコブセンチュウ属，シストセンチュウ属などは栄養を吸収するために**巨大細胞**をつくる．この巨大細胞は，線虫に口針を突き刺された植物細胞が細胞分裂と細胞融合により多核になるもので，線虫はこの細胞から成長に必要な栄養を摂取する．加害された植物はホルモンバランスが崩れ，生育が阻害される．

巨大細胞 giant cell

ダイコン根腐線虫病

ダイコン根腐(ねぐされ)線虫病 root lesion nematode of radish

ネグサレセンチュウの代表種であるキタネグサレセンチュウ *Pratylenchus penetrans* は，ダイコン，ニンジン，キクなど多くの植物に根腐れを起こす．線虫が根や塊根，塊茎などを加害して壊死病斑をつくると，皮層の崩壊が起こる．根腐れが根の全体に広がると，地上部の生育は著しく抑制される．ネグサレセンチュウは移動性で内部寄生するが，土壌中での耐久生存期間も長い．

防除には被害根の除去，殺線虫剤による土壌消毒，線虫対抗植物（§13・2 参照）の利用などが必要である．

サツマイモ根こぶ線虫病

サツマイモ根こぶ線虫病 root-knot nematode of sweet potato

サツマイモネコブセンチュウ *Meloidogyne incognita* はネコブセンチュウの代表種で，定着性である．サツマイモのほか，トマト，キュウリ，ダイズ，ブドウなど多くの植物に寄生する．寄生を受けた植物の根にはさまざまな大きさのこぶができ，激しい場合には数珠玉（じゅずだま）状になる（図 10・2）．地上部の病徴は明らかでなく，生育不良のほか，日中一時的に萎凋が起こることがある．

根こぶの外部につくられた卵塊から孵化（ふか）した幼虫は宿主植物に誘引され，根端部付近から侵入し，中心柱に沿って定着すると，唾液を分泌して巨大細胞をつくり，線虫はそこから栄養を吸収する．洋ナシ形に発育した雌成虫は受精によって，あるいは単為生殖によって数百個の卵を産み，好適条件では 4 週間ほどで一世代を送って急速に増殖する（図 10・3）．

防除には被害根を除去して土壌中の線虫密度を下げることのほか，抵抗性品種の利用，殺線虫剤による土壌消毒，線虫対抗植物との輪作などが必要である．

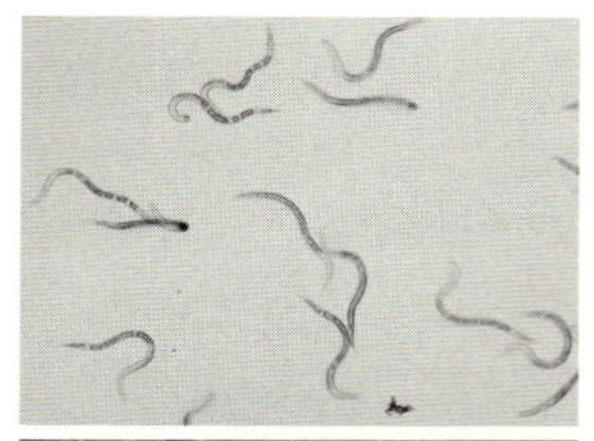
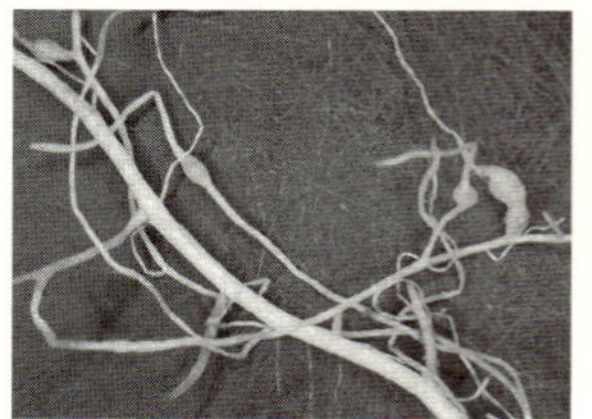

図 10・2　サツマイモネコブセンチュウ（上）とトマトでの根の被害（下）［大門弘幸提供］

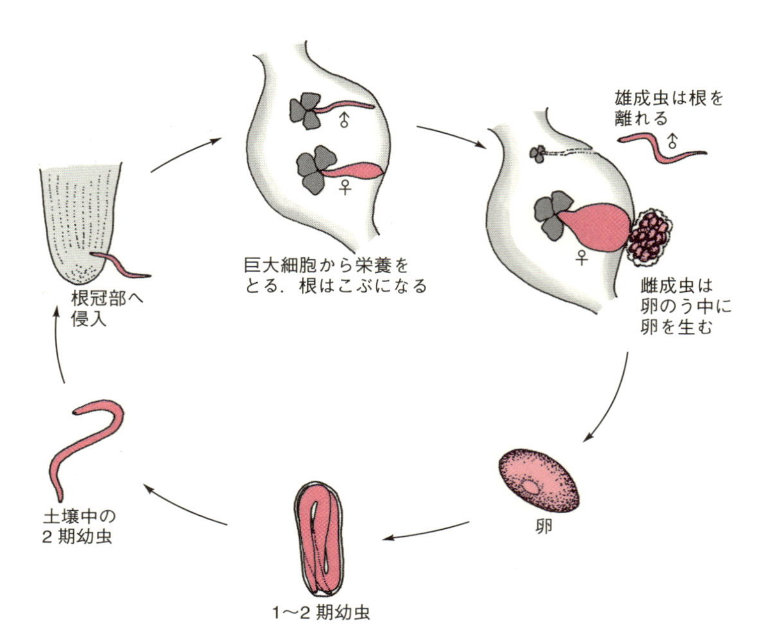

図 10・3　ネコブセンチュウの生活環

ダイズシスト線虫病 soybean cyst nematode

ダイズシスト線虫病

ダイズシストセンチュウ *Heterodera glycines* によって起こり，関東以北に広く分布する．加害されたダイズは茎葉が淡黄色に変色し，成長が著しく抑制される．被害根には白色か淡黄色のケシ粒大の雌成虫が付着する．成熟した雌成虫は体表が褐変し，内部に 300〜600 個の卵をもったまま根から脱落してほぼ球状の**シスト**になり，土壌中に分散する．宿主植物の根からグリシノエクレピン A が分泌されると幼虫が孵化して土壌中に泳ぎ出し，根に侵入する．

シスト cyst：死んだ雌成虫のクチクラ様の殻に包まれた休眠体．卵は土壌中のシスト内で，宿主がない状態で数年から十数年生存できる．

防除には抵抗性品種が利用できるが，レースがあるので適切なものを選択する．

マツ類材線虫病 pine wood nematode, pine wilt nematode：マツノザイセンチュウは北米から侵入した外来種である．

マツ類材線虫病

マツノザイセンチュウ *Bursaphelenchus xylophilus* は，アカマツやクロマツの松枯れの病原線虫で，“松食い虫の害”とよばれる激しい枯損を起こす．本病は西日本での被害が大きいが，東北地方北部まで広がった．

この線虫はマツノマダラカミキリによって伝搬される．春に健全なマツに運ばれた線虫はカミキリムシの気門から脱出して樹体内に侵入し，樹脂浸出の停止，水ストレス，蒸散量低下などの生理的異常を起こす（図 10・4）．その結果，マツは水を吸い上げられなくなり，真夏から秋にかけて樹勢が急速に衰えて枯死する．マツノマダラカミキリの産卵は線虫の寄生によって樹勢の衰えたマツに集中する．

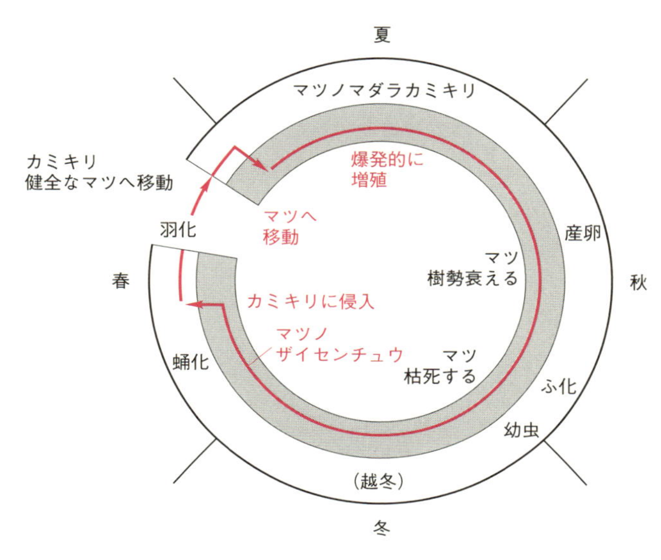

図 10・4　松枯れのしくみ

マツノマダラカミキリによる線虫伝搬を遮断するために，カミキリムシを対象とした航空散布などによる薬剤散布が続けられてきたが，十分な効果は得られていない．被害を軽減するためには，松林の二次林としての適切な生態管理が必要である．

10章　線 虫 病　まとめ

- 植物病原線虫は長さが 0.3〜3.0 mm で，頭部に栄養を吸収するための口針をもつ．
- 線虫病による病徴は一般に慢性的で，全身的に現れる萎凋や黄化，生育不良などと，部分的に起こるこぶ，奇形，根腐れなどがある．
- 線虫の寄生様式には，内部寄生，半内部寄生，外部寄生の三つの型がある．
- 線虫は移動性のものと，定着性のものに大別される．
- 移動性で内部寄生性のネグサレセンチュウ属，ハリセンチュウ属，クキセンチュウ属の線虫は，根や葉に侵入して組織を損傷するとともに組織に壊死を起こす．
- 半内部寄生性のネコブセンチュウ属，シストセンチュウ属などは根の内部に巨大細胞をつくって栄養を吸収する．
- 線虫病には，サツマイモ根こぶ線虫病，マツ類材線虫病などがある．

11 生 理 病

非伝染性の生理病にはどんな種類があるだろうか．特徴をみよう．

11・1 生理病とその病原

生理病 physiological disease

生理病は非伝染性の病気の総称である．病原体が関与していないため，発病植物から健全植物へ病気が伝染することがなく，標徴もない．生理病は圃場内だけでなく，貯蔵中や輸送中に発病することもある．生理病の病原には，土壌条件，気象条件，その他がある．

伝染病の場合に比べて均一の症状がほぼ同時に現れる場合が多い．重金属などの汚染物質が流入して起こる生理病の場合には，症状は流入地点で最も激しくなる．症状は改善対策が実施されない限り，恒常的に毎作ごとに強くなる．生理病にはウイルス病に似た病徴や土壌伝染病との区別が難しい萎凋や枯死などの症状を現すものもあって，診断が困難な場合も多い．また，生理病は，伝染病の発病を促進する誘因として働くことがある．生理病では原因を特定し，それを取除くことが基本的な対策となる．

11・2 土壌条件による生理病

欠乏症 deficiency
過剰症 excess

作物の生育に必要な栄養要素が欠乏したり過剰であったりすると，**欠乏症**や**過剰症**の症状が現れる．欠乏症や過剰症は各成分による症状の差が小さく，温度などの条件も影響するため，症状だけによる診断は困難である．また，これらの症状のなかには，ウイルス病やその他の病原による病徴と紛らわしい場合も多い．たとえば，野菜のマグネシウム欠乏症では一部のウイルス病とよく似た黄化病徴を現す．

植物体内で移動しやすい窒素，リン，カリウム，マグネシウムなどの要素の欠乏症は下位葉から発生するが，移動が難しいカルシウム，鉄，ホウ素などの要素の欠乏症は上位葉に強く現れる．カルシウムやホウ素の欠乏では子実に症状が出やすい．

窒素欠乏は，植物体を黄化させ，生育不良を起こす．窒素欠乏は生育の途中に，肥切れによって発生することが多い．リン欠乏は下位葉に症状を現すことが多く，イネ科植物では下位葉が赤紫色に変色する．タマネギでは著しい生育不良を起こす．また，着果数の減少，開花結実の遅れを起こすことがある．カリウム欠乏も下位葉に退緑症状を現す場合が多く，不整形の白斑，褐色斑点，葉脈間・葉縁の黄化などを現す．オオムギでは葉脈に沿って白斑が現れ，古い葉から枯死する．

マグネシウム欠乏は，下位葉に葉脈間の黄化や赤変を起こす．イネでは下位葉の先端から黄化し，葉舌部から下垂する．カンキツ類では葉が先端部を残して黄化し，著しい場合には落葉する．キュウリでは葉が著しく退緑して白変する．カルシウム欠乏は先端葉に現れることが多く，ハクサイ，キャベツ，タマネギなどではふち腐れや心腐れを，トマトやナスでは果実の尻腐れを起こす（図 11・1）．ブドウでは新葉の縁が葉焼けを起こし，葉は内側に巻く．

図 11・1　トマト尻腐病［草刈眞一提供］

ホウ素欠乏は上位の芽を退緑させ，黒褐色に枯死させることが多い．ハクサイやセルリーでは葉脈に褐色の亀裂ができる．カリフラワーでは花らいの褐変，ダイコンでは中心部に褐変を起こす．ブドウでは葉に油浸状の黄色い斑点を現す．また，根では側根の伸びが悪くなる．鉄欠乏は上位葉を葉脈間を残したまま黄白化させる．また，根は黄変しやすくなる．亜鉛欠乏は葉脈間の退緑を起こし，葉を小型化させ，植物体を矮化させる．銅欠乏は若い葉の葉脈間に退緑小斑点を現し，先端葉を下垂させる．マンガン欠乏は中位葉の成葉に現れる場合が多く，葉脈間を退緑させる．ナスでは褐色，ハクサイでは白から黄色の小斑点を発生させる．ブドウでは果実の着色障害を起こす．また，銅や亜鉛などが欠乏すると先端葉で鉄欠乏症状を誘発することが多い．

過剰症は下位葉から現れることが多い．多くの植物で銅過剰根は太くて短くなるとともに，側根の伸びが悪くなる．ムギ類やトウモロコシのマンガン過剰根はチョコレート色になる．

なお，要素の過不足が，他の要素の吸収に影響を与えることもある．窒素肥料の多施用はカルシウム欠乏を誘発し，カリウムや苦土石灰の多施用は塩基間の拮抗が起こって，いずれかの要素欠乏が起こりやすくなる．石灰質肥料の多施用は土壌の pH を上昇させるので，微量要素欠乏が発生しやすくなる．このほか，ホウ素欠乏やカルシウム欠乏の発生は気象要因とも関係が深く，降雨がなく長期間土壌の乾燥が続くと欠乏症が発生しやすくなる．

11・3　気象条件による生理病

温湿度，日照，風雨，霜なども，生理病の原因になる場合がある．高温や強い光条件では，日焼けが起こり，果実などが変色する．低温障害のなかでも早春の霜害は，大きな被害をもたらす．灌水の過不足による症状も生理病といえる．

11・4　その他の生理病

農薬の施用によって作物に葉の変色，落葉，生育抑制，奇形などが起こるものを，**薬害**という．たとえば，農道に散布した除草剤の一部が風にのって圃場内の作物に飛散すると，黄化や奇形などウイルス病の病徴とよく似た症状を現すことがある．薬害のおもな原因は，不適当な気象条件や農薬の施用方法の誤りなどである．薬害を回避するには，適当な気象条件のときに正しい施用方法によって農薬を施用することが重要となる．

薬害 chemical injury

硝酸ペルオキシアセチル peroxyacetyl nitrate

大気汚染を起こす物質の多くは，気孔から侵入して植物に害を及ぼす．重金属や強アルカリ性物質や強酸性物質を含む粉塵，火山灰などが植物体上に落下して，傷害を起こすこともある．

植物に傷害を起こす大気汚染物質の濃度は，植物の種類，生育時期，部位によって異なる．また，光強度や気温などによっても症状の程度が変わる．オゾンの被害は，成熟葉の表面に現れることが多く，マメ科とイネ科を除く草本植物では白色の細かい斑点，あるいはやや大型の白色斑か褐色斑，マメ科とイネ科の草本植物と木本植物では赤褐色の小斑点になる．硝酸ペルオキシアセチル（PAN）は葉の海綿状組織の細胞に被害を与え，若い葉の裏側に銀白色や青銅色の金属光沢をした斑点を現すことが多い．二酸化硫黄（SO_2）は，成熟葉の葉脈間に大型の不定形の白色，淡黄色の斑点を生じる．二酸化窒素（NO_2）は，SO_2 に似た葉脈間の褐色斑を生じる．フッ化水素は，葉縁や葉先の褐色化や白色化を生じ，健全部との境界が濃い褐色になる．エチレンは葉の黄化や葉表面の光沢化，そして枝や葉の上偏生長を起こし，葉の湾曲化や枝の下垂を生じる．

鉱工業の廃水による害も生理病である．酸性雨は石油や石炭などの燃焼物から遊離した SO_2 や NO_2 などが空気中の水滴と結合して硫酸や亜硝酸などに変化し，地上に降下するものである．酸性雨による農作物や森林の被害は日本では必ずしも明らかではないが，大きな影響があると考えられている．中部ヨーロッパ，北米，東アジアなどでは，酸性雨によると考えられる湖沼の酸性化や森林の衰退などが報告されている．

11章 生理病 まとめ

- 生理病は非伝染性の病気の総称で，病原体が関与していないため，発病植物から健全植物への伝染はない．
- 作物の生育に必要な栄養要素が欠乏したり過剰であったりすると，欠乏症や過剰症を起こす．
- 温湿度，日照，風雨，霜などの気象条件も，生理病の原因になる．
- 農薬，大気汚染物質，鉱工業の廃水，酸性雨なども生理病を起こす．

診断と病気の管理

12 病気の診断

植物の病気を的確に防除するためには，正確な診断が欠かせない．診断とはどのような作業か考えよう．

12・1 診断とは

病気の防除を的確に行うためには，対象とする植物がどのような病気に罹っているのかを正確に知る必要がある．病気の種類を明らかにし，病名を決定することを**診断**という．この診断は，対象とする植物の病気が，たとえば"トマトモザイク病"であることを明らかにすることである．

診断 diagnosis：しばしば診断とセットで使われる用語に同定 identification があるが，これはその病原体を特定することである（§3・2 参照）．

診断という作業によって，防除がどのような方法で可能か，病気の拡大を防ぐために何をしなければならないか，あるいは植物体を処分する必要があるかどうかを判断することになる．防除を目的として診断を行う場合には，被害が大きくなってからではいくら正しい診断をしても役に立たない．診断は早いほどよいが，早ければ早いほど診断はより困難になる．植物の病気の診断は圃場診断と植物診断との二つに分けられるが，正確な診断には両方が欠かせない．

12・2 圃場診断

圃場診断は，病気が発生している圃場で発生の実態を把握して病気の種類を総合的に判断するものである．正確な診断を行うためには，病徴，発病部位，発病程度，発病分布や圃場の環境条件などを調べ，周辺圃場での状況と比較して推定することが必要である．栽培者から作物の品種名，種苗の来歴，前作の作物名，栽培管理の方法，発病歴，気象条件などについての情報を得ておくと，役立つことが多い．

圃場診断 field diagnosis

圃場中の発病株の分布状況の観察によって，たとえば風媒伝染病，虫媒伝染病や土壌伝染病，あるいは接触伝染するウイルス病などの可能性が推定できることがある．風媒伝染病や虫媒伝染病は，圃場の風上側の個体が最初に発病し，風下方向へ発病個体が拡大することが多い．土壌伝染病は灌漑水（かんがいすい）の流れに沿って徐々に分布が広がる．接触伝染する病気は，通常は畝（うね）に沿った個体群に連続して発生する．

12・3 植物診断

植物診断（個体診断）は，植物個体を対象にして行う診断である．圃場診断と組

植物診断 plant diagnosis

合わせて行うことが原則であるが，それができない場合には関係者に問合わせて，できるだけ詳しい情報を集める．まず，病気が伝染病か生理病か，伝染病の場合には病原体が菌類か細菌かウイルスかという種別を推定し，その後に病原体の種名と病名の決定を行う．病原体を同定するためには，コッホの原則に従った操作を行う必要がある（§3・2参照）．

植物診断には次のような多くの方法がある．正確な結果を得るためには複数の方法による診断を行うことが望ましい．

1）**肉眼的診断**　実験室に持ち帰った罹病植物について病徴や標徴を肉眼で観察して診断を行う．ルーペを使うと，より微細な病変を観察できる．細菌病の場合などでは罹病植物が発する臭気も診断の手がかりになり，たとえば，野菜類軟腐病に罹病した野菜類は独特の腐敗臭を発する．

2）**解剖学的診断**　罹病植物の内部病徴や組織内の病原体を確認するために組織を解剖し，肉眼あるいは光学顕微鏡で観察する方法である．たとえば，トマト青枯病のような導管病であれば，茎を切断すると導管部の褐変が肉眼で観察できる．さらに，茎の切断面を水に漬けて指で押し，菌泥（きんでい）が噴き出してくれれば，細菌による病気であることがわかる（図8・4参照）．また，組織切片を作製して光学顕微鏡で観察すると，菌類病であれば菌糸や胞子が観察されるし，ウイルス病に感染した植物では**封入体**とよばれる異常構造物が観察できる場合がある（§4・5参照）．ウイルス病の診断には，電子顕微鏡によるウイルス粒子や感染組織の観察が役に立つ．

封入体 inclusion body

3）**血清学的診断**　高等動物がもつ鋭敏な抗原抗体反応を応用した診断方法である．あらかじめ純粋な病原体を**抗原**としてウサギやマウスなどに注射して**抗血清**を作製しておき，抗血清あるいはそれを精製して得た**抗体**を試料と反応させ，沈降反応や凝集反応などの有無で判定する．ウイルス病の診断では以前から広く利用されてきたが，菌類病や細菌病の診断にも利用されるようになった．現在ではさまざまな検出技術が工夫されていて，プラスチック製のマイクロタイタープレートのウェル中の抗原抗体反応を酵素反応によって増幅，発色させて測定する**酵素結合抗体法**（ELISA法），同様の反応をニトロセルロースなどの膜上で行う**DIBA法**などがある．なかでもELISA法は検出感度が高く，専用の分光光度計を使うことにより多数の試料を比較的短時間で検定できるので，病気の発生調査や種苗の輸出入検疫などに広く使われている（図12・1）．

血清学的診断 serological diagnosis

抗原 antigen

抗血清 antiserum(-a)

抗体 antibody：免疫グロブリンとよばれるタンパク質で，抗原タンパク質の特定のアミノ酸配列を認識して特異的に結合する．

酵素結合抗体法 enzyme-linked immunosorbent assay

DIBA法 dot immunobinding assay

(a)

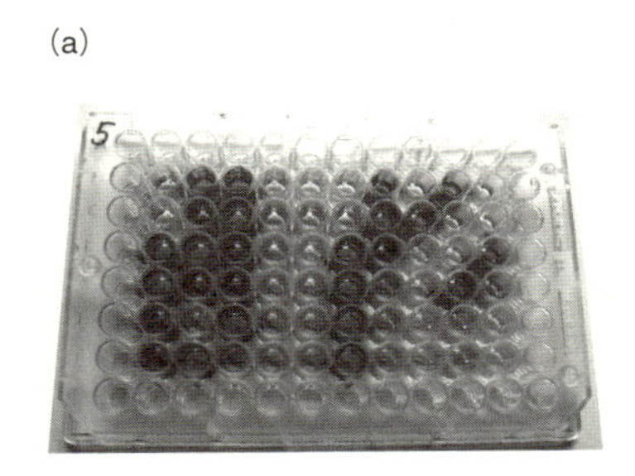

(b)

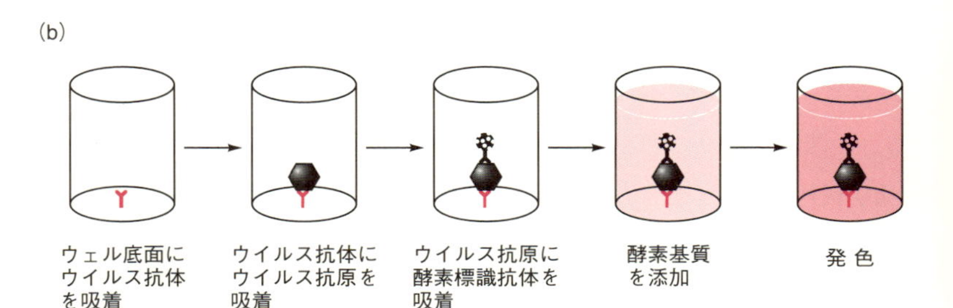

図 12・1　ELISA反応結果の一例(a)**と基本的なしくみ**(b)．ウェル中に抗原がある場合にはその濃度に応じてウェル中の溶液が発色するので，試料中の抗原の有無と濃度を分光光度計によって測定できる．

4) **遺伝子診断**　病原体に特異的な核酸断片を検出する方法で，診断法のなかでは最も高感度である．ウイロイド病などの診断では**ハイブリッド形成法**が行われるが，これは病原体遺伝子に対する相補鎖の断片にビオチンなどを標識したものをプローブとして用い，罹病植物の汁液と反応させて結合の有無をみるものである．また，感染組織中の病原体ゲノムの断片は，1組のプライマーに挟まれた領域を連続的に増幅する **PCR**（ポリメラーゼ連鎖反応）法によって検出できる．ウイルス病やウイロイド病で検出しようとする核酸が RNA の場合には，先に逆転写酵素によって RNA から cDNA を作製し，これを鋳型として PCR 反応を行う **RT-PCR**（逆転写ポリメラーゼ連鎖反応）法を行う．ただし，罹病植物からある微生物の遺伝子断片が検出されても，その微生物がその病気の病原体とは限らないことに十分注意する必要がある．

ハイブリッド形成法（ハイブリダイゼーション法）hybridization assay

RT-PCR 法 reverse transcriptase-PCR assay

5) **生物学的診断**　植物から病原体を分離し別の健全な植物に接種して病原性を確かめる方法である．病原体の同定にはコッホの原則をみたすことが必要で，そのために不可欠の実験操作である（§3・2 参照）．菌類病や細菌病では通常は病原菌を分離して培地上で純粋培養し，その分離株が病原性をもつかどうかを接種実験によって確かめる（§3・3 参照）．ウイルス病では汁液接種や接ぎ木接種によって特徴的な反応を現す植物が知られていて，**検定植物**（指標植物）とよばれている．また，接種によって病原体が特定できるような病徴を現す植物を**判別宿主**という．

検定植物 assay plant

指標植物 indicator plant

判別宿主 differential host

12・4 土 壌 検 診

圃場が土壌伝染病によって汚染されている可能性がある場合には，作付け予定の圃場に病原体が存在するか，存在する場合には病原体密度が，防除が必要な水準以上であるか以下であるかを知ることが重要である．このため，土壌中の病原体の種

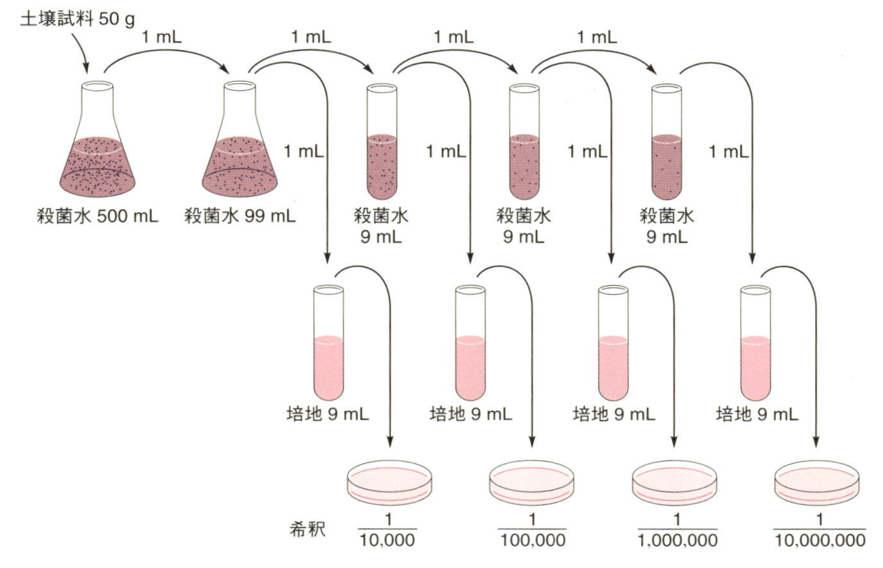

図 12・2　土壌希釈平板法による土壌からの病原体の検出

土壌検診 soil assessment：この用語は，酸性度や肥料分などの土壌分析をさして使われることもある．

類と密度を調べる**土壌検診**が行われる．

病原体を直接検出する方法としては，土壌希釈平板法や捕捉法などの方法があり，これらの方法によって土壌中の病原体密度も推定できる．土壌希釈平板法では，土壌に水を加えた懸濁液を段階希釈して寒天平板培地に塗布して培養し，形成されるコロニー数から病原体密度を計算する（図 12・2）．捕捉法は，滅菌した植物組織片を土壌中に埋め，それから病原体を分離する方法である．このほか，作物を予備的に植付けてその発病程度によって密度を推定する方法もある．最近では，PCR 法などによって，土壌中から病原体の核酸断片を直接に検出して行う土壌検診も行われるようになった．

12章 病気の診断 まとめ

- 病気の種類を明らかにし，病名を決定することを診断という．
- 病気の診断には圃場診断と植物診断の二つがある．
- 圃場診断は病気が発生している圃場で病気の種類を判断するもので，病徴や発症経過などを総合的に判断して行う．
- 植物診断は植物個体を対象にして行う診断で，肉眼的診断，解剖学的診断，血清学的診断，遺伝子診断，生物学的診断などにより行う．
- 土壌検診は土壌伝染病発生の危険度を判断するために土壌中の病原体の種類と密度を調べるもので，土壌希釈平板法などによって行う．

病気の管理

13

植物病理学の重要な目的である，植物の病気の予防と防除について学ぼう．

13・1 予防と防除

植物を病気の被害から守り，病気の程度を一定水準以下に制御しようとすることを，**病気の管理**という．この病気の管理には，発生前に行う**予防**と，発生後に行う**防除**（治療）との二つの段階がある．また，害虫や雑草などの対策も含めて，予防と防除とをまとめて**植物保護**（作物保護）という．

病気の管理 disease management

予防 prevention

防除 control：この用語は予防と治療を含めて使われる場合も多い．

植物保護 plant protection

病気の管理は，適切な時期に適切な手段によって正しく行う必要がある．病気の管理の目的は病原体を全滅させることではなく，被害を一定の範囲内に収めること，つまり，病原体の密度を一定水準以下に抑えることである．また，近年は植物の病気の対策においても人間の病気と同じく，治療よりも予防に重点がおかれるようになってきた．つまり，病気が発生した後にあわてて農薬散布をするのではなく，さまざまな条件を工夫することにより，最初からできるだけ病気が発生しないようにすることが求められている．

すでに§4・1で説明したように，病気の発生には“病原体”（主因），“宿主”（素因），“環境条件”（誘因）の三要因が揃う必要があり，それらのどの要因が欠けても病気は発生しない．したがって，“病原体”，“宿主”，“環境条件”の三つの要因のうちのどれか一つを排除できれば，病気の発生を抑えることができる．これら三つの要因のうち，変動が最も大きいのは誘因である“環境条件”である．また，“環境条件”の変化によっては病原体の密度が高くなって宿主の感受性も高くなり，病気の被害を大きくすることがある．

13・2 病原体の防除

実際の農作物の栽培では，“宿主”は栽培開始の時点で固定され，“環境条件”は人為的には制御できないことが多い．そこで，防除手段として最も広く行われ，また，効果が大きいのは“病原体”に対する防除，それも農薬散布によるものということになる．主因である病原体を排除するには，化学的方法，物理的方法，生物的方法の三つがある．

化学的防除

病原体の**化学的防除**は，薬剤を作用させて病原体を殺すか増殖を抑制しようとす

化学的防除 chemical control

農薬 agricultural chemicals, pesticide

るもので，一般的にいわれる**農薬**の利用であり，現在でも防除技術の主流になっている．ただし，ウイルスやウイロイドは宿主植物の代謝を利用して増殖を行うため，宿主に影響を与えずにそれらに直接効果を示す実用的な薬剤はない．また，ファイトプラズマは感染植物体の篩管内だけに分布するため，外部から薬剤を投与してファイトプラズマを防除することは困難である．なお，化学物質としての農薬とその使用法などについては，§14・1 以降で説明する．

薬剤防除の効果を上げるためには，適切な時期に適切な薬剤を正しい方法によって使用することが重要である．後で説明するように，同じ薬剤の連用は薬剤耐性菌の出現をまねくので，特に注意を要する．また，薬剤散布にあたっては作業者ばかりでなく農作物の利用者，つまり消費者の安全を確保することもきわめて重要であり，環境負荷も最小限になるようにする必要がある．

なお，濃度が 3〜10% のリン酸三ナトリウム（Na_3PO_4）などのアルカリ溶液は，ウイルスやウイロイドの接触伝染を防止するための器具消毒などに使用される．

物理的防除

物理的防除 physical control

病原体の**物理的防除**は，病原体を物理的方法によって殺すか不活性化するものである．熱，特に温湯による種子消毒は古くから行われているほか，太陽熱を利用した土壌消毒，光質を利用した病原体制御などがある．

乾熱消毒 hot-air disinfection

温湯浸漬法 hot-water treatment

ジェンセン J. L. Jensen

熱による種子消毒は，種子の表面だけでなく内部に侵入した病原体も不活化できる．消毒する温度と処理時間は，病原体と作物ごとに最適条件に設定する必要がある．乾熱滅菌器を用いた**乾熱消毒**は，トマト種子のトマトモザイクウイルスなどの不活化に効果が高い．乾熱消毒はある程度の大きさの種子集団に対して行われるが，種子集団の中央部まで完全に消毒しようとすると周辺部の種子には過剰の熱がかかることになり，発芽率を低下させる．また，種子は古くなるほど耐熱性が低下し，熱消毒した種子は貯蔵性が低下する．**温湯浸漬法**は，55℃前後の温湯に種子を浸漬して病原菌を不活化する方法で，1888 年にジェンセンによってムギ類の種子消毒法として考案された．また，人工気象器などによりウイルス保毒苗木などを 35〜40℃程度の高温で一定期間処理すると植物体内の病原体を不活化でき，処理期間中に伸長した新梢からウイルスフリー化個体を得ることができる．

太陽熱土壌消毒法 soil solarization

土壌消毒には，熱水あるいは飽和水蒸気を土壌中に吹き込んで行う方法がある．また，**太陽熱土壌消毒法**では，夏季に土壌湿度を飽和状態に保ちながら太陽熱で土壌温度を高めて，土壌伝染病の病原体を不活化する．通常は畝間（うねま）に水を入れた施設内の土壌の表面をビニールで被覆し，施設を密閉して土壌を高温状態に保ち，20〜40 日間放置する．

紫外線除去フィルム ultraviolet-absorbing film

菌類の胞子形成には波長 370 nm 以下の紫外線が必要なことが知られているが，この性質を利用した防除法が**紫外線除去フィルム**（UVA フィルム）の使用である．ハウスの被覆に UVA フィルムを用いると，灰色かび病などの菌類病の発生を抑制できる．この UVA フィルムを用いた施設では，ミナミキイロアザミウマやオンシツコナジラミによる被害の軽減にも効果があることが知られている．また，波長が 280〜315 nm の紫外線（UV-B）を夜間に一定時間照射すると病原菌胞子の発芽を抑制するとともに植物の抵抗性が向上し，イチゴうどんこ病などの発生が抑えられることが明らかになった．このほか，銀箔テープやシルバーストライプ入り黒ポリマルチなどによる**マルチング**は，ウイルス病を媒介するアブラムシ類などの飛来忌避効果がある．

マルチング mulching：畑の表面をプラスチックフィルム等で覆うこと．

なお，胴枯性の病気に侵された果樹や緑化樹などに対しては，外科的処置が施されることがある．たとえば，リンゴ腐らん病に罹病したリンゴ樹は，樹皮だけでなく木質部まで菌糸の蔓延を受ける．そこで，病患部を周囲の健全部も含めて切除し，病原菌の再感染を防ぐために切除面にチオファネートメチル剤や石灰硫黄合剤を塗布する処置がとられる．枝に病徴が現れている場合にはその枝を切落とし，断面に薬剤を塗布する．公園樹や街路樹などが木材腐朽菌に侵された場合にも同様の処置がとられるが，切除部にポリウレタンなどを詰め，再感染を防ぐためにその上から防水塗料などによる塗装を行うことが多い．

生物的防除

病原体の**生物的防除**は**バイオコントロール**ともよばれ，生物的手法によって病原体を除去するかその活力を弱めて防除を行うもので，拮抗微生物の利用，弱毒ウイルスの利用などがある．

生物的防除 biological control

バイオコントロール biocontrol

拮抗微生物の利用は，病原体以外の微生物による病原体への寄生，捕食，競合，溶菌などの作用を利用するものである．**菌寄生**の能力をもつ微生物には *Trichoderma* 属菌などがあり，日本では1954年にタバコ白絹病防除のために，*T. lignorum* が世界で初めての微生物殺菌剤として農薬登録された．土壌生息菌が産生するアグロシン84というバクテリオシンは，多くの果樹や花木の苗木に発生する根頭がんしゅ病を抑える．近年は，非病原性 *Pectobacterium carotovorum* 製剤が農薬登録され，野菜類軟腐病の防除に使われている．*Bacillus subtilis* 製剤は，ナスやトマトの灰色かび病の防除に使われている．また，シデロフォア産生細菌などの植物生育促進根圏細菌（PGPR）の利用も有望視されている（§5・4，§8・1参照）．

拮抗微生物 antagonistic organism

菌寄生 mycoparasitism

弱毒ウイルスは，ウイルス間の干渉（§9・2参照）を利用した防除方法である．トマトモザイクウイルス（ToMV）の L_{11}A 株は，1960年代に ToMV L 系統から高温培養で得られた L_{11} 株から毒性が低くて安定した弱毒ウイルスとして選抜されたもので，1970年ごろから千葉県や静岡県などでのトマト栽培に実用的に使用された．カンキツトリステザウイルスについても弱毒ウイルスが選抜され，ハッサク萎縮病の防除に使われている．キュウリのズッキーニ黄斑モザイクウイルスなどについても，弱毒ウイルスが製剤化されている．そのほか，キュウリモザイクウイルスのサテライト RNA を利用した弱毒ウイルスも開発され，加工用トマトや家庭園芸用のトマト苗に利用されている．

弱毒ウイルス attenuate virus

線虫対抗植物は根の周辺の線虫密度を低下させる働きをもつ植物の総称で，根の外に殺線虫物質を分泌して根の周囲の線虫を死滅させるもの（アスパラガスなど），根の中の殺線虫物質により侵入してきた線虫を死滅させるもの（マリーゴールドなど），線虫が侵入すると根の組織が変化して線虫の発育を阻害するもの（クロタラリア，ギニアグラスなど）があるが，線虫の種類によっては効果がないものもある．

線虫対抗植物 nematode-antagonistic plant

最近は，植物体の内部に共生する**植物内生菌**（エンドファイト）や植物の根に共生する**アーバスキュラー菌根菌**が病気の発生を抑止し，植物の生育を促進すること

植物内生菌 endophyte

アーバスキュラー菌根菌 arbuscular mycorrhiza(-ae)

が注目されている．植物内生菌による発病抑制はハクサイ根こぶ病，ホウレンソウ萎凋病などで報告されているが，これは植物内生菌により植物に誘導される抵抗性によると考えられている．また，アーバスキュラー菌根菌の接種により，キュウリ苗立枯病，トマト青枯病，イチゴ萎黄病などの発病が抑制されることも知られている．

13・3 抵抗性利用による防除

抵抗性品種 resistant cultivar

素因を排除する方法は宿主の病原体に対する抵抗性を利用するもので，品種の抵抗性や台木の抵抗性を利用し，あるいは人為的に抵抗性を誘導する．このうち，**抵抗性品種**の利用は農薬の利用とともに最も有力な病気の防除手段で，特に途上国では農薬に比較して安価に供給できるため，優先度が高い防除法である．抵抗性の遺伝子源は在来種から選ばれる場合，外国の品種から導入される場合，近縁の野生種から導入される場合などがある．

真性抵抗性 true resistance

圃場抵抗性 field resistance

病気に対する植物の抵抗性は，**真性抵抗性**と**圃場抵抗性**に大別される．真性抵抗性は少数の遺伝子に支配される作用が大きく栽培条件などによる影響を受けにくい抵抗性であるが，新しいレース（§16・1参照）の出現によって崩壊する可能性がある．一方の圃場抵抗性は，多数の遺伝子（ポリジーン）によって発現する量的な抵抗性でレース非特異的であり，抵抗性の程度は低いが安定度が高い（§18・1参照）．

日本では1942年以来イネいもち病に対して，インド稲や中国稲の抵抗性遺伝子を導入した真性抵抗性導入品種の育成が行われ，クサブエやユーカラなどの品種が実用化された．しかし，数年後にはこれらの抵抗性品種を侵すいもち病菌レースが出現して，感受性品種よりさらに大きな被害をもたらし，抵抗性の崩壊が明らかになった．そこで，日本に存在するほとんどのレースに抵抗性を示す遺伝子を導入した品種や複数の抵抗性遺伝子を導入した品種など数多くの品種が育成されたが，これらの品種もやがてそれらを侵すレースが出現して抵抗性が打破されることがわかった．イネ白葉枯病に対して育成された真性抵抗性導入品種でも，同様の罹病化が起こった．そこで，在来品種のなかに蓄積されてきた圃場抵抗性の重要性が再認識され，その後の交配では必ず片親に圃場抵抗性の高いものを選び，選抜の段階でも圃場抵抗性の検定を行うようになった．その結果，育成品種の圃場抵抗性が高まり，安定した抵抗性を示すようになった．現在では，圃場抵抗性はイネいもち病だけでなく，イネ白葉枯病やジャガイモ疫病などの耐病性育種においても，重要な育種目標とされている．

抵抗性台木 resistant rootstock

一方，野菜などでは抵抗性遺伝子を導入すると品質が損なわれることが多いため，栽培品種はそのままにして**抵抗性台木**へ接ぎ木する栽培法が広く行われている．トマトは野菜のなかでは抵抗性品種の育種が進んでいて，多くの病気に対する複合抵抗性をもつものが多いが，青枯病などの土壌伝染病に対しては抵抗性台木への接ぎ木に頼らざるをえない．ナスの青枯病，半身萎凋病などもヒラナス，トルバムビガーなどの台木への接ぎ木に依存している．つる割病回避のために，スイカではユウガオ台に，キュウリやメロンではカボチャ台への接ぎ木が行われる．2005

年からは土壌消毒用の臭化メチルの使用が禁止されたため（§14・2参照），韓国や欧米諸国などでも野菜類の抵抗性台木を利用した土壌伝染病の防除技術が普及しつつある．しかし，台木の抵抗性は絶対的なものではなく，抵抗性台木がもつ抵抗性を打破する病原体変異株が出現して病気を起こすこともある．

バイオテクノロジーを利用した抵抗性品種の作出も進歩が著しい．**細胞選抜**は，カルス細胞の培養・分化過程で病原体毒素などによる選択圧を与え，自然突然変異で抵抗性を獲得した細胞株を選抜する方法である．変異頻度を増大させるため，放射線照射や化学変異原処理などによって，カルス細胞に人為突然変異を誘発させる場合もある．この方法によってこれまでに，タバコモザイクウイルス抵抗性タバコ，野火病抵抗性タバコ，青枯病抵抗性トマト，萎黄病抵抗性イチゴなどが作出されている．一方，**細胞融合**は感受性植物と抵抗性植物のプロトプラストを融合させた後に分化させることによって，感受性植物に抵抗性形質を導入しようとするものである．目的とする雑種細胞の出現頻度はわずかであるが，この方法によってジャガイモ野生種からのジャガイモ葉巻病抵抗性，ナス野生種からの半身萎凋病抵抗性などが栽培種に導入され，育種素材としての利用が始まっている．

細胞選抜 cell selection

細胞融合 cell fusion

遺伝子工学は，植物の抵抗性遺伝子や微生物由来の抵抗性に関与する遺伝子を同定，単離し，Ti プラスミドベクターやエレクトロポレーション，パーティクルガンなどによって植物細胞に導入し，細胞を分化させて，抵抗性を獲得した**遺伝子組換え植物**を得ようとするものである．この方法によって，各種ウイルスの外被タンパク質遺伝子，サテライト RNA やアンチセンス RNA を導入したウイルス抵抗性植物，キチナーゼ遺伝子やファイトアレキシン関連遺伝子，毒素解毒酵素遺伝子などを導入した菌類病・細菌病抵抗性植物などが作出されている（§19・2参照）．遺伝子組換え植物については十分な安全性評価試験を行う必要があるために実用化にはかなりの時間がかかるが，抵抗性品種作出のための有望な技術として期待されている．

遺伝子工学 gene engineering

遺伝子組換え植物 genetically modified plant

13・4 耕 種 的 防 除

耕種的防除は，病気が発生しやすい栽培環境を改善し，病気を予防しようとする防除法で，おもに病気の誘因である好適な環境条件を排除するものである．これには，圃場衛生，栽培時期，栽植密度，肥培管理，水分管理など，多くの技術が含まれる．

耕種的防除 cultural control

まず，病気を予防するためには**圃場衛生**が欠かせない．これは，病気の管理における最も基本的な前提条件で，圃場を清潔に保ち，植物を病原体から保護するために行う．罹病植物体やその残渣を圃場内やその近くに放置すると，病原体が増殖するばかりでなく伝染源を温存することになる．罹病植物体や残渣はできるだけ速やかに除去し，埋没するか完全に堆肥化する．また，農機具や資材，作業場などの洗浄と消毒も，十分に行う必要がある．病原体の伝染源や媒介昆虫の宿主となりうる雑草類を防除することも重要である．

圃場衛生 plant sanitation

また，病気の発生を予防するためには，**健全種苗**を用いることがきわめて重要である．種子や球根，苗木などは肉眼的に病徴が認められなくても病原体を保毒していることがあるので，種苗会社には的確な種苗検定を行って健全種苗だけを流通させることが求められている．近年は特に種子伝染の防止が国際的に強く望まれるようになり，日本でも国際基準に合わせた伝染防止態勢がとられるようになった．

栄養繁殖植物ではウイルスは球根などを通して次代に伝わるが，ウイルス感染植物でも茎頂の生長点近傍の細胞は非感染である場合が多く，生長点近傍の組織を無菌的に切り出して培養して植物個体を再生させる**茎頂培養**によってウイルスフリー化個体を得ることができる．茎頂培養によるウイルスフリー化は，1952年にフランスのモレルらがダリアで初めて成功した．日本では1962年にジャガイモでウイルスフリー株が作出され，現在では多くの植物でウイルスフリー化種苗が使われている．

茎頂培養 meristem-tip culture

モレル G. M. Morel

作物を病原体から**物理的に隔離**することも，病気の発生を抑える方法である．作物を伝染源から隔離することも有効で，ガラス温室などの施設の利用，山林に囲まれた畑での栽培も病気の発生を抑えることができる．たとえば，ジャガイモ種いも（原原種）は，アブラムシ伝搬性ウイルスなどによる感染を防ぐために，高冷地の森林を切り開いてつくられた圃場で栽培される（§15・3参照）．果樹の袋かけも，手間とコストはかかるものの，病気の予防という観点からはきわめて有効な方法である．

さび病菌類の多くは**中間宿主**をもつものが多く，これらを除去あるいは隔離することによって，さび病菌類の発生を抑えることができる，たとえば，ナシ赤星病菌はビャクシン類を中間宿主とするので，栽培地周辺でビャクシン類を植栽しないことによってナシの病気の発生を防ぐことができる．実際に千葉県船橋市などではナシ赤星病の対策として，条例によりナシ園近隣地域でのビャクシン類の栽培が禁止されている．

栽培方法を工夫することによって病気を予防したり，病気の程度を軽減したりできる．作期の移動は特にウイルス病対策として効果がある．媒介昆虫の活動期を回避することによって発生を抑えることができるからである．イネ縞葉枯病は早期・早植え栽培で多発する．イネ紋枯病もイネ栽培の早期化に伴って全国的に多発するようになった．これらによる被害は，栽培時期を遅らせることにより著しく軽減される．野菜類軟腐病は比較的高温時に発病するので，秋季に気温が下がってから播種することによって発病を抑えることができる．

いわゆる**連作障害**（忌地（いやち））のおもな原因は連作により土壌中の病原体の密度が高まることで，それにより土壌伝染病が激発するようになる．これを予防するためには，作付け体系を改善して非宿主の作物を組み入れた輪作が必要になる．野菜類の土壌伝染病対策としては，ムギ類，トウモロコシ，牧草類などとの輪作が効果的である．また，幼苗期に感受性が高い病気に対しては移植栽培が効果的である．ハクサイ根こぶ病，テンサイ苗立枯病などは，ペーパーポットによる育苗と移植により被害が軽減できる．一般に栽植密度が高まると伝染距離が短くなり，微気象も変わるので，病気の発生が多くなる．また，単一種あるいは単一品種の感受性植物を大規模栽培すると，病原体に対する感受性が均一なために爆発的な大流行が起こることがある．米国では1970年に，それまでほとんど発生がなかったトウモロコシごま葉枯病が突然大発生して，トウモロコシに壊滅的な被害をもたらした．この大発

連作障害 monoculture injury

トウモロコシごま葉枯病 southern corn leaf blight

生は，遺伝的に均一なトウモロコシ F_1 品種が広大な地域に作付けされるようになったために起こったと考えられる．

肥培管理によっても病気の発生を抑制できる．施肥は作物の抵抗性に影響し，一方で，作物の生育，たとえば過繁茂などが株間の微気象に影響して病原菌やウイルスの媒介昆虫などに影響を与えるので重要である．土壌中の肥料のうち，特に窒素の量は発病に大きな影響を及ぼす．一般に，窒素過多になると植物は軟弱に育ち，イネいもち病，キュウリ炭疽病，トマト疫病などに対する植物の感受性が高まる．厳密には窒素の量は絶対量ではなく，リンやカリウムとのバランスが保たれている場合には窒素がある程度増えても影響は少ない．また，窒素の形態も発病に影響する．*Fusarium* 属菌や *Rhizoctonia* 属菌による根腐病は硝酸態窒素で減少し，アンモニア態窒素で増大するが，*Pythium* 属菌による根腐病ではその関係が逆になる．なお，イネごま葉枯病菌，キュウリべと病菌など，窒素不足の条件で多発するものもある．

また，**土壌の化学性**，特に土壌 pH の改善は重要である．日本では雨が多いため，また，化学肥料の多用によって，畑地は酸性化しやすい．石灰質肥料などによる適切な中性化により，病原菌の活動を抑えることができる．たとえば，アブラナ科植物根こぶ病菌は pH 5.7 付近で最も活動が活発になり，pH 7.2 以上では胞子が発芽しなくなるので，石灰の施用で土壌 pH を上昇させることにより発病を軽減できる．一方，ジャガイモそうか病菌は pH 5.5 以下ではほとんど活動できなくなる．また，施設栽培では塩類集積が進むと作物の抵抗性が低下し，病気の発生が多くなる．土壌への有機物の施用は，養分を供給する以外に土壌の物理性や化学性を改善し，微生物相を高めるためにも有効である．

気象環境の改善も病気の防除に効果がある．温度の制御による防除は，施設栽培ではきわめて有効である．水稲の施設育苗では，気温の管理によって各種の苗立枯病を予防できる．施設栽培の野菜類でも，温度の制御により各種の菌類病や細菌病を防除できる．湿度の調節も重要で，特に施設栽培などでは湿度を低くすることによって，灰色かび病などの各種の病気の発生を軽減できる．また，土壌伝染病の発生には土壌湿度が大きく関係する．圃場を水でみたす湛水(たんすい)処理をすると，好気性の病原菌の密度を低下させることができる．また，土壌水分の管理，つまり通気性や透水性，保水性の改善によって，病気の発生を抑えることができる．水田や畑地の基盤整備も，多湿地や排水不良地での滞水あるいは冠水下で発生しやすいイネ白葉枯病やイネ黄化萎縮病などの防除対策として効果がある．灌水方法も発病に影響する．施設栽培などでは，スプリンクラー灌水は発病株の胞子などを広範囲に分散して発病を促進させることがある．地表面のポリエチレンなどによる被覆マルチは，植物体の湿度の低下をもたらすとともに病原体のはね上がりも防ぐので，病気の軽減に有効である．ビニール屋根などで植物を覆う雨よけ栽培も，水分と湿度を大きく低下させるので，病気の発生を防ぐ効果が大きい．

13・5 病気の被害解析と発生予察

被害解析は病気による被害の程度を把握する作業であり，**発生予察**は病気の発生や進展の程度を予測する作業である．これらによって農薬散布が必要かどうかを判

被害解析 disease assessment
発生予察 disease forecast

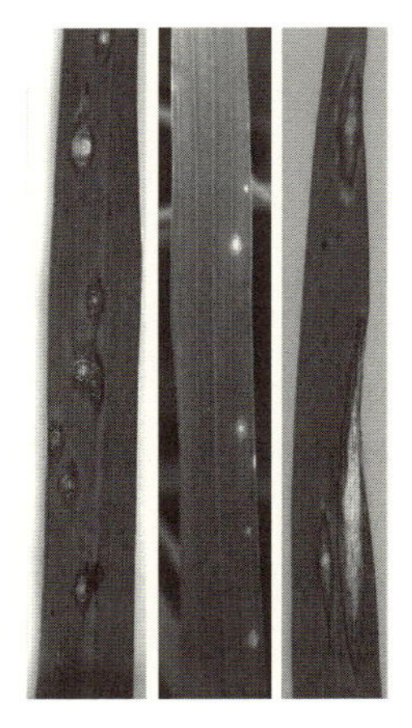

図 13・1 イネいもち病菌による葉いもちの病斑型（口絵）．左：急性型，中：白斑型，右：慢性型．［倉内賢一提供］

断したり，収量や品質に及ぼす影響を予測したりすることになる．

イネいもち病菌による葉いもちの病斑型は，急性型（進展型），白斑型，慢性型（休止型）の三つに分けられるが，どの型の病斑であるかによって病気のその後の進展は大きく異なる（図 13・1）．急性型の病斑では分生胞子がさかんに形成されていて，ただちに農薬を散布しないと生育阻害が大きくなり，いわゆる“ずりこみ症状”を起こすようになる．また，白斑型の病斑では胞子形成量が少ないが，環境条件の変化によっては急性型に変化する可能性があるので，早めに農薬散布をする．一方，慢性型の場合は褐変部分が大きくなるほど胞子形成量は少なくなり，生育阻害も少なく，伝染はほとんど起こらないので農薬散布の必要はない．

天気予報のように病害虫の発生や被害の程度を予測することができれば，病害虫防除が必要かどうかを判断し，適期に経済的に農薬散布などの防除作業を行うことができる．日本での発生予察は 1950 年から植物防疫法に基づいて全国規模で行われるようになり，各都道府県の病害虫防除所が国の指定重要病害と地域の重要病害について，定期的に発生状況を調査して農林水産省へ報告している．病害虫防除所ではこれらの調査結果をもとに，地域の重要な病気の発生予測を公表して注意報や警報などの発生予察情報を発令し，注意を促したり防除を呼びかけたりしている．

近年は，イネいもち病などについては，地域気象観測網（アメダス）によって得られた気温，降水量，日照度数および風速などのデータを解析して，狭い地域での発生予測もかなり正確にできるようになってきた．1970 年代後半からは，日本でもコンピューターによる発生予察モデルが構築されるようになり，現在ではイネいもち病の BLASTAM と BLASTL，イネ紋枯病の BLIGHTAS，カンキツ黒点病，カンキツかいよう病のモデルなどが使われている．

リモートセンシング remote sensing

広い野菜生産団地や森林などでの被害解析には，航空機や人工衛星からの写真撮影による**リモートセンシング**も用いられる．たとえば，日本でも赤外線写真画像により，アブラナ科植物根こぶ病やハクサイ黄化病の発生状況や土壌の乾燥程度などが正確に調査され，防除に利用されている．

13・6 総合的病害虫管理

総合的病害虫管理 integrated pest management

総合防除 integrated control

要防除水準 control threshold

経済的被害許容水準 economic injury level

日本でも第二次大戦後になると効果の高い農薬が次つぎと開発され，大量に使用されるようになった．しかし，1960 年代以降は化学合成農薬の毒性や残留性が指摘されて農薬使用に対する社会的批判が高まり，農薬に偏重しない総合的な防除が求められるようになった．**総合的病害虫管理**（総合的有害生物管理，IPM）は**総合防除**ともよばれ，化学的防除，物理的防除，生物的防除，耕種的防除などを合理的に組合わせて，総合的な防除を行おうとするものである．特に農薬による防除を適切に行うためには，病原体の発生生態を明らかにし，的確な発生予察を行って**要防除水準**を設定し，それに基づいて必要な時期に的確で合理的な防除を行う必要がある．目的は病原体の密度を**経済的被害許容水準**（EIL）以下に減少させ，その低いレベルを維持することである（図 13・2）．

防除の結果としての利益の増加が，防除に必要な経費を上回らなければ経済的には意味はない．したがって，総合的病害虫管理では収益から防除費用を差し引いた

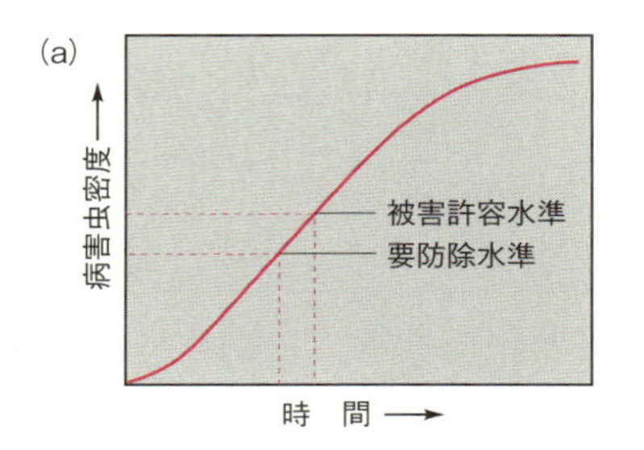

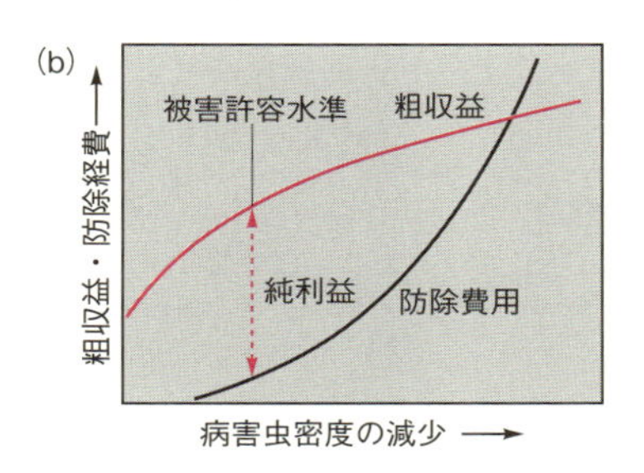

図 13・2　被害許容水準と要防除水準の関係(a)と病害虫防除における粗収益と防除費用の関係(b)

純利益が最大となるような防除が目標とされる．経済的被害許容水準は，防除費用に見合うだけの経済的損害をもたらす最低の病害虫密度である．また，要防除水準は病害虫の密度が被害許容水準に達することが予測されて，事前に何らかの防除手段を行使することが必要な病害虫の最低の密度である．つまり，病害虫密度が要防除水準を超えることが予測される場合に，防除手段が行使されることになる．病害虫密度が要防除水準に達してから被害許容水準に達するまでの間に時間差があるのは，要防除水準の時点で農薬散布などの防除作業を行ってもその効果が現れるまでに一定の時間が必要なためである．総合的病害虫管理ではそれぞれの防除手段を矛盾しないように利用する必要があるが，そのためにはそれぞれの防除手段の特性を，事前に生態学的に評価（アセスメント）しておき，適切に組合わせて利用する必要がある．

今後の方向としては，環境負荷や経済，人間の安全への影響をも十分に配慮した**環境保全型病害虫管理**（EBPM），あるいは，農地に生息するすべての生物との共存を考えようという**総合的生物多様性管理**（IBM）などの考え方も提案されている．

環境保全型病害虫管理 ecologically based pest management

総合的生物多様性管理 integrated biodiversity management

13 章　病気の管理　まとめ

- 植物を病気の被害から守り，病気の程度を一定水準以下に制御しようとすることを病気の管理といい，発生前に行う予防と発生後に行う防除がある．
- 病原体の防除には化学的，物理的，生物的防除があるが，農薬使用による化学的防除が最も重要である．
- 抵抗性の利用による防除は，抵抗性品種や抵抗性台木などによるものである．
- 耕種的防除は，病気が発生しやすい栽培環境を改善し，病気を予防しようとする防除法である．
- 被害解析は病気による被害の程度と進展状況を把握する作業で，これによって防除の必要性や方法が決定される．
- 国の指定重要病害と地域の重要病害については発生予察が行われて発生予察情報が公表され，防除に役立てられる．
- 総合的病害虫管理は化学的防除，物理的防除，生物的防除，耕種的防除などを組合わせて，総合的で合理的な防除を行おうとするものである．

14 農　薬

植物の病気の防除に使われる農薬はどのようなものだろうか．農薬の使用法とリスク管理についても考えよう．

14・1 農薬とは

栽培中の農作物を加害する各種の有害生物を防除する目的で使われる薬剤を，**農薬**という[*1]．日本の農薬取締法では，農薬は，「農作物（樹木及び農林産物を含む．以下「農作物等」という．）を害する菌，線虫，だに，昆虫，ねずみその他の動植物又はウイルス（以下「病害虫」と総称する．）の防除に用いられる殺菌剤，殺虫剤その他の薬剤（その薬剤を原料又は材料として使用した資材で当該防除に用いられるもののうち政令で定めるものを含む．）及び農作物等の生理機能の増進又は抑制に用いられる成長促進剤，発芽抑制剤その他の薬剤をいう．」と定義されていて，同法では防除のために利用される天敵なども農薬に含まれている．

第二次大戦後には日本でも食糧不足を解消するために，DDT（dichlorodiphenyltrichloroethane），BHC（benzene hexachloride），パラチオン（parathion）などの殺虫剤や，いもち病防除のための水銀剤などが大量に使用されるようになり，その結果，作業者の中毒事故や生態系に対する汚染などが起こった．1962 年にはカーソンが『沈黙の春』を刊行して警鐘を鳴らしたこともあって，日本でも化学物質による環境汚染対策がとられるようになった．その後は，毒性が低く，生態系への影響が小さい農薬が使われるようになっている．

農薬は使用目的によって，**殺菌剤**，**殺虫剤**，**殺線虫剤**，**除草剤**，**抗ウイルス剤**などに分けられ，植物生長調節剤や微生物製剤（微生物農薬）などもこれらに加わる．病気に対する農薬の多くは殺菌剤で，通常は菌類病防除剤と細菌病防除剤とを合わせて殺菌剤として扱われる．現在では多くの優れた殺菌剤が実用化されていて，植物の病気の防除の主役となっている．しかし，細菌病に有効な薬剤の種類は比較的少なく，実用的な抗ウイルス剤は一つもない．農薬の開発には医薬と同様に厳格な安全性試験が必要で，長い時間と巨額の資金が必要である[*2]．

農薬 agricultural chemicals, pesticide

*1 収穫後のカンキツ類に用いられる防かび剤などは日本では食品添加物として農薬とは区別されている．

DDT
1939 年にスイスのミュラー（P. H. Müller）によって殺虫効果が発見され米国で実用化された殺虫剤で，その画期的な効果によりミュラーはノーベル賞を受賞した．しかし，代表的な残留性有機汚染物質（POPs）であり，自然界で分解されにくいため，先進国では 1970 年代に製造，販売が禁止された．ただし，マラリア予防には代替品がないため，現在もインドなどでの製造と途上国での使用が認められている．

カーソン R. Carson

殺菌剤 fungicide

殺虫剤 insecticide

殺線虫剤 nematocide

除草剤 herbicide

抗ウイルス剤 antiviral chemicals

*2 現在の日本では，一つの農薬を商品化するためには 5 万以上の候補化合物についての研究が必要で，10 年以上の長い開発時間と 200〜300 億円の費用が必要といわれる．

14・2 殺菌剤とその使用

殺菌剤は，使用目的や剤形，使用形態，化学組成によって，次のように分類できる．使用目的による分類では，保護殺菌剤，治療殺菌剤，種子消毒剤，土壌消毒剤，浸透性殺菌剤などになる．剤形による分類では，液剤，乳剤，水和剤，粉剤，粒剤など，使用形態による分類では，散布剤，くん煙剤，ガス剤，塗布剤などになる．化学組成による分類では，銅剤，硫黄剤，有機塩素剤，有機リン剤，カーバメート剤，抗生物質などになる．

殺菌剤の作用機構には多くの種類があるが，それぞれの農薬が示す作用機構は1種とは限らず，複数の作用点をもつものも多い．ボルドー液などの以前からの無機薬剤は非選択性で，しかも予防的な作用をもつものが主体だった．銅剤や有機硫黄剤などは，菌体成分と結合して殺菌的に働くので幅広い病気に効果があり，**非選択的殺菌剤**とよばれる．これに対して，有機合成剤や抗生物質では病原菌の代謝経路の特定の過程を阻害して生育を抑制するものが多く，これら特定の病原体に対してだけ効果を示す薬剤は**選択的殺菌剤**とよばれる．また，殺菌剤の作用方式には**競合阻害**と**非競合阻害**とがあり，前者は薬剤が病原菌の代謝中間産物や酵素の基質と競合して正常な代謝を撹乱するもの，後者は薬剤が酵素などに直接に作用することにより代謝を撹乱するものである．

非選択的殺菌剤 non-selective fungicide

選択的殺菌剤 selective fungicide

競合阻害 competitive inhibition

非競合阻害 non-competitive inhibition

殺菌剤のおもな作用機構は，エネルギー代謝阻害と生合成阻害に大別できる．エネルギー代謝阻害には呼吸（電子伝達系）阻害などがある．生合成阻害には，核酸合成阻害，タンパク質合成阻害，脂質合成阻害，ステロイド合成阻害，多糖合成阻害などがある．また，植物体に浸透して病原体の特異的な代謝系に作用する薬剤や，植物に作用して病原体に対する抵抗性を増進する作用をもつ薬剤も開発されている．菌類の細胞膜には**エルゴステロール**が含まれるが，イミダゾール剤，トリアゾール剤などはエルゴステロールの生合成を特異的に阻害する．イネいもち病菌の直接侵入には付着器での**メラニン**の生合成が必要であり（§17・2参照），トリシクラゾール剤，フラサイド剤などはメラニン合成を選択的に阻害することにより，いもち病菌の感染を抑制する．一方，プロベナゾール剤は病原体に直接作用せずに病気に対する植物の抵抗性を増強し，イネいもち病，イネ白葉枯病などに対して効果を示す．このように植物に病気に対する抵抗性を誘導する薬剤は**プラントアクチベーター**とよばれ，新しいタイプの防除剤として期待されている．

エルゴステロール ergosterol

メラニン melanin

プラントアクチベーター plant activator

農薬の施用法

古くから使われている液剤散布以外に，粉剤や**浸透移行性農薬**による水面施用，土壌施用，施設内でのくん煙など，農薬施用の新しい方法も多くなった．

浸透移行性農薬 systemic pesticide：植物の根や葉から吸収され，植物の全身に広がって効果を示す農薬．

種子は病原体による汚染を受けていることが多いので，**種子消毒**は重要である．イネや野菜の栽培では1930年代から有機水銀種子消毒剤が使われたが，1970年代前半からは非水銀剤が使われている．種子消毒は方法によって浸漬法，粉衣法，塗布法に分けられる．浸漬法では，種苗を一定時間殺菌剤溶液に浸漬して付着している病原菌を殺菌する．粉衣法は種苗に粉剤をまぶす方法である．塗布法は粉剤を少量の水で溶いて種子や種いもなどに塗布するものである．種子消毒剤は特に作物に害を及ぼさないことが重要で，複数の病原菌を殺菌するために混合して使われることも多い．

地上部伝染病の防除のための散布は，液剤散布と固体散布に分けられる．**液剤**の散布は植物体への付着が良く，流亡が少ない．**粉剤**は散布機で茎葉に散布するもので，液剤の散布に比べて作業が容易で，水を必要としないという利点がある．粉剤散布には薬剤が目的の域外へドリフト（漂流拡散）する欠点があったが，平均粒径をやや大きくしてこれを克服した粉剤が広く使われるようになった．また，**粒剤**は粒径がさらに大きいもので，そのまま散布する．

育苗箱施用は，イネの育苗箱での育苗期に殺菌剤を処理し，移植後の本田での病気も抑制しようとする方法で，省力的で効率的な農薬散布法である．浸透移行性で長期間効果を示す薬剤や抵抗性誘導型の薬剤などが使用される．**水面施用**は水田特有の施用法で，浸透移行性殺菌剤の粒剤が使われる．水田水中に散布する粒剤中の有効成分が水に溶け，イネに吸収されて防除効果を発揮する．**くん煙**（くん蒸）は施設栽培などでの施用法である．くん煙剤を加熱して有効成分を気化し，施設内に拡散させて地上部伝染病を防除する．

くん煙 fumigation

土壌伝染病を防除するためには**土壌くん蒸**などの方法がある．薬剤を土壌中でガス化させ，土壌中の病原体を不活化するものである．ガスが拡散しないように施用後は畑土壌の表面をビニールなどで一定期間被覆し，その後土壌を切り返してガス抜きをする．低温では効果が劣る．**臭化メチル**による土壌消毒は広範囲の土壌伝染病に効果が高く，広く行われたが，オゾン層破壊を防ぐための国際条約（モントリオール議定書）により，先進国では2005年より原則として使用されなくなった．

土壌くん蒸 soil fumigation は土壌中のすべての生物を殺して自然の微生物相がもつ緩衝能を失わせてしまうため，処理前よりも激しく病気が発生する場合があるので注意が必要である．

臭化メチル methyl bromide

水耕栽培では農薬の使用は原則として禁止されているが，培養タンク内に入れた特殊な不織布から銀イオンがわずかに放出されて病原体の増殖を抑える農薬が開発されて，注目されている．**塗布剤**は薬液を枝や茎などに塗布するもので，おもに果樹や林木に使用される．

農薬の散布にはさまざまな散布器具が使用される．果樹園やゴルフ場などでは短時間に多量の薬剤を散布するために，スピードスプレーヤーなどの大型散布機が使用される．また，北米やオーストラリアなどの広大な畑地や果樹園では，航空機による農薬散布がさかんである．日本でも大型水田や山林などでは，ヘリコプターによる薬剤散布が行われる．低空で必要とする区域のみに薬液を散布するために，ラジコンヘリコプターやドローンを使用することも多くなった．

なお，農薬には使用できる作物と病気の種類，使用濃度，使用回数などの使用法が厳格に決められている（§14・4参照）．

おもな殺菌剤

現在日本で使用されているおもな殺菌剤には表14・1のようなものがある[*1]．

抗生物質は放線菌などの微生物が生産する殺菌作用あるいは静菌作用[*2]をもつ物質で，日本では植物の病気に対してもストレプトマイシン，ポリオキシンなどが使用される（表14・2）．抗生物質の多くはタンパク質合成を阻害するが，ポリオキシンは菌類の細胞壁に特有の成分であるキチン合成を阻害する．また，バリダマイシンは *Thanatephorus* 属菌の貯蔵糖であるトレハロースの分解酵素トレハラーゼを特異的に阻害し，イネ紋枯病菌の吸器が栄養源として要求するグルコースへの変換を不可能にして，イネ植物体への侵入を阻止する．

最近は減農薬あるいは有機栽培への期待が高まり，微生物を利用した**生物農薬**も増加している[*3]（表14・3）．これらは合成殺菌剤とは異なり，自然界の生物に由

＊1 農薬の登録状況は，独立行政法人農林水産消費安全技術センターホームページの「登録・失効農薬情報」(2018年2月1日現在)による．

抗生物質 antibiotic

＊2 殺菌は微生物を死滅させるのに対し，静菌は増殖を抑えることをいう．

生物農薬 biocontrol agent

＊3 現在の日本での生物農薬の使用量は全農薬の1%以下．

表 14・1　おもな殺菌剤†

薬剤の種類	一般名(商品名)	構造	おもな適用病害	作用機構
銅剤				
無機銅剤	ボルドー液	$CuSO_4 + Ca(OH)_2$	べと病，疫病，炭疽病	多作用(SH 阻害)
有機銅剤	オキシン銅(キノンドー)	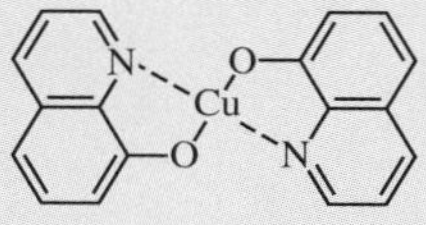	野菜類黒腐病，軟腐病，炭疽病，べと病	多作用(SH 阻害)
硫黄剤				
無機硫黄剤	石灰硫黄合剤	CaS_x	さび病，うどんこ病，果樹類黒星病，カンキツかいよう病	多作用(SH 阻害)
有機硫黄剤	イソプロチオラン(フジワン)	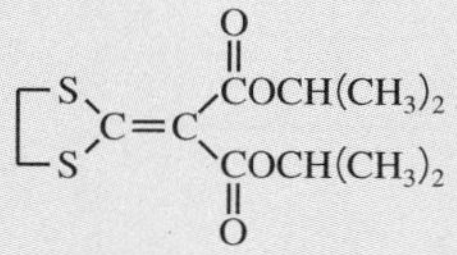	イネいもち病，稲こうじ病，果樹類白紋羽病	脂質合成阻害
有機リン剤	イプロベンホス(キタジン P)	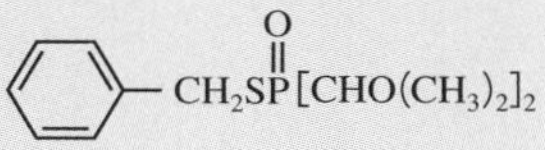 $CH_2SP[CHO(CH_3)_2]_2$	イネいもち病・紋枯病	脂質合成阻害
	ホセチル(アリエッティ)	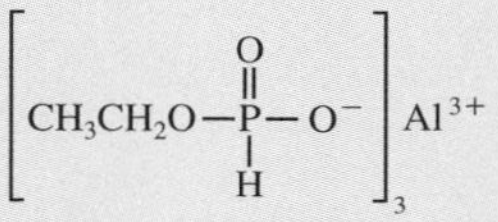 $[CH_3CH_2O-P(=O)(H)-O^-]_3 Al^{3+}$	べと病，疫病	胞子発芽阻害
メラニン合成阻害剤	フサライド(ラブサイド)	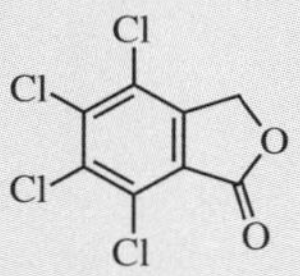	イネいもち病	メラニン合成阻害
	トリシクラゾール(ビーム)	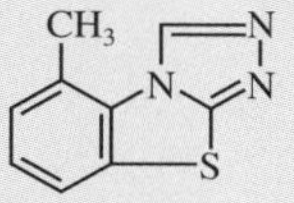	イネいもち病	メラニン合成阻害
	ピロキロン(コラトップ)	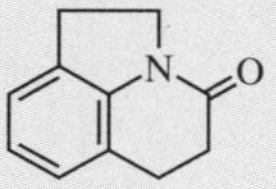	イネいもち病・もみ枯細菌病	メラニン合成阻害
	カルプロパミド(ウィン)	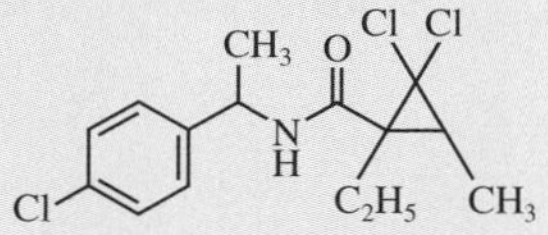	イネいもち病	メラニン合成阻害
酸アミド剤	フルトラニル(モンカット)	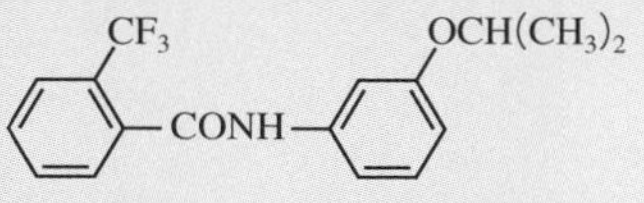	イネ紋枯病	呼吸阻害
	メタラキシル(リドミル)	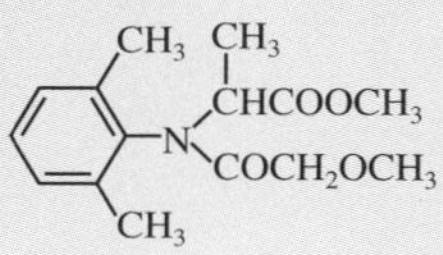	苗立枯病，べと病，疫病	RNA 合成阻害

表 14・1（つづき）

薬剤の種類	一般名（商品名）	構造	おもな適用病害	作用機構
ベンゾイミダゾール剤	チオファネートメチル（トップジンM）	S O / $NHCNHCOCH_3$ / $NHCNHCOCH_3$ / S O	野菜類炭疽病・菌核病	細胞分裂阻害
	ベノミル（ベンレート）	$O{=}CNH(CH_2)_3CH_3$ / N / O / $NHCOCH_3$ / N	イネいもち病・ばか苗病，野菜類灰色かび病・炭疽病・菌核病	細胞分裂阻害
ジカルボキシイミド剤	イプロジオン（ロブラール）	Cl / O / O / $N\text{-}CNHCH(CH_3)_2$ / N / O / Cl	野菜類菌核病・灰色かび病	浸透圧シグナル伝達阻害
	プロシミドン（スミレックス）	Cl / O / CH_3 / N / O / CH_3 / Cl	野菜類菌核病・灰色かび病	浸透圧シグナル伝達阻害
ステロイド合成阻害剤	テブコナゾール（シルバキュア）	OH / $Cl\text{-}$ / $CH_2CH_2CC(CH_3)_3$ / CH_2 / N / N / N	雪腐小粒菌核病，赤かび病	エルゴステロール合成阻害
	メトコナゾール（ワークアップ）	N / HO / N / N / Cl	うどんこ病，赤さび病，赤かび病	エルゴステロール合成阻害
メトキシアクリレート剤	アゾキシストロビン（アミスター）	N N / O / O / CN / CH_3O / OCH_3 / O	うどんこ病，さび病，灰色かび病	呼吸阻害
	メトミノストロビン（オリブライト）	O / $CONHCH_3$ / $NOCH_3$	イネいもち病	呼吸阻害
アニリノピリミジン剤	メパニピリム（フルピカ）	CH_3 / N / H / N / N / $CH_3C{\equiv}C$	灰色かび病，うどんこ病	アミノ酸合成阻害
合成抗細菌剤	オキソリニック酸（スターナ）	C_2H_5 / N / O / O / O / O / OH	イネもみ枯細菌病，野菜類軟腐病	DNA 合成阻害

表 14・1（つづき）

薬剤の種類	一般名(商品名)	構　造	おもな適用病害	作用機構
土壌殺菌剤	ヒドロキシイソキサゾール（タチガレン）	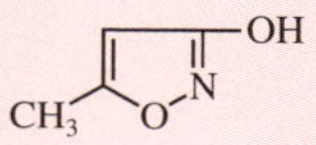	苗立枯病，イネごま葉枯病	DNA/RNA 合成阻害
その他の殺菌剤	プロベナゾール（オリゼメート）	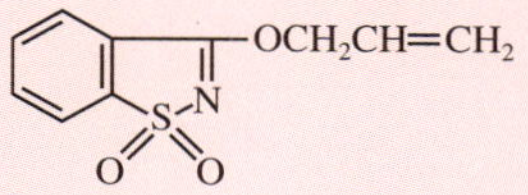	イネいもち病	抵抗性誘導
	キャプタン（オーソサイド）	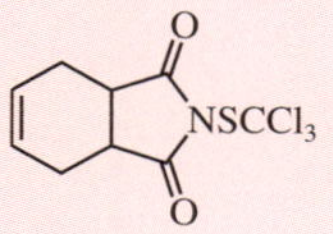	イネ苗立枯病，炭疽病，べと病，果樹類黒星病	多作用(SH 阻害)
	キノキサリン系（モレスタン）	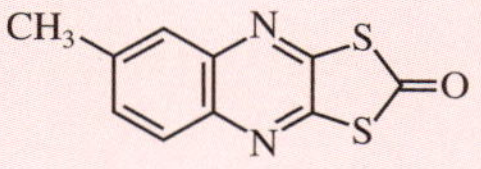	うどんこ病	多作用(SH 阻害)
	フルアジナム（フロンサイド）	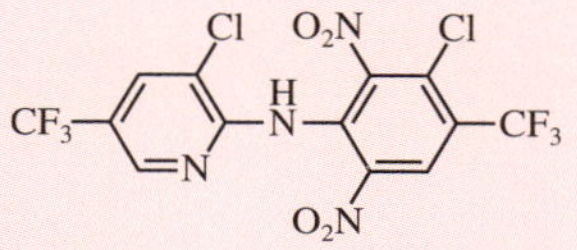	アブラナ科植物根こぶ病，リンゴ黒星病	呼吸阻害

† ボルドー液 Bordeaux mixture，オキシン銅 oxine-copper，石灰硫黄合剤 calcium polysulfide，イソプロチオラン isoprothiolane，イプロベンホス iprobenfos: IBP，ホセチル fosetyl，フサライド phthalide，トリシクラゾール tricyclazole，ピロキロン pyroquilon，カルプロパミド carpropamid，フルトラニル flutolanil，メタラキシル metalaxyl，チオファネートメチル thiophanate-methyl，ベノミル benomyl，イプロジオン iprodione，プロシミドン procymidone，テブコナゾール tebuconazole，メトコナゾール metconazole，アゾキシストロビン azoxystrobin，メトミノストロビン metominostrobin，メパニピリム mepanipyrim，オキソリニック酸 oxolinic acid，ヒドロキシイソキサゾール hymexazol，プロベナゾール probenazole，キャプタン captan，キノキサリン系 chinomethionat，フルアジナム fluazinam.

来するため，環境汚染の恐れは少なく，安全性が高いと考えられている．しかし，合成殺菌剤による防除に比べて効果が現れるまでに時間がかかり，効果が安定しないことがある．

なお，2001 年より“有機農産物”が法的に規格化され，その生産には化学合成農薬の使用が禁止されるようになったが，硫黄や無機銅，生物農薬など天然物由来と考えられる殺菌剤は利用できる．また，食酢，重曹，エチレン，次亜塩素酸水（塩酸または塩化カリウム水溶液を電気分解して得られたものに限る）が“特定農薬（特定防除資材）”として，病気の防除に利用できるようになった*.

*特定農薬は，農薬取締法において「その原材料に照らし農作物等，人畜及び水産動植物に害を及ぼすおそれがないことが明らかなものとして農林水産大臣及び環境大臣が指定する農薬」と指定されたもの.

14・3 薬剤耐性

農薬は現在も，植物の病気の防除の中心的役割を担っている．しかし，農薬の使用量が比較的多い日本では 1970 年代初めから病原菌が殺菌剤に耐性を示す現象がみられるようになり，薬剤の防除効果の低下が問題になってきた．1971 年にはナシ黒星病菌（くろほしびょうきん）のポリオキシン耐性化とイネいもち病菌のカスガマイシン耐性化が明らかになり，その後も多くの薬剤で耐性化した病原菌や病原細菌が出現するように

表 14・2　おもな抗菌性抗生物質†

一般名(商品名)	構　造	おもな適用病害	作用機構
ストレプトマイシン(ストレプトマイシン)	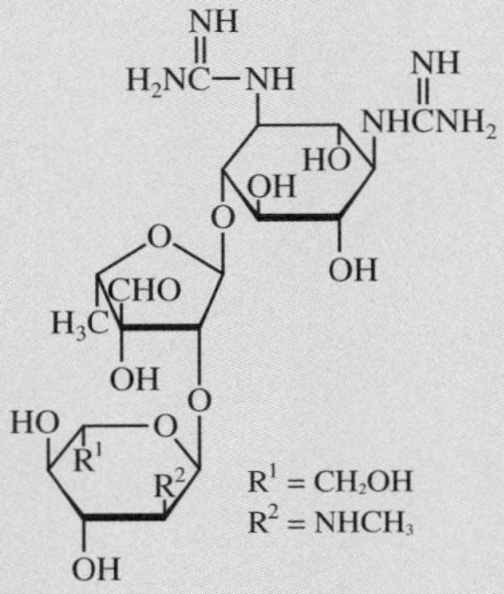 $R^1 = CH_2OH$, $R^2 = NHCH_3$	野菜類軟腐病，カンキツかいよう病	タンパク質合成阻害
カスガマイシン(カスミン)	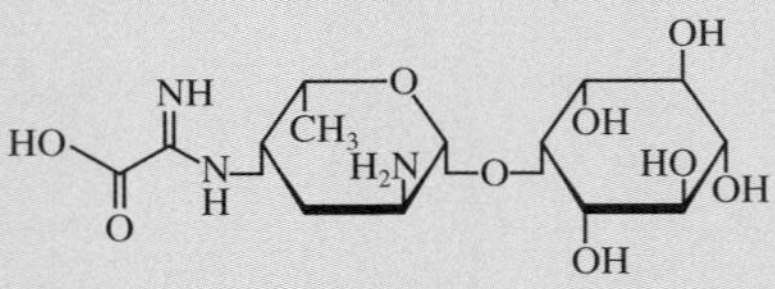	イネいもち病	タンパク質合成阻害
ポリオキシン(ポリオキシン) A〜M の 13 成分がある	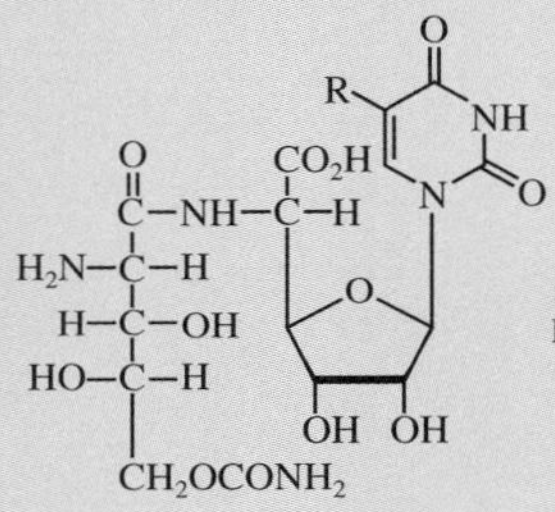 ポリオキシン B $R = CH_2OH$	野菜類うどんこ病・灰色かび病	キチン合成阻害
バリダマイシン(バリダシン)	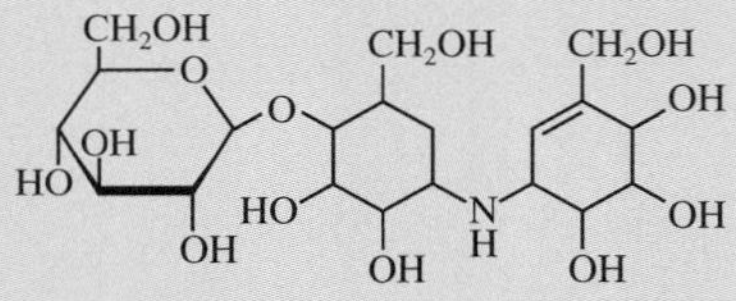	イネ紋枯病，ジャガイモ黒あざ病	トレハラーゼ拮抗阻害

† ストレプトマイシン streptomycin，カスガマイシン kasugamycin，ポリオキシン polyoxin，バリダマイシン validamycin.

薬剤耐性菌 chemical resistant fungus(-i)/bacterium(-a)

耐性遺伝子 resistant gene

なった．**薬剤耐性菌**がしばしば発生するようになったのは，環境中の化学物質の安全性に対する社会的な要求の高まりに対応して，使用される薬剤の多くが多作用点阻害剤ではなく，特異作用点阻害剤になってきたことが原因と考えられる．

病原体の薬剤耐性を支配する遺伝子である**耐性遺伝子**は，自然の突然変異によってもたらされ，病原体集団内に低頻度で保存されていると考えられる．病原体集団が薬剤の作用をある程度以上受けると感受性菌は集団内で劣勢になり，代わって耐性菌が優位を占めるようになる．つまり，薬剤使用という選択圧によって薬剤耐性遺伝子をもつ集団が選択され，その結果，病原体集団全体に対する薬剤効果の低下が起こることになる．

ある薬剤に対する耐性が高まると，ほかの類似の薬剤に対しても耐性を示すよう

表 14・3　おもな抗菌性・抗ウイルス性生物農薬†1

一般名(商品名)	微生物名†2	おもな適用病害	作用機構
アグロバクテリウム ラジオバクター (バクテローズ)	*Agrobacterium radiobacter* strain 84	バラ，キク，果樹類根頭がんしゅ病	バクテリオシン生産
非病原性エルビニア カロトボーラ (バイオキーパー)	*Erwinia carotovora* subsp. *carotovora* CGE234M403	野菜類・ジャガイモ軟腐病	バクテリオシン生産，競合
バチルス ズブチルス (ボトキラー)	*Bacillus subtilis* 芽胞	野菜類灰色かび病，うどんこ病	競合
シュードモナス フルオレッセンス (ベジキーパー)	*Pseudomonas fluorescence* G7090	キャベツ黒腐病，レタス腐敗病	競合
トリコデルマ アトロビリデ (エコホープ)	*Trichoderma atroviride* SKT-1	イネ種子伝染病，ばか苗病，もみ枯細菌病	競合
ズッキーニ黄斑モザイクウイルス弱毒株 (キュービオ ZY-02)	*Zucchini yellow mosaic virus* attenuated strain 2002	キュウリモザイク病	弱毒ウイルス

†1　アグロバクテリウム ラジオバクター Agrobacterium radiobacter，非病原性エルビニア カロトボーラ non-pathogenic Erwinia carotovora，バチルス ズブチルス Bacillus subtilis，シュードモナス フルオレッセンス Pseudomonas fluorescence，トリコデルマ アトロビリデ Trichoderma atroviride，ズッキーニ黄斑モザイクウイルス弱毒株 Zucchini yellow mosaic virus attenuated strain.
†2　農薬登録における微生物名.

になることがある．この場合，複数の耐性遺伝子によって複数の薬剤に耐性を示すものを**複合耐性**，単一の遺伝子によって複数の薬剤に耐性を示すものを**交差耐性**という．また，ある薬剤に対する耐性が高まると，別の薬剤に対する感受性が高まる場合があって，このような性質は**負の交差耐性**という*1.

複合耐性 multiple-tolerance

交差耐性 cross-tolerance

負の交差耐性 negatively correlated cross-tolerance

*1 負の交差耐性という現象については，次のようなしくみが考えられている．薬剤 A が病原体の特定の酵素 X に結合して阻害効果を示し，薬剤 B は酵素 X によって分解されるためにこの病原体に対しては阻害効果を示せないとする．ここで，病原体の酵素 X を支配する遺伝子に突然変異が起こり，酵素 X が薬剤 A と結合できなくなると，薬剤 A はこの病原体に阻害効果を示さなくなる(病原体は薬剤 A に耐性化する)．一方，酵素 X が変異を起こしたため薬剤 B を分解できなくなり，薬剤 B は病原体に阻害効果を示すようになる(病原体は薬剤 B に感受性になる).

耐性菌が出現して薬剤による防除効果が低くなった場合には，交差耐性のない別の薬剤を使用する．別の薬剤を使い始めても，耐性菌の割合が速やかに低下する場合と耐性菌の割合が長期間低下しない場合とがある．耐性菌の出現を防ぐ根本的な解決策はないが，同一作用点の薬剤の使用回数や使用量を最低限にすることが重要である．交差耐性のない他の薬剤とのローテーションや，負の交差耐性の利用なども必要である．可能であれば，あらかじめ耐性菌の密度を測定して，適切な薬剤を選定して使用する.

14・4 農薬のリスク管理

日本では 1948 年に，不良農薬を追放し食糧増産を推進することを目的として農薬取締法が制定され，農薬の製造と販売についての登録制度が設けられた．その後，化学物質による毒性や環境汚染が問題になってきたため 1971 年には大きな改正が行われ，農薬による人畜への被害の防止，残留農薬対策の整備，登録制度の強化，農薬の使用規制制度の導入などが行われるようになった．農薬の安全性と適正な使用を確保するために，2002 年から 2003 年にかけてさらに改正が行われた.

農薬の登録制度は，粗悪な農薬や生物や環境に対して有害な農薬が製造されたり輸入されたりすることを防ぐためのものである．日本国内で販売される農薬はあらかじめ品質，効果，安全性，残留性などの厳しい試験が行われ*2，それらに合格し

*2 日本でも 1984 年より，毒性試験の適正実施に関する国際基準である GLP (good laboratory practice) 制度に基づいて行われている.

た薬剤だけが農薬として登録される．農薬を登録しようとする業者は，中立の試験機関に委託して得た薬効，薬害，毒性，残留性などについての試験成績を添えて，独立行政法人農林水産消費安全技術センターを経由して農林水産省に申請する（図14・1）．農薬の製造業者や輸入業者が農薬を販売しようとするときは，その容器に成分，適用病害，最終有効年月日など，品質を示す事項を表示しなければならない．農薬登録の有効期間は3年間で，更新手続きが行われない場合には失効して使用できなくなる．また，農薬の販売業者も都道府県知事への届け出が義務づけられている．

化合物の毒性は人畜に対する程度によって，特定毒物，毒物，劇物，普通物に分けられるが，現在日本で使われている殺菌剤には特定毒物に相当するものはなく，多くは普通物で毒性は低い．毒性の程度はラット，イヌなどの実験動物に農薬を与えたときの中毒症状を観察し，動物群の50％が死亡する薬量，つまり**半数致死量**（LD_{50}）を求めて比較する．農薬の登録には，経口，吸入，経皮の急性毒性のほか，神経毒性，発がん性，繁殖毒性，催奇性，変異原性，生体機能への影響などの慢性毒性も調べられる．

半数致死量 50 percent lethal dose

また，土壌中での分解性，生態系を構成する昆虫類，魚類，藻類，ミジンコ類，土壌微生物などの非標的生物に対する影響，残留性など多くの項目についても，安全性の確認が義務づけられている．最近の農薬の多くは土壌中での残留が少なく，短時間で分解されるようになっている．散布された農薬は作物や土壌の表面では太陽光などによって物理的に，土壌中では微生物によって分解される（図14・2）．日本で使用されている農薬は，散布後の半減期（半分が分解されるまでの期間）が1カ月以内のものがほとんどである．なお，1973年以降は，食物連鎖を通して生物濃縮される可能性のある化学物質は農薬として登録されなくなった．

1日摂取許容量 acceptable daily intake

残留農薬の許容濃度は，**1日摂取許容量**（ADI，人間が毎日摂取し続けても障害

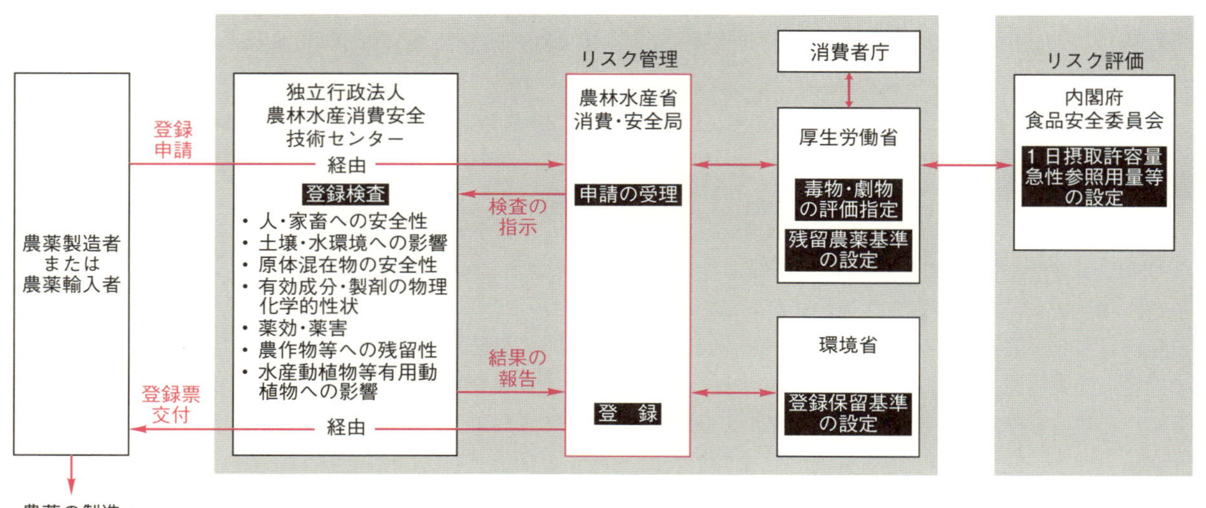

図 14・1 農薬登録のしくみ

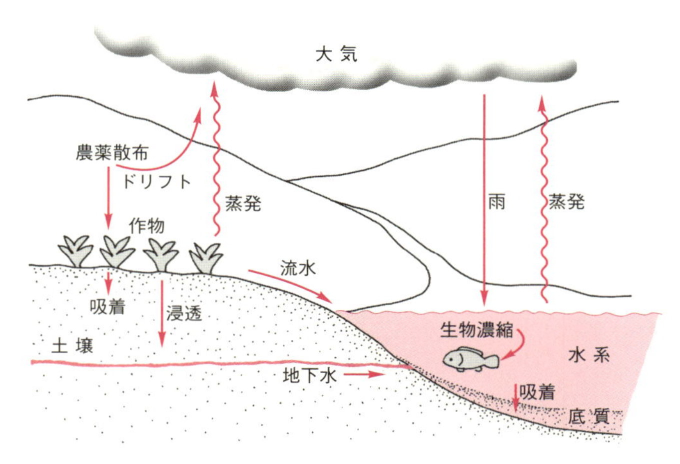

図 14・2　農薬の環境中の動態

農薬と内分泌撹乱物質

現在の日本の環境中の代表的な内分泌撹乱物質(いわゆる環境ホルモン)であるダイオキシン類の大半はゴミ焼却炉ではなく，1970 年代半ばまでに日本中で使用された水田除草剤(ペンタクロロフェノール：PCP)に含まれていた不純物に由来すると考えられる．現在の農薬登録制度における安全性試験には繁殖性試験も含まれており，これは内分泌撹乱作用の評価にも有効と考えられている．

を起こさない濃度）と**急性参照用量**（ARfD，24 時間またはそれより短い時間に経口摂取した場合でも障害を起こさない濃度）をもとに定められている．ADI は，化学物質 mg/体重 kg/日，ARfD は化学物質 mg/体重 kg で表し，動物実験で得られた値に不確実係数（通常は 1/100）をかけて求められる*．また，農作物中の残留農薬がこの濃度以下になるように，それぞれの農薬について“残留基準”が定められていて，出荷前の食品や輸入農産物も含めて調査が行われている．さらに，輸入されたものを含めて農産物中の残留農薬の規制を徹底するために 2006 年 5 月から**ポジティブリスト制度**が導入され，残留基準が設定されている農薬（約 800 種）についてはその濃度，設定されていない農薬については“人の健康を損なうおそれのない量”（一律規準，0.01 ppm）を超えた残留のある食品の流通が禁止されるようになった．なお，日本では環境中の農薬残留についての調査も定期的に行われているが，現在では河川水や底質，魚類，大気などの環境中からは農薬はほとんど検出されず，検出される場合であっても基準値よりはるかに少なくなっている．

急性参照用量 acute reference dose

*いずれもラットやマウスなどを用いた毒性試験の結果のなかから最も低濃度で影響がみられる試験を選び，その試験で影響が認められなかった投与量(無毒性量)に動物試験による結果であることと個人差があることを考慮した不確実係数をかけて，ヒトに影響のない量とする．Codex 基準とよぶ国際基準も参考にして決める．

農薬の使用方法は，対象作物や対象病害，使用時期，使用濃度，使用回数などが，それぞれの農薬に対して“農薬使用基準”として指定されていて，違反者は処罰される．実際の使用に当たっては，各自治体で作成している“病害虫防除基準(指針)”などに従うことが求められている．都道府県の病害虫防除所などが発表する“病害虫発生予察情報”を参照して，使用適期に使用することが必要である．なお，日本で登録されていない農薬，登録期間が過ぎて失効した農薬，当該農作物に対しての登録がない農薬の販売と使用は，避ける必要がある．

最近は食品の安全性についての関心がさらに高くなり，**GAP**（農業生産工程管理）として生産履歴を記録し，特に農薬の使用履歴を詳細に保存する生産者も多くなった．また，流通大手企業なども生産から流通，加工，販売に至る工程の履歴を明示する**トレーサビリティー**（追跡可能性）を重視するようになり，農産物などでも導入が始まっている．

GAP：good agriculture practice の略．

トレーサビリティー traceability

化学物質である農薬に対しては社会的批判が強いが，農薬を含めた化学物質の使用は，危険性と恩恵のバランスで判断されるべきである．どのような物質でも危険性がゼロということはありえない．現在の医療に医薬が重要な役割を果たしているように，日本の農作物の商業栽培における高品質と安定供給は農薬の使用に支えられている．現在の日本で使用されている農薬の危険性は，恩恵に比べてはるかに小さいといえる．

14章 農 薬 まとめ

- 栽培中の農作物を加害する各種の有害生物を防除する目的で使われる薬剤を農薬という．
- 農薬は使用目的によって，殺菌剤，殺虫剤，殺線虫剤，除草剤，抗ウイルス剤などに分けられる．
- 殺菌剤は化学組成から，銅剤，硫黄剤，有機塩素剤，有機リン剤，カーバメート剤，抗生物質などに分けられる．
- 殺菌剤の作用機構には，呼吸阻害，核酸合成阻害，タンパク質合成阻害，脂質合成阻害などがある．
- 最近は，微生物を利用した生物農薬も増加している．
- 薬剤耐性菌が増加し，問題になっている．
- 農薬には登録制度があり，薬効や安全性が承認されたものだけが製造，販売されている．
- 農薬の使用方法にも厳しい基準があり，農作物などの生産物中に残留する農薬量も一定基準以下になるように定められている．

15 植物検疫

植物検疫は病害虫の国内への侵入や国内他地域への分布拡大を予防し，植物を保護するために行われている．

15・1 植物検疫とは

外国から国内へ，あるいは，国内のある地域にそれまで発生していなかった病害虫が侵入すると，天敵などの生物がいないため，また，防除法が確立していないために，定着し，急速に蔓延して大きな被害をもたらすことがある．そこで，法的な規制によって，病害虫の国内への侵入や国内他地域への移動，分布の拡大を予防し，植物を病気から保護しようとするのが**植物検疫**である．外国から日本に侵入した植物の病気には，1909 年のスギ赤枯病(あかがれびょう)，1936 年のサツマイモ黒斑病(こくはんびょう)，1947 年のジャガイモ輪腐病(わぐされびょう)，1958 年のトマトかいよう病，1966 年のキュウリ緑斑(りょくはん)モザイク病などがある．また，イネミズゾウムシなどの多くの作物害虫や雑草も外国から侵入して定着した．

植物検疫：英語の plant quarantine はイタリア語の 40 日間を表す quarantina からきている．1348～1359 年にヨーロッパでペストが流行した際にドブロヴニク(現在はクロアチア領内)で，人間の伝染病を防ぐ目的で海外からの船舶を沖合に 40 日間係留して，ペストの発病がないことを確かめた上で上陸を認めたことに由来する．

植物検疫は 19 世紀後半にヨーロッパで始まった．1860 年代に米国からフランスに輸入ブドウの苗木とともにブドウ害虫のフィロキセラ（ブドウネアブラムシ）が侵入し，これがきっかけとなってフィロキセラの蔓延を防ぐ国際条約が結ばれた．日本では 1914 年に，植物検疫が開始されている．その後，国際的な条約を制定する気運が高まり，1951 年にローマで国際植物防疫条約が締結された．日本では 1950 年に新しい**植物防疫法**が制定され，全国の海空港などに設置された農林水産省の**植物防疫所**が，輸出入検疫，緊急防除などの業務を担当している．最近は自由貿易促進の動きに沿って植物検疫についても国際的なガイドラインが設けられ，1996 年には植物防疫法の一部が改正されて，病害虫の危険度に応じた検疫措置がとられるようになった．

植物防疫所 plant protection station

15・2 国際検疫

国内未発生の病害虫の侵入，定着を防ぐために行われるのが，**国際検疫**である．輸入植物検疫では，貨物，携行品，郵便物などにより外国から輸入されるすべての植物を対象として，検査を行っている（図 15・1）．

輸入検疫における対象植物等は危険度の大きさによって，“輸入禁止品”，“輸入検査品”，“検査不要品”の三つに区分されている．“輸入禁止品”は日本に未発生で，

表 15・1　おもな輸入禁止品対象病原体とその宿主植物

病原体	宿主植物など
ジャガイモがんしゅ病菌 *Synchytrium endobioticum*	ジャガイモ，ナス，トマト，トウガラシなどナス科植物
タバコべと病菌 *Peronospora tabacina*	ジャガイモ，ナス，トマト，トウガラシなどナス科植物
リンゴ・ナシ火傷病菌 *Erwinia amylovora*	リンゴ，ナシなどのバラ科植物
Balansia oryzae-sativae, Trichochonis padwickii, T. caudata などの日本で発生していないイネの病気の病原体	イネ，イネワラ，モミガラなど
不特定の病原体	土と土付きの植物

侵入すると重大な被害をもたらすと考えられる病害虫とその宿主植物，ならびに土である（表 15・1）．“輸入検査品”は輸入禁止品に該当しない，穀物，マメ類，野菜，果実，種子，球根，苗木，木材，切花，香辛料原料，漢方薬原料などである．検査は，全量あるいは一部に対して行われ，たとえば，輸入種子は一部を抜取って特定の病原菌を保菌していないかどうかを検査する．球根，果樹の苗木類，イモ類などは隔離検疫といって，すべての個体を 1 年間隔離圃場で栽培して，ウイルス検定などを行う．最近は球根などについては，輸入前に相手国の栽培地で日本の植物防疫官が予め検査を行う栽培地検査が多くなった．検査によって検疫病害虫が発見されると，消毒や廃棄などが命じられる．1996 年の植物防疫法の改正では，国内に存在が知られている病原体のなかでも危険度の低いものは，“非検疫動植物”とし

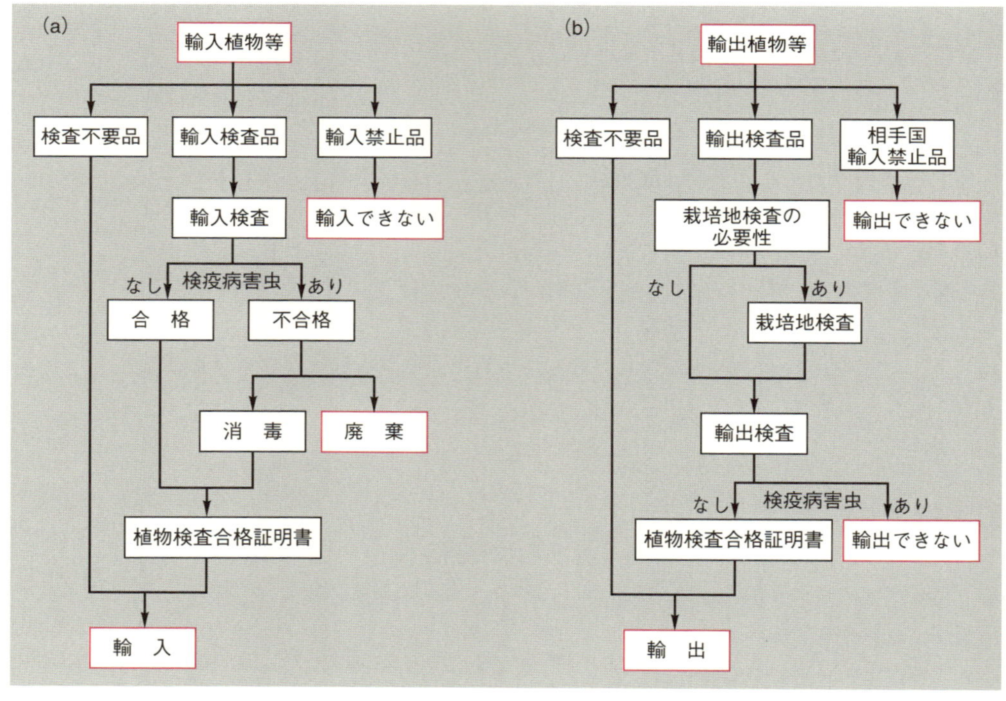

図 15・1　植物検疫における輸入検査(a)と輸出検査(b)の流れ

て検疫対象から外されるようになった．“検査不要品”は，製材や製茶など植物であっても高度に加工されているもので，検査対象にならない．また，コプラ（ココヤシ）やコショウの実など，栽培目的でなく病害虫の付着の危険性が少ないものも，輸出国の検査証明書が不要になった．

一方，**輸出検疫**は国内の病害虫が相手国に流出することを防ぐために行われ，果実や種子，盆栽などの植物類について相手国の要求に応じて検査を行い，検疫検査合格証明書を発給している．これには輸出前に行う輸出検査のほか，栽培中に行う栽培地検査がある．

15・3 国 内 検 疫

国内に侵入した病害虫や，国内の一部地域に発生している重要病害虫の蔓延を防ぎ，病害虫の伝搬や移動を防ごうとするのが，**国内検疫**である．

健全種苗を供給するために行われている**指定種苗検査**では，ジャガイモの種いもの生産が厳重に管理されていて，独立行政法人種苗管理センターの原原種圃で生産された原原種とよばれる種いもが道・県の原種圃で増やされて原種となり，さらに採種圃で増やされて種いもとして一般農家に販売される．種いもとして販売，移動されるジャガイモには，植物防疫官による合格証明書の添付が必要である（図 15・2）．また，**果樹母樹検査**では，果樹の優良な苗木を確保するために，カンキツ類，リンゴ，ブドウ，ナシ，モモ，オウトウ，スモモについては母樹（繁殖用の穂木を採取する樹）を対象として，植物防疫所がウイルス病の検査を行っている．

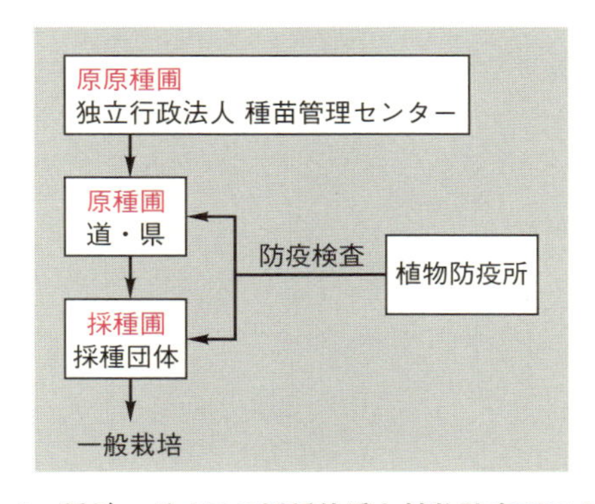

図 15・2　種ジャガイモの採種体系と植物防疫所による検査

植物等の移動の制限及び禁止は，国内の一定の地域に分布している病害虫が未発生地域に侵入するのを防ぐために，その病害虫の宿主植物を他の地域へ移動することを制限または禁止するものである．南西諸島と小笠原諸島のミカンコミバエ，ウリミバエの発生地からカンキツ類やウリ類を移動することは長い間禁止されていたが，1986 年にはミカンコミバエの，1993 年にはウリミバエの撲滅が確認され，果実などの移動は自由になった．現在の対象病害虫は，カンキツグリーニング病細菌，アリモドキゾウムシ，アフリカマイマイなどで，南西諸島と小笠原諸島からそれ以外の地域へのカンキツ類苗木，サツマイモ，アサガオなどの移動は禁止されている．

緊急防除は，日本未発生の重要病害虫が一部の地域に侵入したり，国内の一地域だけに分布していた病害虫が異常発生して国内に蔓延する恐れがある場合に，急いで駆除して蔓延をくいとめるために行う措置である．病気についてはこれまでに，ナシ枝枯(えだがれ)細菌病，カボチャ立枯(たちがれ)病などに対して適用された．2010年からはウメ，モモなどを対象にウメ輪紋ウイルスの発生調査と感染樹の除去が行われている．

侵入警戒調査は，侵入を警戒する病害虫を定めて，万一それらが侵入した場合に早期に駆除撲滅ができるようにするためのもので，海空港周辺，主要果実生産地域でフェロモントラップなどを使って，害虫などのモニターを行っている．2018年現在病気については，リンゴ・ナシ火傷病，スイカ果実汚斑細菌病，カンキツグリーニング病が対象になっている．

このほか，国と都道府県の指定病害虫に対する**発生予察**（§13・5参照）も，植物防疫法に基づいて行われている．

15章 植物検疫 まとめ

- 法的な規制によって，病害虫の国内への侵入や国内他地域への移動，分布の拡大を予防し，植物を病気から保護しようとするのが，植物検疫である．
- 国際検疫は，国内未発生の病害虫の侵入，定着，また，病害虫の相手国への流出を防ぐために行われる．
- 国内検疫は，国内に侵入した病害虫や，国内の一部地域に発生している重要病害虫の蔓延を防ぎ，病害虫の伝搬や移動を防ぐために行われる．

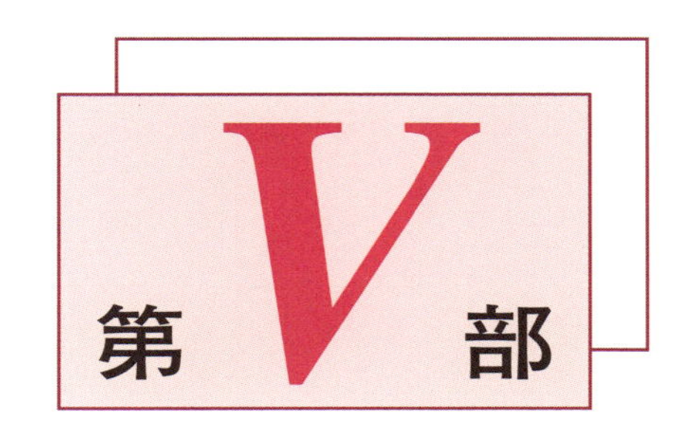

感染と防御応答のサイエンス

16 宿主寄生者間相互作用における特異性

病原体と宿主植物の組合わせを決定しているのは何だろうか．その複雑なしくみを考えよう．

16・1 病原性の分化と宿主特異性

ある植物と多様な微生物との関係を考えるとき，ほとんどの微生物はその植物に感染できず，病原性を示さない．つまり，大半の微生物はその植物にとって病原体ではない．逆に言うと，病原体と宿主植物の組合わせはごく限られたものである．その特定の組合わせを決定しているのが，**宿主寄生者間相互作用**における**宿主特異性**である．この宿主特異性がどのように決定されているか，また，病原体が宿主植物に感染してどのようにして病気を起こすか，そして植物側は感染に対してどのように応答して防御しようとするのかが，第V部のテーマである．病原性や抵抗性，病原体と宿主植物の特異性のしくみを生化学的，分子生物学的に解明しようとする学問領域を，**植物感染生理学**という．

宿主寄生者間相互作用 host-parasite relationship，宿主寄生者相互関係ともいう．

宿主特異性 host specificity

植物感染生理学 physiological plant pathology

ある病原体を考えた場合，感染できる植物の種は限られている．病原体が感染できる宿主植物の種群の範囲を**宿主範囲**，感染が成立する宿主寄生者間相互作用を**親和性**，感染が成立しない関係を**非親和性**とよぶ．

宿主範囲 host range

親和性 compatibility

非親和性 incompatibility

1 種の病原体のなかにも，種としては区別できないにもかかわらず感染できる植物の種群や品種群が異なるものがある場合がある．このように，病原体の種内あるいは種内系統内に宿主範囲が異なる集団がみられる現象を，**病原性の分化**という．病原体の病原性分化には，次の図 16・1 のように，感染できる宿主植物の種と品種とに対応した二つのレベルを考えることができる．

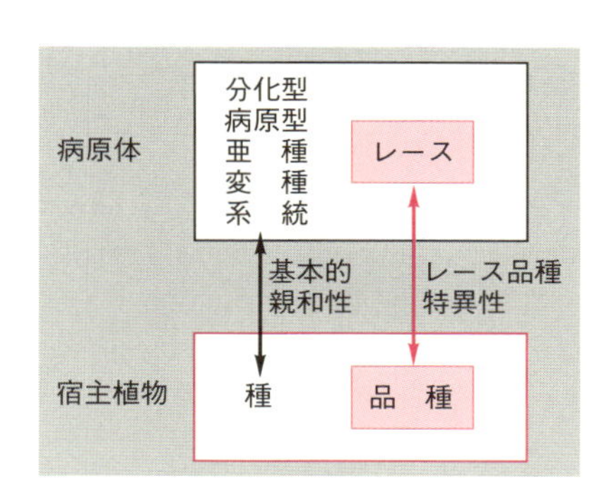

図 16・1　病原性分化の二つのレベル

種 species
分化型 forma specialis, f. sp.
病原型(細菌) pathovar, pv.
系統 strain
亜種 subspecies, subsp.
変種 variety, var.
病原型(菌類) pathotype
基本的親和性 basic compatibility

病原体の感染できる宿主植物の**種**によって分けられる種内系統は一般に，菌類では**分化型**（f. sp., §7・1 参照），細菌では**病原型**（pv., §8・1 参照），ウイルスでは**系統**（strain, §9・1 参照）という．菌類の場合，病原体の種によっては，**亜種**（subsp.），**変種**（var.），**病原型**（pathotype）なども使う（表 16・1）．たとえば，ナシ黒斑病菌などの種内系統の病原性は宿主特異性が生産する宿主特異的毒素により決定されており，それぞれを病原型とよぶ．以上のような宿主となる植物種の範囲を決める特異性を，**基本的親和性**とよぶ．

表 16・1 おもな病原体種内系統

種内系統	病原体の例
分化型	キュウリつる割病菌 *Fusarium oxysporum* f. sp. *cucumerinum*, トマト萎凋病菌 *Fusarium oxysporum* f. sp. *lycopersici*
病原型(細菌)	キュウリ斑点細菌病菌 *Pseudomonas syringae* pv. *lachrymans*, イネ白葉枯病菌 *Xanthomonas oryzae* pv. *oryzae*
病原型(菌類)	リンゴ斑点落葉病菌 *Alternaria alternata* apple pathotype, ナシ黒斑病菌 *Alternaria alternata* Japanese pear pathotype
亜　種	トマトかいよう病菌 *Clavibacter michiganensis* subsp. *michiganensis*
変　種	エンバク立枯病菌 *Gaeumannomyces graminis* var. *avenae*, オオムギ立枯病菌 *Gaeumannomyces graminis* var. *tritici*
系　統	カンキツトリステザウイルス シードリングイエロース系統 *Citrus tristeza virus* Seedling yellows strain, ダイズ矮化ウイルス 黄化系統 *Soybean dwarf virus* Yellowing strain

品種 cultivar. p.46 参照.
レース race

一方，病原体の種内あるいは種内系統内に感染できる宿主植物の**品種**に違いがある系統がある場合があり，これを**レース**という．たとえば，イネいもち病菌，ジャガイモ疫病菌には多くのレースが知られている．トマト萎凋病菌やイネ白葉枯病菌などのように，分化型や病原型のなかに，さらにレースが分けられるものもある．このような，寄生できる品種の範囲を決める特異性を**レース品種特異性**とよぶ．このレース品種特異性は病原体が宿主組織に侵入した後に決定される．病原体レースは非親和性品種にも侵入できるが，その後の感染行動が阻止されるために定着，蔓延できない．

レース品種特異性 race-cultivar specificity

レース品種特異性は一般に，イネやジャガイモなど食糧として重要で品種改良が進んだ作物の病気でみられる．病原体のレースを決定するためには，**判別品種**とよばれる複数の品種に病原体を接種して感染できるかどうかを観察して判定する．たとえば，日本ではイネいもち病菌に対しては表 16・2 のような判別品種が使われ，感染できる判別品種のコードの合計値をレース番号としている．たとえば，表の右端の P-2b という菌株は，コード 1, 2, 100, 200, 0.1 の判別品種に感染するので，これらのコードの数値を合計した 303.1 というレース番号になる*．

判別品種 differential cultivar

*レース番号からも，どの判別品種に感染可能かがわかる．

レースの分布は地域によって大きく異なり，時間的にも栽培品種の変遷などによって変化する．

レース品種特異性がそれぞれ病原体レースと宿主品種の遺伝子によって決定されていることを 1955 年に明らかにしたのは**フロー**である．彼はアマさび病菌とアマ

フロー H. H. Flor

表 16・2　イネいもち病菌のレース判別法とレース番号†

判別品種	抵抗性遺伝子	コード番号	菌株							
			93-406	九89-246	稲86-137	84R-66A	稲91-5	稲168	研53-33	P-2b
新2号	*Pik-s*	1	S	S	S	S	S	S	S	S
愛知旭	*Pia*	2	R	S	S	S	R	R	S	S
石狩白毛	*Pii*	4	R	R	S	R	R	R	S	R
クサブエ	*Pik-s*	10	R	R	R	R	R	R	S	R
ツユアケ	*Pik-m*	20	R	R	R	S	R	R	S	R
フクニシキ	*Piz*	40	R	R	R	S	S	R	R	R
ヤシロモチ	*Pita*	100	R	R	R	R	R	S	S	S
Pi No.4	*Pita-2*	200	R	R	R	R	R	R	R	S
とりで1号	*Piz-t*	400	R	R	R	R	R	R	R	R
K60	*Pik-p*	0.1	R	R	R	S	R	R	S	S
BL1	*Pib*	0.2	R	R	R	S	R	R	R	R
K59	*Pit*	0.4	R	R	R	R	R	R	R	R
レース番号			001.0	003.0	007.0	033.3	041.0	101.0	137.1	303.1

† R：抵抗性反応，S：罹病性反応．
出典：林 長生，"微生物遺伝資源利用マニュアル(18)"，イネいもち病菌 1−34，農業生物資源研究所(2005)を改変．

品種との関係を研究して表16・3のような関係が成り立つことを明らかにし，**遺伝子対遺伝子説**を提唱した．これは，宿主植物の品種が病原体レースに対して示す抵抗性と感受性の反応が，病原体レースの**非病原性遺伝子**と宿主品種の**抵抗性遺伝子**との組合わせで発現するというものである．つまり，抵抗性反応は，病原体がそれに対応する優性の非病原性遺伝子 *AVR* をもち，かつ，宿主品種が優性の抵抗性遺伝子 *R* をもつ場合にだけ発現し，それ以外の組合わせでは罹病性反応になる（表16・3）．その後，他の病原体と宿主植物のレース品種特異性についても，多くの場合にこの関係が成り立つことが確かめられた*．最近になって，病原体の非病原性遺伝子と宿主品種の抵抗性遺伝子が相ついで単離され，遺伝子対遺伝子説は分子生物学的にも立証されている．なお，これらの遺伝子によって決定される抵抗性は真性抵抗性である（§18・1参照）．

表 16・3　病原体レースと宿主品種との関係†

病原体レース	宿主の品種	
	RR/Rr	*rr*
AVR	R	S
avr	S	S

† 遺伝子対遺伝子説の考え方．*AVR/avr*：非病原性遺伝子，*R/r*：抵抗性遺伝子（いずれも大文字が優性）．R：抵抗性反応，S：罹病性反応．

遺伝子対遺伝子説 gene-for-gene theory

非病原性遺伝子 avirulence gene

抵抗性遺伝子 resistance gene

＊ただし，宿主特異的毒素(HST，§17・3参照)によって発病が決定されるナシ黒斑病などの病気では，表16・3のようにはならない．病原性遺伝子である毒素生産遺伝子 *TOX*(優性)と感受性遺伝子 *TR*(優性)との組合わせでのみ罹病性になり，それ以外は抵抗性になる．

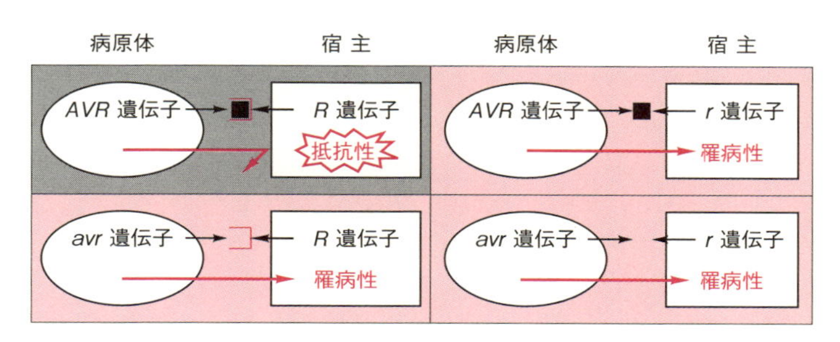

図 16・2　遺伝子対遺伝子説の分子生物学的モデル

表16・3の遺伝子対遺伝子説を現在の分子生物学的モデルで示すと，図16・2のようになる．*AVR* 遺伝子をもつ病原体が放出するエリシターが *R* 遺伝子をもつ宿主がつくるレセプターに結合すると防御応答反応系のスイッチが入るため，宿主は抵抗性になって病原体は感染できず，発病が起こらない．それ以外はいずれの場合でも防御応答反応系のスイッチが入らないため，宿主は発病することになる．なお，エリシターとレセプターについては§18・4で説明する．

16・2 病原性の進化

自然界の微生物と植物との組合わせのほとんどは，寄生者と宿主の関係にはない．自然界の微生物を栄養摂取様式で大別すると，腐生菌，条件寄生菌，条件腐生菌，絶対寄生菌の四つになる（§4・3参照）．これらのうち，微生物の圧倒的多数が腐生性であることから進化的には腐生性が祖先的と考えられ，腐生菌，条件寄生菌，条件腐生菌，絶対寄生菌の順に進化が進んだものとされる*．では，腐生的な微生物がどのような経過をたどって病原体になってきたのか，宿主寄生者間相互作用の進化過程を考えてみよう．

＊菌類や細菌は水生起源と考えられるので，伝染様式は水媒伝染，土壌伝染，空気伝染の順に進化してきたと考えられる．

前項で説明したように，植物と病原体の間には複雑な宿主寄生者間相互作用が認められるが，これは**基本的親和性**と**レース品種特異性**との二つのレベルに分けて考えることができる．基本的親和性は，ある病原体の宿主となる植物種の範囲を決める特異性，つまり種レベルの特異性で，たとえば，ジャガイモ疫病菌はジャガイモやトマトには感染するが，イネやキュウリは侵さないというのがこれにあたる．この場合，親和性の関係が遺伝的に決められていて，非親和性にかかわる抵抗性は遺伝的に複雑である．一方，レース品種特異性は，宿主のなかの寄生できる品種の範囲を決める特異性，つまり品種レベルの特異性で，レースAは品種 α を侵すが品種 β を侵さず，逆にレースBは品種 β を侵すが品種 α は侵さないというものである．この特異性は，多くの場合は遺伝子対遺伝子説に従うことが知られていて，非親和性（抵抗性）の関係が遺伝的に決定されている．

このような解析から，宿主寄生者間相互作用には次のような進化段階が想定できる（図16・3）．

1. 植物は腐生菌に対して，非特異的な非宿主抵抗性によって自己を防衛していた．
2. ある腐生菌がその植物種の非宿主抵抗性を打破する方向に自己を適応させ，基本的親和性を獲得して寄生者になり，植物はその菌の宿主になった（病原体が種レベルの特異性を獲得）．
3. 宿主のなかのある個体が品種抵抗性を獲得して，菌の寄生を排除した．その結果，その菌はその宿主に対する非親和性レースになった．
4. 排除された菌のうちのあるものが，品種抵抗性を打破する方向に自己を適応させ，親和性レースになった（病原体が品種レベルの特異性を獲得）．
5. これらの繰返しによって，複雑な宿主寄生者間相互作用ができあがった．

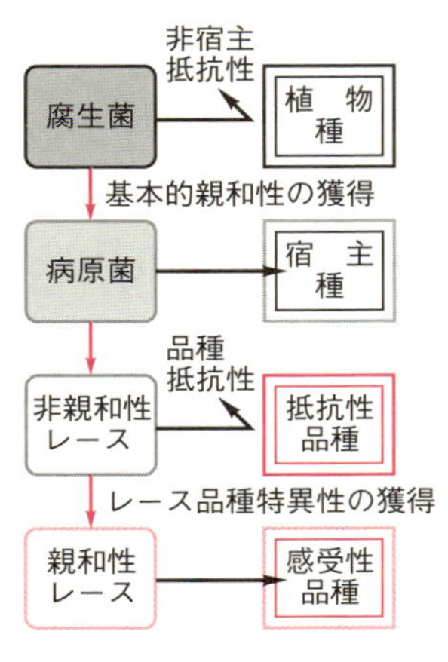

図 16・3 病原性の進化過程のモデル

これらの段階のうち，1と2の例としては，腐生性の *Alternaria alternata* が突然変異によって宿主特異的毒素の産生能を身につけて，ナシ黒斑病菌などの病原菌に変化したことがあげられる．また，3と4の例は，20世紀中ごろからの真性抵抗性育種の過程でみられたイネいもち病抵抗性品種の育成普及とそれらの品種の抵抗性が崩壊したサイクルにみることができる（§13・3参照）．**共進化**は“A種の特性がB種の特性への反応として進化し，そのB種の特性自身がA種の特性への反応として進化するという，二つまたはそれ以上の種の相互依存的な進化”であるが，宿主寄生者間相互作用の成立過程はまさに共進化といえる．

共進化 coevolution

16章 宿主寄生者間相互作用における特異性 まとめ

- 病原体と宿主植物の組合わせを決定しているのは，宿主と寄生者との間の特異性である．
- 病原体の種内あるいは種内系統内に宿主範囲が異なる集団がみられる現象を病原性の分化という．
- 病原体の宿主植物の種に対する病原性が異なる種内系統は，菌類では分化型，細菌では病原型，ウイルスでは系統などといい，基本的親和性により決定される．
- 病原体の種内あるいは種内系統内の宿主植物の品種に対する病原性が異なる系統をレースといい，レース品種特異性により決定される．
- レースは判別品種に対する病原性の有無によって分類される．
- レース品種特異性は遺伝子対遺伝子説によって説明される．
- 病原体は，基本的親和性とレース品種特異性の獲得を繰返して進化してきた．

17 病原体の感染戦略

病原体の宿主植物に対する病原性について詳しく考えよう.

17・1 病原性とは

これまでみてきたように，微生物はほとんどの場合植物に感染できない．そのなかで一部の微生物が宿主植物に感染し，病気を起こすことができるのは病原性をもつためである．**病原性**は病原体が宿主植物に感染して病気を起こす能力である．この病原性は，次章で説明する宿主側の抵抗性との相互関係によって決定される．

病原性 pathogenicity

病原性には多様な性質が含まれるが，それらは次の表17・1のように，宿主に侵入する性質（**侵入力**），宿主の抵抗性に打ち勝つ性質（**抵抗性抑止力**），そして宿主を加害して病気を起こさせる性質（**発病力**）の三つの要素に整理して考えることができる*．これらのうち，発病力を備えている微生物が**病原体**とよばれる．細菌やウイルスなどには侵入力はない．また，菌根菌や根粒菌などの共生微生物は植物に対する侵入力と抵抗性抑止力はもつが，病原体とは異なり発病力は備えていない．本章ではおもに病原菌類を対象として，病原性の三要素を解説する．

侵入力 ability to invade

抵抗性抑止力 ability to suppress resistance

発病力 ability to develop disease

*侵入力と抵抗性抑止力をあわせて**侵略力** aggressiveness とよぶことがある．

なお，病原性と抵抗性とは複雑に絡み合っているため，病原性の説明には後で説明する抵抗性についての用語を使うが，それらについては随時次章の説明を参照してほしい．

表 17・1 病原性のおもな要素

侵入力	抵抗性抑止力	発病力
物理的な力による侵入糸の挿入 酵素による細胞壁分解	抗菌物質の解毒 　先在性抗菌物質の解毒 　ファイトアレキシンの解毒 サプレッサーによる動的抵抗性の抑制 宿主特異的毒素による抵抗反応の抑制	酵素による加害 毒素による加害 　宿主特異的毒素による加害 　非特異的毒素による加害 植物ホルモンによる加害

17・2 侵　入　力

病原体の感染行動の最初の段階の，病原体が宿主植物に侵入する性質は**侵入力**とよばれる．この用語は自力で植物体に侵入する病原菌類に対して使われる（§4・3参照）．この侵入力には，物理的な力と化学的な力とがある．

病原菌類のうちクチクラ感染するものが，**クチクラ**（角皮）を物理的な力で貫通するのか酵素で溶解して侵入するのかについては古くから議論されてきた．しかし，多くの病原菌がセロハン膜や金箔などを貫通できることから，物理的な侵入力が重要であることはまちがいない．侵入後の植物組織内への蔓延には，酵素の力が大きく働いている．

クチクラ cuticle

イネいもち病菌やウリ類炭疽病菌などでは，病原菌胞子が発芽してつくる**付着器**がメラニン化する．イネいもち病菌は付着器内部に3M（モル）のグリセロールを蓄積して浸透圧を8.0MPa（約80気圧）にまで高め，この圧力を使って**侵入糸**を表皮細胞内に貫通させる．**メラニン**は付着器がこの圧力に耐えられるように細胞壁を強化するために必要で，メラニン合成ができなくなったイネいもち病菌変異株は，付着器を次つぎとつくるにもかかわらずイネに侵入できなくなる．このメラニン合成を阻害して，イネいもち病菌などによる発病を抑えようとするのが，トリシクラゾール剤などの農薬である（§14・2参照）．

付着器 appressorium(-a)
侵入糸 infection peg
メラニン melanin

一方，化学的な侵入力には，**クチナーゼ**，**ペクチナーゼ**，**セルラーゼ**などの，植物の細胞壁を分解する複数の酵素が関与している．ただし，病原体のこれらの特定の遺伝子を変異させたり破壊しても病原性が低下しないという実験結果も多い．これは，病原体ゲノム中に類似遺伝子が重複して存在していて，そのうちの一つの遺伝子を破壊しても，その機能が他の遺伝子の産物により補われるためと考えられる．クチナーゼは多くの病原菌で分泌が認められていて，クチクラ侵入に重要な役割を果たすと考えられる．おもに植物細胞の接着部に分布するペクチンを分解するペクチナーゼには切断活性が異なる多くの種類があり，病原菌の侵入直後の隣接細胞への侵入や細胞間隙への蔓延，さらに炭素源の確保に必要と考えられる．細胞壁の主成分であるセルロースの分解にも，複数のセルラーゼが働いている．

クチナーゼ cutinase
ペクチナーゼ pectinase
セルラーゼ cellulase

17・3 抵抗性抑止力

宿主の抵抗性に打ち勝つ性質は，**抵抗性抑止力**である．次章で解説するように，植物は病原体による感染に対してさまざまな抵抗機構によって防御しているが，病原体はそれらに打ち勝って宿主に侵入し，感染，発病を果たす．この抵抗性抑止力には，抗菌物質の解毒，サプレッサー，宿主特異的毒素の三つが重要である．

抗菌物質の解毒は，植物がもつ抗菌物質を解毒して，化学的障壁を除去しようとするものである．§18・2で説明するように，植物には組織中に先在性抗菌物質を含んでいて，それによって病原体の感染を抑止しているものが多い．エンバクの根にはアベナシンA-1という**サポニン**が含まれるが，エンバク立枯病菌はアベナシンA-1を分解する酵素をもっていて，この働きによりエンバクに感染できる．同一種であってもコムギ菌はこの酵素をもたないため，エンバクに感染できない．また，エンバク菌でもアベナシンA-1分解酵素の遺伝子を破壊した変異株はエンバクに感染できなくなる．一方，アベナシンA-1を生産できないエンバクの変異株には，コムギ菌でも感染できる．これらから，アベナシンA-1の分解がエンバク立枯病菌の病原性のおもな決定因子であることがわかる．トマト白星病菌(しらほしびょうきん)なども，トマトがもつα-トマチンというサポニンを分解する酵素をもつ．

サポニン saponin

ファイトアレキシン phytoalexin

植物が病原体の感染後に合成して蓄積する低分子抗菌性化合物である**ファイトアレキシンの解毒**も，抵抗性抑止力の重要な要素である．エンドウ根腐病菌は，ピサチン脱メチル化酵素によってエンドウのファイトアレキシンであるピサチンを脱メチル化して解毒し，エンドウへの感染を成立させる*．

*実際にはファイトアレキシンに感受性でありながら宿主に感染できる病原菌もあり，感染の成立には動的抵抗性の全般を抑制することが重要と考えられる．

サプレッサー suppressor

サプレッサーは，病原菌が生産する毒素とは異なる宿主特異的な抵抗性抑制因子である．これらは病原菌の培養沪液，胞子懸濁液や菌体磨砕液から見つかっており，病原体が放出するエリシターによって誘導される動的抵抗性を種または品種特異的に抑制する．サプレッサーは糖，ペプチド，あるいは両者を含む水溶性の物質で，植物に対する毒性はほとんど認められない．

ジャガイモ疫病菌が生産するサプレッサーは水溶性のグルカンで，宿主による過敏感反応やファイトアレキシン生産を抑制する．エンドウ褐紋病菌(かつもんびょうきん)は胞子発芽液中に，エンドウのファイトアレキシンであるピサチンの生合成を誘導するエリシターを分泌するが，同時にピサチンの作用を中和するサプレッサーも分泌する．エンドウ褐紋病菌のサプレッサーの作用は，宿主細胞の細胞膜の ATPase の阻害であることが明らかになった．なお，サプレッサーの抵抗性抑止作用はサプレッサーを生産する病原菌の宿主範囲と一致していることから，サプレッサーはこれらの病原体における宿主特異性ならびに基本的親和性の決定因子であることがわかる．

RNA サイレンシング RNA silencing

植物はウイルス感染などに対する防御機構として **RNA サイレンシング**を発達させているが，RNA ウイルスの多くは RNA サイレンシングを抑制するサプレッサーとして働くタンパク質を発現していることが明らかになった．これらのタンパク質は多様で，*Potyvirus* 属ウイルスの HC-Pro タンパク質は二本鎖 RNA の断片化までの過程を抑制するが，ジャガイモ X ウイルス（PVX）の p25 タンパク質やキュウリモザイクウイルス（CMV）の 2b タンパク質はサイレンシングシグナルが全身に移行するのを抑制する（図 18・4 参照）．

宿主特異的毒素 host-specific toxin

宿主特異的毒素（HST）は *Alternaria* 属，*Cochliobolus* 属などの病原菌が胞子発芽時に放出するもので，特定の宿主植物や品種にのみ働き，非宿主や抵抗性品種には毒性を示さない毒素である．宿主特異的毒素には，1) 宿主植物だけに毒性を

表 17・2　おもな宿主特異的毒素

毒 素	病 原 体	宿主(罹病性)
AK 毒素	ナシ黒斑病菌 *Alternaria alternata* Japanese pear pathotype	日本ナシ(二十世紀, 新水など)
AM 毒素	リンゴ斑点落葉病菌 *Alternaria alternata* apple pathotype	リンゴ(インド, デリシャス系統)
AL 毒素	トマトアルターナリア茎枯病 *Alternaria alternata* tomato pathotype	トマト(ファースト, アーリーパーク 7 など)
AF 毒素	イチゴ黒斑病 *Alternaria alternata* strawberry pathotype	イチゴ(盛岡 16 号, ロビンソン)
HV 毒素	エンバク Victoria blight 病菌 *Cochliobolus victoriae*	エンバク(ビクトリア系統)
HC 毒素	トウモロコシ北方斑点病菌 *Cochliobolus carbonum* race 1	トウモロコシ(K-44, K-61 など)
HMT 毒素	トウモロコシごま葉枯病菌 *Cochliobolus heterostrophus* race T	トウモロコシ(T 型雄性不稔細胞質系統)
HS 毒素	サトウキビ眼点病菌 *Cochliobolus sacchari*	サトウキビ(51-NG97 など)
PC 毒素	モロコシ milo 病菌 *Periconia circinata*	モロコシ(ジャイアントマイロ)

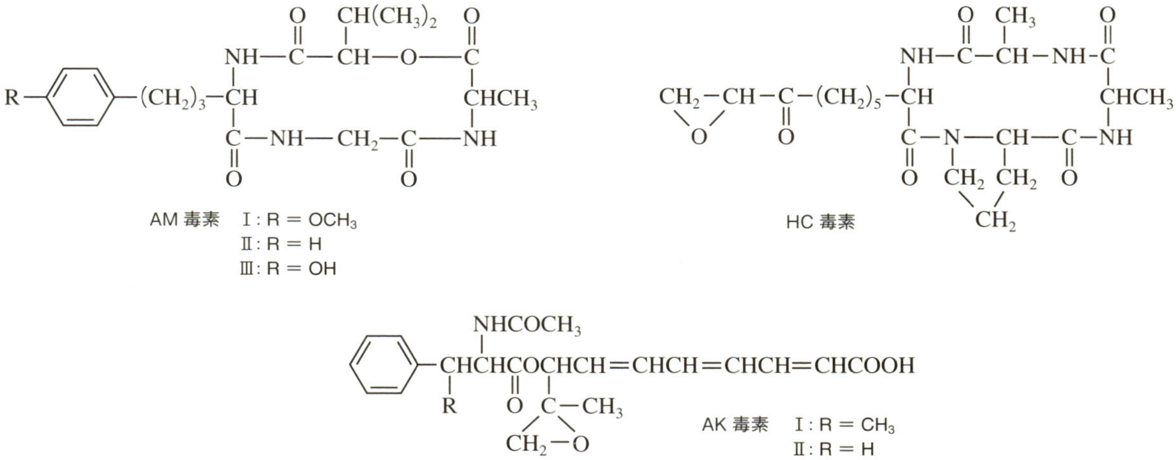

AM 毒素　I : R = OCH_3
II : R = H
III : R = OH

HC 毒素

AK 毒素　I : R = CH_3
II : R = H

図 17・1　宿主特異的毒素 AM 毒素，HC 毒素，AK 毒素の構造

示すこと，2) 病原菌の毒素生産能と病原性とが一致すること，3) 植物の毒素耐性と抵抗性とが一致すること，4) 毒素は病原菌の胞子の発芽時に生産，放出されること，5) 毒素は宿主細胞に生理的変化を起こし，病原菌に感染が可能な状態にすること，などの特徴がある．これらの病原体では宿主特異的毒素がおもな病原性決定因子であり，基本的親和性の因子である（図 17・1，表 17・2）．これらの構造は多様であり，作用点は細胞膜，ミトコンドリア，葉緑体などにある．なお，宿主特異的毒素の生合成遺伝子クラスターは宿主菌のゲノムとは独立した小型染色体に座乗しており，病原菌が毒素生産能をもつためには小型染色体が複数必要であることも明らかになっている*．

ナシ黒斑病菌は **AK 毒素**を放出するが，これはナシがエリシターの作用によって生産する感染抑制物質の生合成を阻害する．この毒素はごく低濃度で二十世紀などの罹病性品種に壊死斑を形成する．胞子は抵抗性品種上でも発芽して付着器を形成するが，感染できない．毒素生産能を欠いた変異株は罹病性品種にも感染できなくなる．また，毒素非産生株の発芽胞子に低濃度の毒素を加えると，毒素生産菌の場合と同じように侵入できるようになる．これらの病原菌は毒素の放出によって宿主の抵抗反応を抑制し，病原菌の感染に都合のよい状態をつくり出していることになる．

* *Alternaria* 属では 2 種の毒素をもつ菌株も分離されており，腐生菌であった菌が小型染色体を獲得して病原菌になったと考えられる．

AK 毒素 AK toxin：病原体学名（旧名）の *Alternaria kikuchiana* の属名と種小名の頭文字から命名された．ナシ黒斑病菌の胞子は発芽開始 6 時間後に胞子当たり 0.02 pg の毒素を生産するが，これはナシの数十個の細胞に壊死を起こす毒素量に相当する．1 pg（ピコグラム）は 1^{-12} g で，1 ng（ナノグラム）の 1000 分の 1．

17・4　発　病　力

宿主を加害して病気を起こさせる性質は，**発病力**である．加害因子としては，酵素，毒素，植物ホルモンなどが重要である．

発病力 virulence

加害因子としての**酵素**の多くは加水分解酵素で，菌体外に生産される．これらは，基質が与えられると誘導的に生産される適応酵素である．病原体の侵入や蔓延に利用され，病勢の進展に大きな役割を果たす．野菜類軟腐病菌の加害はおもに，この細菌が生産するペクチナーゼにより感染組織の細胞がばらばらに分離されることによる．イネごま葉枯病菌による黒色病斑の形成には，この菌が生産する強力なポリフェノールオキシダーゼが働いている．木材腐朽菌には材に白色腐朽を起こすものと褐色腐朽を起こすものとがあるが，白色腐朽は腐朽菌がおもにリグニンを分解するために白色のセルロースが残るためであり，褐色腐朽はおもにセルロースを

表 17・3　おもな非特異的毒素と植物ホルモン

毒素・植物ホルモン	構　造	病原体
萎凋や壊死を起こす		
ピリキュロール pyriculol	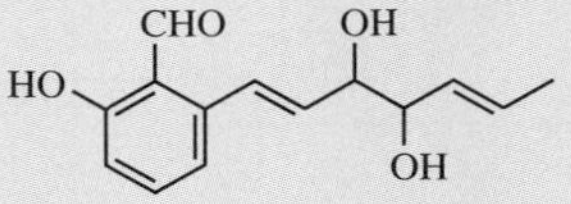 CHO, OH, HO, OH	イネいもち病菌 *Pyricularia oryzae*
テヌアゾン酸 tenuazoic acid	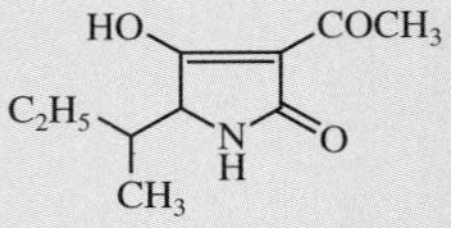 HO, $COCH_3$, C_2H_5, N H, O, CH_3	イネいもち病菌 *Pyricularia oryzae*
オフィオボリン ophiobolin	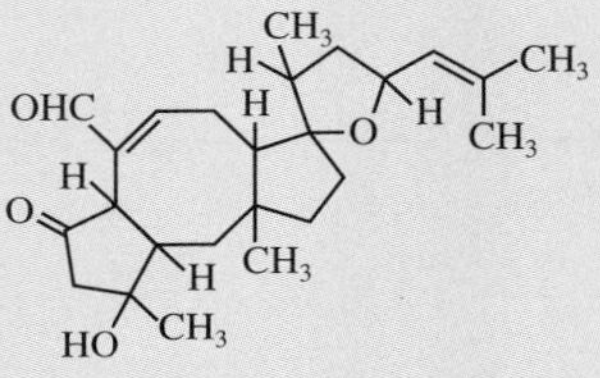 CH_3, H, CH_3, H, OHC, O, H, CH_3, H, O, H, CH_3, HO, CH_3	イネごま葉枯病菌 *Bipolaris oryzae*
フザリン酸 fusaric acid	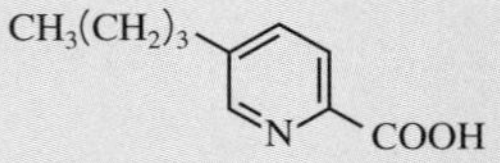 $CH_3(CH_2)_3$, N, COOH	各種のフザリウム萎凋病菌 *Fusarium oxysporum*
タブトキシン tabtoxin	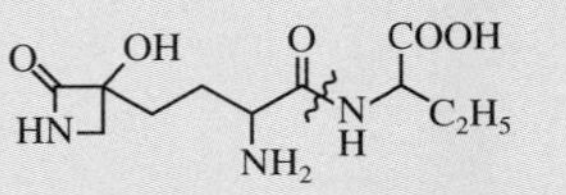 O, OH, O, COOH, HN, NH_2, N H, C_2H_5	タバコ野火病菌 *Pseudomonas syringae* pv. *tabaci*
ファゼオロトキシン phaseolotoxin	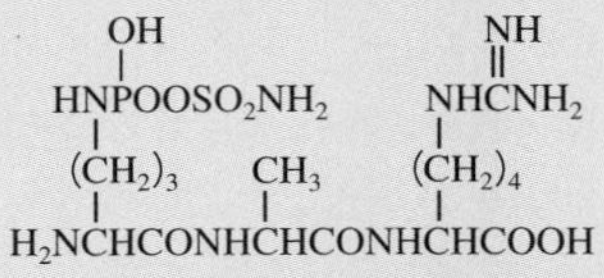 OH / $HNPOOSO_2NH_2$ / $(CH_2)_3$ / NH / $NHCNH_2$ / $(CH_2)_4$ / CH_3 / $H_2NCHCONHCHCONHCHCOOH$	インゲンマメかさ枯病菌 *Pseudomonas syringae* pv. *phaseolicola*
徒長や増生を起こす		
ジベレリン A_3 gibberellin	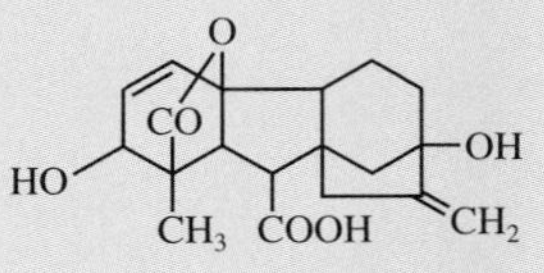 O, CO, HO, OH, CH_3, COOH, CH_2	イネばか苗病菌 *Gibberella fujikuroi*
インドール酢酸 indol acetic acid	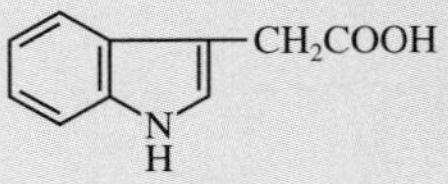 CH_2COOH, N H	根頭がんしゅ病菌 *Rhizobium radiobacter*(Ti)
コロナチン coronatine	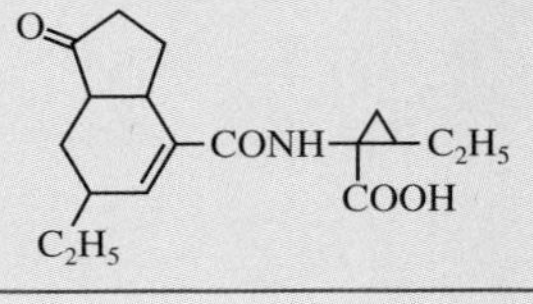 O, CONH, C_2H_5, COOH, C_2H_5	ライグラスかさ枯病菌 *Pseudomonas syringae* pv. *atropurpurea*

分解するために褐色のリグニンが残るためである．

加害因子としての**毒素**には，宿主特異的毒素と非特異的毒素がある．宿主特異的毒素は抵抗性を抑止するとともに，速やかな細胞死をひき起こして組織の壊死を伴う激しい病徴をひき起こす．**非特異的毒素**は，病原菌の宿主以外の植物にも広く作用する毒素である．これらの毒素は病原体の宿主特異性の決定には関与しないが，病徴発現に重要な役割を果たす．病原体が生産する**植物ホルモン**も発病力の重要な因子である．植物ホルモンには宿主植物に徒長，こぶ形成，奇形などを起こすものがある（表17・3）．

毒素 toxin

非特異的毒素 non-specific toxin

植物ホルモン plant hormone

17章　病原体の感染戦略　まとめ

- 病原体が宿主植物に感染して病気を起こす能力を病原性という．
- 病原性は，侵入力，抵抗性抑止力，そして発病力の三つに整理できる．
- 侵入力には物理的な力が重要であるが，細胞壁分解酵素などによる化学的な力も働いている．
- 抵抗性抑止力では，抗菌物質の解毒，動的抵抗性反応を抑制するサプレッサー，宿主特異的毒素の三つが重要である．
- 発病力には，酵素による加害，宿主特異的毒素・非特異的毒素による加害，植物ホルモンによる加害がかかわっている．

18 宿主植物の防御戦略

植物は病原体の感染行動に対してどのようにして防御しているか，詳細をみよう．

18・1 抵抗性とは

抵抗性 resistance

真性抵抗性 true resistance

垂直抵抗性 vertical resistance

圃場抵抗性 field resistance

水平抵抗性 horizontal resistance

QTL：quantitative trait loci (*pl.*)，量的形質遺伝子座

ポリジーン polygene

侵入抵抗性 resistance to penetration

拡大抵抗性 resistance to systemic infection

静的抵抗性 passive resistance, preformed resistance

動的抵抗性 active resistance

誘導抵抗性 induced resistance

局部獲得抵抗性 local acquired resistance

全身獲得抵抗性 systemic acquired resistance

免疫性 immunity

病原体の感染行動に対して，植物はさまざまな手段により防御している．植物の病原体による感染行動に立ち向かう性質を**抵抗性**という．抵抗性についてはさまざまな用語が使われるので，まず，それらを整理しておこう．

植物が品種レベルで示す抵抗性は品種特異的抵抗性であり，一つあるいは少数の遺伝子に支配される比較的効果の大きい抵抗性である．これは，遺伝学的には**真性抵抗性**（**垂直抵抗性**）とよぶ．この品種特異的抵抗性は遺伝子対遺伝子説によって説明され，病原体の非病原性遺伝子と宿主品種の抵抗性遺伝子によって決定されている．これに対して，**圃場抵抗性**（**水平抵抗性**）は複数の遺伝子座の相乗効果によって発揮される品種非特異的抵抗性で，作用は特に大きくはないものの，病原体の系統やレースに左右されることがなく安定性が高いという特徴がある．後者に関連する多数の遺伝子座は，**QTL** あるいは**ポリジーン**という．

感染してくる病原体を植物が迎え撃つ過程でみれば，抵抗性は侵入抵抗性と拡大抵抗性に区別できる．**侵入抵抗性**は病原体による侵入に対する抵抗性で，おもに宿主表皮の硬さや厚さなど，穿孔に対する抵抗性である．これにはワックスや先在性抗菌物質などに加えて，ファイトアレキシンなどがかかわる場合もある．侵入抵抗性は栄養関係が成立するまでの感染の初期過程に働き，感染の成否に大きく影響する．一方，**拡大抵抗性**は病徴の拡大に対する抵抗性であり，病原体が感染成立後に組織内に蔓延する過程に働くもので，病気の進展や繁殖体の形成量の違いとなって現れる．

抵抗性には，植物が常時もつものと病原体による感染を受けた後に発現するものとがある．植物がもともと備えている抵抗性を**静的抵抗性**といい，これは細胞壁の厚さや硬さ，先在性の抗菌物質などによるものである．それに対して，病原体の攻撃に伴って新しく誘導されるものを**動的抵抗性**（**誘導抵抗性**）という．このうち，植物体の一部に誘導されるものは**局部獲得抵抗性**（LAR）といい，植物全体に誘導されるものを**全身獲得抵抗性**（SAR）という．

このほか，抵抗性が完全で，病原体を接種しても全く感染しない場合を**免疫性**という．抵抗性が完全ではないが，感染を受けても病徴が現れないか病徴が軽微で収

量や品質にほとんど影響がないような場合には，**耐病性**という用語を使う．農作物の育種では，この耐病性が重視される．

耐病性 tolerance

病原体の感染に対する植物の抵抗性のおもな要素は，表 18・1 のとおりである．静的抵抗性と動的抵抗性では関与する要素はかなり異なるが，実際の感染の場面では，これらが複雑に協同して働いていると考えられる．

表 18・1　抵抗性のおもな要素

静的抵抗性		動的抵抗性	
構造的障壁	ワックスやクチンなどによる疎水的環境	構造的抵抗反応	パピラ形成
	細胞壁の厚さや硬さ(ケイ酸の蓄積なども含む)		細胞壁の強化
	組織形態(気孔，水孔などの形や大きさなど)	化学的抵抗反応	感染阻害因子の集積
化学的障壁	先在性抗菌物質(フェノール，サポニンなど)		過敏感反応
			ファイトアレキシンの生成
			PR タンパク質の生成
			RNA サイレンシング

18・2 静的抵抗性

静的抵抗性は，病原体による感染の有無に関係なく，植物がもともと備えている抵抗性である．

静的抵抗性の第一の要因は**構造的障壁**で，これには疎水的環境と細胞壁の構造などがある．植物の表面にはワックスやクチンなどがあり，これらが水滴をはじくことにより病原菌類や病原細菌の侵入を妨げる．細胞壁の厚さや硬さも，重要な障壁である．イネいもち病菌やイネごま葉枯病菌はおもにイネの機動細胞から侵入する．機動細胞は表皮細胞に比べてケイ質化が劣るため，病原菌の侵入を受けやすい．そこで，イネなどにケイ酸を肥料として与えると機動細胞の物理的強度を高め，病気に対する抵抗性を増大させることができる．なお，ケイ酸には全身獲得抵抗性を誘導する効果があることも知られている．

機動細胞 motor cell：単子葉植物の葉の水分調整をつかさどる細胞で，葉脈の谷間にある．

また，**組織形態**の違いも重要である．気孔侵入を行う病原菌では，気孔の開閉や構造が侵入の成否に影響する．テンサイ褐斑病菌(かっぱんびょうきん)は胞子から発芽した菌糸が気孔を通って侵入するが，気孔の開閉が侵入の成否を決定する．一方，多くのさび病菌やべと病菌は気孔の上に付着器をつくり，侵入糸が気孔をこじ開けて通過するので，気孔の開閉は侵入の障害にはならない．イネ白葉枯病菌がイネや近縁雑草のサヤヌカグサの水孔に侵入できるのに同属のアシカキの水孔に侵入できないのは，アシカキでは水孔の孔辺細胞の入り口にある突起が大きく，病原細菌の侵入が妨げられるためである．また，種皮や樹皮はリグニン化あるいはコルク化した硬い死細胞からなっているが，これらも病原体の侵入に対する障壁として働いている．

化学的障壁も静的抵抗性の重要な要因である．植物体中にはフェノールやサポニンなどの**ファイトアンティシピン**とよばれる先在性抗菌物質が含まれていることが多い．タマネギ炭疽病菌に抵抗性のタマネギ品種は鱗茎の外皮が橙褐色に着色しているが，この着色物質は**フェノール**のカテコールとプロトカテク酸で，これらが炭

ファイトアンティシピン phytoanticipin：低分子の抗菌物質で，先在性のもの以外に病原体の感染行動に伴って比較的簡単な化学反応によって合成されるものも含まれる．

フェノール phenol

サポニン saponin

疽病菌の胞子発芽を阻害する．ジャガイモなどのソラニン，トマトのトマチン，エンバクのアベナシンなどの**サポニン**も広範囲の植物に含まれており，これらは病原菌の細胞膜にあるエルゴステロールと不溶性の複合体を形成し，膜流動性を喪失させる．このほか，モモ，アンズ，ウメなどの青酸配糖体であるアミグダリン，硫黄化合物であるチオエーテルなども抗菌性を発揮する．また，植物中のフェノールには病原体が分泌するペクチナーゼやセルラーゼなどの酵素を阻害する作用があることも知られている．さらに，トウモロコシ北方斑点病菌レース1に対するトウモロコシの抵抗性のように，植物がもつ酵素が病原菌の宿主特異的毒素を無毒化することによって抵抗性を示す例も知られている．

植物に侵入した病原体は植物成分を栄養源として生育するので，植物成分が病原体の栄養として好適である場合は発病が激しくなる．たとえば，イネいもち病は窒素肥料を多用したイネに激発するが，これはイネ体内にアスパラギン酸，グルタミン酸などの病原菌に好適なアミノ酸が増加するためである．

18・3 動的抵抗性

動的抵抗性は，病原体の感染行動の開始後に植物が活性化させる抵抗性である．動的抵抗性にもいくつかの要素があるが，構造的抵抗反応と化学的抵抗反応の二つに分けて考えることにする（表18・1参照）．

パピラ papilla (-ae)

構造的抵抗反応には，パピラ形成や細胞壁の強化などがある．**パピラ**形成は直接侵入しようとする病原菌に対して植物がとる防御応答の一つで，病原菌の侵入糸が表皮細胞の細胞壁を貫通して細胞質に侵入しようとすると，侵入糸の先端を取巻くようにパピラとよばれる構造ができる（図4・4参照）．これは，侵入部直下の細胞壁と細胞膜の間に多糖であるカロース，ケイ酸などの無機成分やフェノールなどが蓄積してできる構造で，侵入を阻止しようとする抵抗反応である．パピラ周辺の細胞質には大量のアクチンフィラメントが配列し，核や細胞小器官が移動してくることが観察されている．アクチンフィラメントにはPRタンパク質（後述）などが結合しており，抵抗反応に重要な役割を果たしているものと考えられる．

リグニン化 lignification

病原菌が感染した組織では，病原菌菌糸の伸長に先立って柔細胞の細胞壁が**リグニン化**（木化）されることにより強化される．また，細胞壁構成成分のヒドロキシプロリンやプロリンに富む糖タンパク質，また，アラビノキシランのフェルラ酸の架橋重合を促進し，細胞壁を強固にする．これらは病原菌の感染によって生成される活性酸素の働きによるもので，菌糸の蔓延を物理的に阻止する．カロースの蓄積やコルク化も，病原菌の侵入や蔓延に対する動的抵抗反応である．

過敏感反応 hypersensitive response, hypersensitive reaction

ワード H. M. Ward

過敏感細胞死 hypersensitive cell death

＊過敏感細胞死はプログラム細胞死（programmed cell death）の一種で，動物におけるアポトーシス（apoptosis）と同じく，DNA断片化を起こす．

過敏感反応（HR）は，ワードが1902年に褐変したイネ科植物宿主細胞中でさび病菌の生育が止まっていることを観察して発見した．これは，非親和性の病原体に攻撃された植物細胞が示す急激な形態学的，生化学的変化の総称であり，結果として病原体は褐変細胞に封じ込められ，それ以上の感染行動ができなくなる．その後，このような過敏感反応が，多くの菌類，細菌，ウイルスによる感染で認められることが明らかになった．**過敏感細胞死**はこの過敏感反応によって非親和性植物の細胞が急激な死を起こす現象である＊．冨山宏平は1956年に，ジャガイモ切片にジャガイモ疫病菌の非親和性レースを接種すると，病原菌が侵入を開始してから25分後に宿主細胞の原形質流動が停止し，その10分後に細胞死が起こり，やがて侵入菌糸の生育が停止することを示した．12時間後以降には細胞は黒褐色に変色し，侵入した菌も死滅する（図18・1）．その後，この反応は**活性酸素** O_2^- の生成によってひき起こされていることが明らかにされている．過敏感細胞死は液胞の崩壊によってひき起こされるが，最近になってこの反応の中心となる液胞のプロテアーゼが同定された．

活性酸素 active oxygen, superoxide

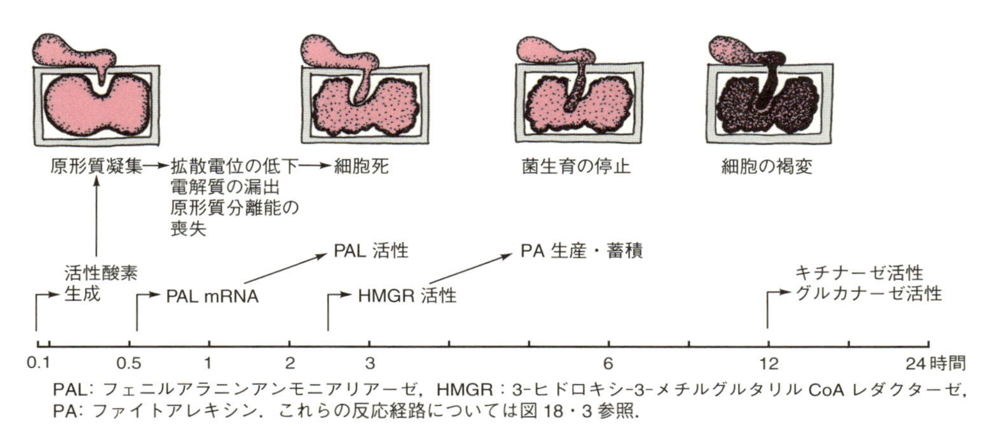

図 18・1　ジャガイモ疫病菌抵抗性ジャガイモ品種における過敏感反応の過程

化学的抵抗反応では，ファイトアレキシンとPRタンパク質が重要である．**ファイトアレキシン**は，病原体の攻撃によって植物体中に新しく生合成される低分子の抗菌物質であり，構造的には多様で，これまでに30科以上の植物で300種以上の生産が知られている（図18・2）．1種の植物が複数のファイトアレキシンを生産することも多い．ファイトアレキシンの生合成は，ある代謝の前駆物質が別の代謝経路に転換されて起こる（図18・3）．

ファイトアレキシン phytoalexin

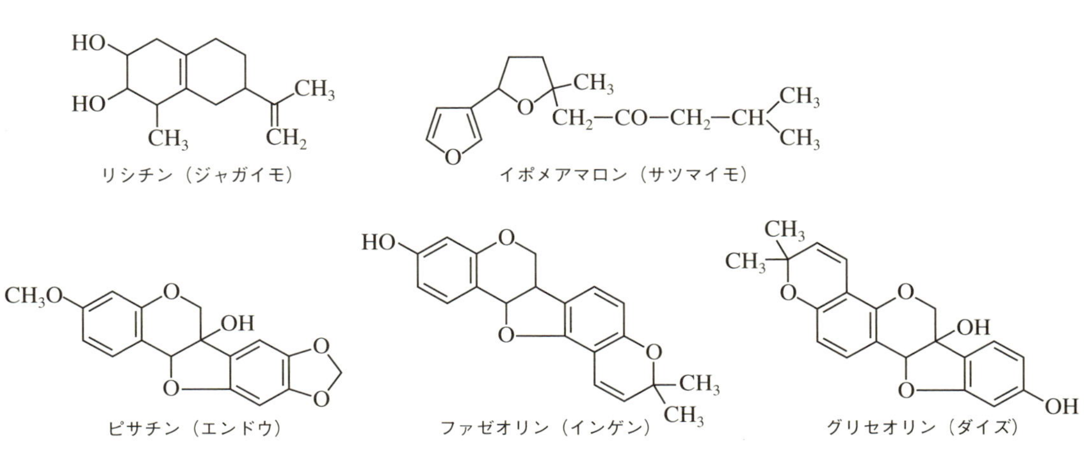

リシチン（ジャガイモ）　イポメアマロン（サツマイモ）

ピサチン（エンドウ）　ファゼオリン（インゲン）　グリセオリン（ダイズ）

図 18・2　おもなファイトアレキシンの構造

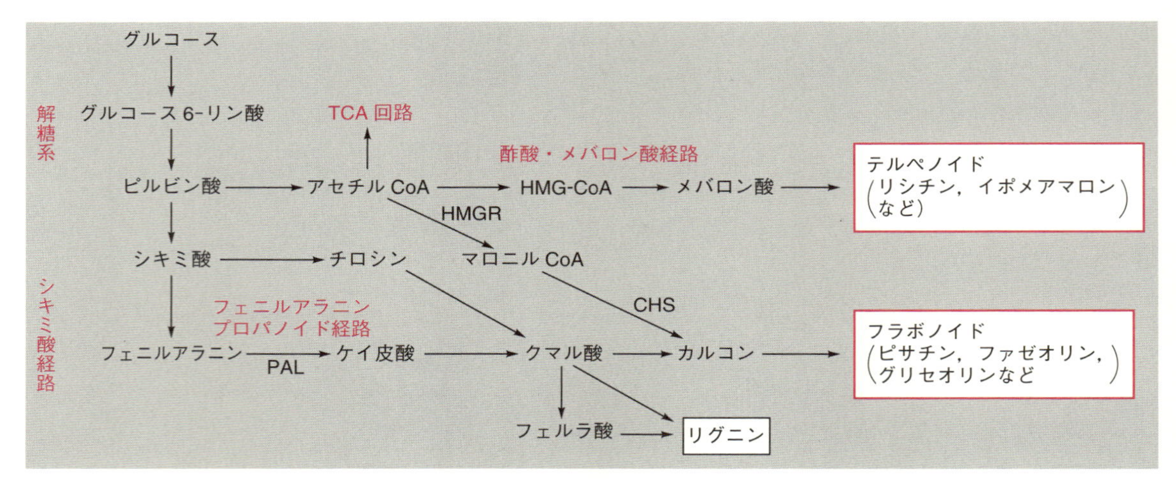

HMG-CoA: 3-ヒドロキシ-3-メチルグルタリル CoA,
HMGR: 3-ヒドロキシ-3-メチルグルタリル CoA レダクターゼ,
CHS: カルコンシンターゼ，PAL: フェニルアラニンアンモニアリアーゼ

図 18・3　おもなファイトアレキシンの生合成経路

ファイトアレキシンは非病原菌や非親和性菌を接種すると，病原菌を接種した場合よりも速く蓄積する．これは感染の成立を阻害するためと考えられ，第一相のファイトアレキシン生産とよぶ．これに対して，親和性の病原菌を接種すると，ファイトアレキシンは感染の成立後に大量に蓄積する場合が多い．これは，病原菌の蔓延を阻害するためと考えられ，第二相のファイトアレキシン生産とよぶ．なお，ファイトアレキシンは植物自身にも毒性があるので，植物は病原体による攻撃を受けた部位の周辺細胞ではファイトアレキシンを分解する．ファイトアレキシン生産は，病原菌だけではなく，ウイルスや化学物質，紫外線などによっても誘導される．

PR タンパク質 pathogenesis-related protein

PR タンパク質は，病原体の感染過程で宿主植物に特異的に発現する抗菌性タンパク質で，これまでに 17 グループが知られている（表 18・2）．塩基性あるいは酸性のキチナーゼやグルカナーゼ，酸性ペルオキシダーゼ，タウマチン様タンパク質，プロテイナーゼインヒビターなどがあり，機能がわかっていないものもある．酸性の PR タンパク質は細胞外へ分泌され，塩基性のものは液胞に蓄積する．β-グルカナーゼ，キチナーゼ，タウマチン様タンパク質などには抗菌性がある．グルカナーゼやキチナーゼは，病原菌の細胞壁からエリシター活性をもつ糖鎖を切り出す．なお，PR タンパク質は全身獲得抵抗性が誘導された植物体内にも蓄積する．PR タンパク質も，病原体による感染だけでなく，エリシターやサリチル酸処理，傷などによっても生成される．

RNA サイレンシング RNA silencing

転写後型ジーンサイレンシング post-transcriptional gene silencing

RNA 干渉 RNA interference

RNA サイレンシングは，真核生物が体内に生じた二本鎖 RNA を塩基配列特異的に分解する機構である．**転写後型ジーンサイレンシング**（PTGS）あるいは **RNA 干渉**（RNAi）とよばれることもある．この現象は，形質転換により植物体に導入された遺伝子が転写後に分解され，遺伝子産物が生産されない場合があることから発見された．RNA サイレンシングは植物体内に過剰に生じた RNA を分解す

表 18・2　PR タンパク質の分類

ファミリー	代表的なタンパク質	性　質	ファミリー	代表的なタンパク質	性　質
PR-1	タバコ PR-1a	抗菌性	PR-10	パセリ PR-1	RNase 様タンパク質
PR-2	タバコ PR-2	β-1,3-グルカナーゼ	PR-11	タバコ クラスV キチナーゼ	キチナーゼ
PR-3	タバコ P, Q	キチナーゼ	PR-12	ハツカダイコン Rs-AFP3	ディフェンシン
PR-4	タバコ R	キチナーゼ	PR-13	シロイヌナズナ THI2.1	チオニン
PR-5	タバコ S	タウマチン様タンパク質	PR-14	オオムギ LTP4	脂質転移タンパク質
PR-6	トマトインヒビター I	プロテイナーゼインヒビター	PR-15	オオムギ OxOa (germin)	シュウ酸オキシダーゼ
PR-7	トマト P69	エンドプロテイナーゼ	PR-16	オオムギ OxOLP	シュウ酸オキシダーゼ様タンパク質
PR-8	キュウリキチナーゼ	キチナーゼ	PR-17	タバコ PRp27	不明
PR-9	タバコリグニン形成ペルオキシダーゼ	ペルオキシダーゼ			

る機構で，感染植物体内で複製中間体として二本鎖 RNA を形成する RNA ウイルスに対する防御機構の一つとして植物が発達させたと考えられる．植物は二本鎖 RNA を認識すると，Dicer-like タンパク質（DCL）とよばれる特殊な RNA 分解酵素（RNaseⅢ型エンドヌクレアーゼ）により 21〜25 塩基程度の **siRNA**（短鎖干渉 RNA）とよばれる二本鎖 RNA に切断する．siRNA の一方の鎖は **RISC**（RNA 誘導型サイレンシング複合体）とよばれるタンパク質に取込まれ，それが siRNA の配列と相補的な配列をもつ RNA を分解するようになる．DNA ウイルスの場合は mRNA のステムループ部位が，ウイロイドの場合はゲノムの二本鎖 RNA 構造が DCL の標的になる．さらに，siRNA は周辺細胞から全身へサイレンシングシグナルとして広がり，その RNA に対するサイレンシング機構を誘起すると考えられている．一方，植物ウイルスはサプレッサー活性をもつタンパク質をもつことにより RNA サイレンシングに対抗していることが明らかになってきた．たとえば，

siRNA : short interfering RNA の略.

RISC : RNA-induced silencing complex の略.

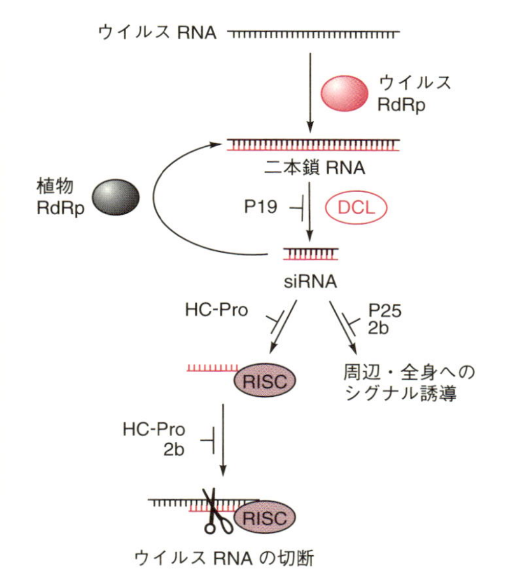

図 18・4　植物の RNA ウイルスに対する RNA サイレンシングのモデル図. RdRp は RNA 依存性 RNA ポリメラーゼ．⊢ 印はそれぞれ，HC-Pro（*Potyvirus* 属 HC-Pro タンパク質），2b（CMV 2b タンパク質），P19（*Tombusvirus* 属 P19 タンパク質），P25（ジャガイモ X ウイルス P25 タンパク質）の推定阻害部位.

Potyvirus 属のヘルパー成分タンパク質（HC-Pro，§5・3参照）は siRNA の蓄積と RISC による RNA 切断を阻害し，ジャガイモ X ウイルスの P25 タンパク質は siRNA シグナルの全身移行を抑制することにより RNA 分解の程度を低下させると考えられている（図 18・4）．

マイクロ RNA microRNA

なお，植物は siRNA とよく似た **miRNA**（マイクロ RNA）によって発生や分化の制御を行っているが，ウイルスが病徴を起こす機構として，HC-Pro などのサイレンシングサプレッサーが miRNA による制御を撹乱し，奇形や縮葉，生育抑制などの病徴を現す可能性が考えられる．

ウイルス感染における干渉や獲得抵抗性（§9・2参照），弱毒ウイルス（§13・2参照）による強毒ウイルスの感染回避も，同様の機構によるものと考えられる．

18・4 エリシターとシグナル伝達

これまで説明してきたように，植物は病原体の感染行動に応答して多様な防御機構を発動している．次に，この防御システムの引金になるエリシターとシグナル伝達のしくみをみることにする．

エリシター elicitor：微生物と宿主の組合わせによって病原性あるいは抵抗性の反応をもたらすことから，**エフェクター** effector ともよばれるようになった．病原体由来分子パターン pathogen-associated molecular patterns（**PAMPs**），微生物由来分子パターン microbe-associated molecular patterns（**MAMPs**）という用語も使われる．

植物の動的抵抗性を誘導するものは，**エリシター**と総称される．エリシターという用語は初期にはファイトアレキシンを誘導する物質に対して用いられたが，現在

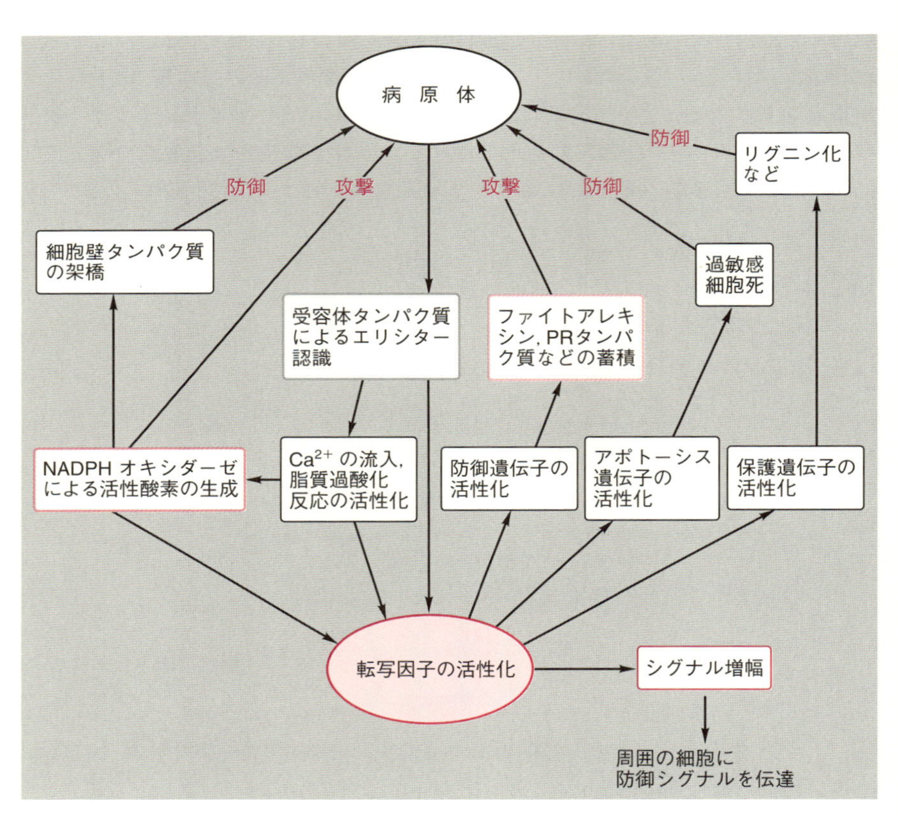

図 18・5 植物の病原体に対する防御応答反応のシグナル伝達経路のモデル

では動的抵抗性を誘導する因子すべてに適用されるようになった．エリシターは多様で，生物的なタンパク質，糖タンパク質，多糖類，グルカン，キチン，糖ペプチド，ペプチド，脂質，毒素，抗生物質などのほか，非生物的な紫外線や重金属，農薬などの合成化合物も含まれる．具体的には，たとえば病原菌類による感染の場合には，病原菌類の細胞壁から分離された多糖類やタンパク質の断片などがエリシターとして働くことが知られている．

一般に，エリシターは植物細胞の表層の**レセプター**（受容体）で認識され，**シグナル伝達経路**を経て動的抵抗性を誘導する．エリシターによる外界からの刺激を細胞内あるいは細胞間に伝えるシグナル伝達分子は二次（セカンド）メッセンジャーとよばれ，カルシウムイオン，サイクリック AMP（cAMP），ジアシルグリセロールなどが知られている．

レセプター receptor

シグナル伝達経路 signal transduction pathway

シグナル伝達の最初の過程は明らかになっていないが，キチナーゼ，ホスファターゼ，G タンパク質などが関与しており，活性酸素と一酸化窒素の生成，防御関連遺伝子の転写因子の活性化が起こる．また，別のシグナル分子の生成を通して，活性酸素，脂質過酸化反応物，安息香酸，サリチル酸，ジャスモン酸，エチレンなどが他の防御関連遺伝子を活性化すると考えられている（図 18・5）．

18・5 抵抗性の全身誘導

植物は病原体による感染を受けると数十分から数時間以内に感染を受けた部位から緊急シグナルを発信し，感染を受けていない部位での防御応答反応を誘導する．菌類，細菌，ウイルスは全身獲得抵抗性を誘導するが，同様の現象は昆虫による食害と物理的な傷害による傷害誘導全身抵抗性の誘導や，非病原性根圏微生物による誘導全身抵抗性の誘導がある．これらの全身誘導抵抗性のシグナル伝達経路は，おもにシロイヌナズナでの解析によりおおよそのしくみが明らかになった（図 18・6）．

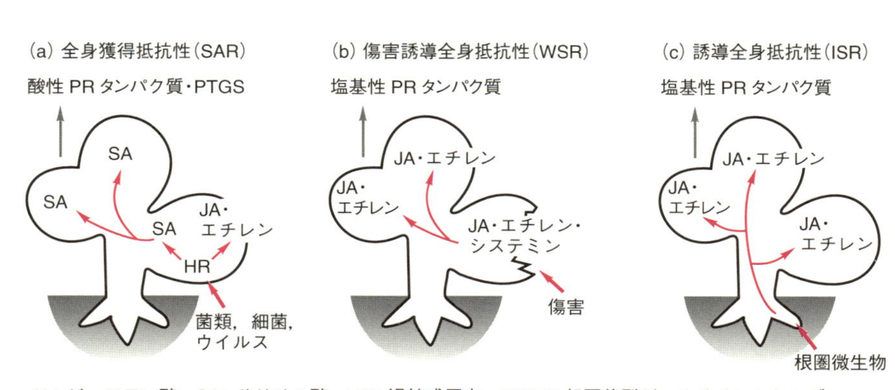

図 18・6 全身誘導抵抗性のシグナル伝達

菌類や細菌，ウイルスが抵抗性植物の一部に感染すると，**全身獲得抵抗性**（SAR）を誘導する．SAR の誘導には病原体の感染によって最初に**過敏感反応**が起こるか，病徴の一部としてえそ斑が形成される必要がある．これにより感染葉では**サリチル**

サリチル酸 salicylic acid．植物体中ではサリチル酸メチル methyl salicylate（MeSA）の形で移動する．

酸（SA）の濃度が高まり，これが篩管を経由して全身に運ばれ，酸性PRタンパク質が蓄積して菌類や細菌による感染に抵抗する．また，SAはRNAサイレンシングを誘導し，ウイルスに対する抵抗性を高める．プロベナゾールなどの化学物質はSARを誘導することにより，農薬としての活性を示すことが知られている．なお，SARが誘導される植物でも，感染葉では次の傷害誘導抵抗性と同様な機構により塩基性PRタンパク質が産生され，SA経由の抵抗反応とあわせて**局部獲得抵抗性**とよばれる抵抗性を示す．

ジャスモン酸 jasmonic acid
システミン systemin
エチレン ethylene
傷害誘導全身抵抗性 wound-induced systemic resistance

また，植物は一部が草食昆虫による食害などにより傷害を受けると，**ジャスモン酸**（JA），**システミン**，**エチレン**などの濃度が高まり，JAやシステミンが篩管シグナルとなって**傷害誘導全身抵抗性**（WSR）を誘導する．シグナルが到達した全身の組織では，草食昆虫の消化酵素を阻害するプロテイナーゼインヒビター遺伝子の誘導が起こる．また，傷口ができると病原体による攻撃も受けやすくなるため，同時に全身的に塩基性PRタンパク質の蓄積が起こり，抵抗性の状態になる．

誘導全身抵抗性 induced systemic resistance

一方，非病原性の根圏微生物が植物の根に共生すると**誘導全身抵抗性**（ISR）が誘導されるが，これにはSAは関与しないのでSARとは区別される．ISRにより全身の組織でJAとエチレンの濃度が高まり，塩基性PRタンパク質の蓄積が起こり，WSRの場合と同様な抵抗性の状態になる．

18章 宿主植物の防御戦略 まとめ

- 植物の病原体による感染行動に立ち向かう性質を抵抗性という．
- 植物の病原体に対する抵抗性には，植物がもともと備えている静的抵抗性と病原体の感染によって誘導される動的抵抗性とがある．
- 静的抵抗性は，ワックスやクチンなどによる疎水性環境，細胞壁の厚さや硬さなどの構造的障壁と，フェノール，サポニンなどの先在性抗菌物質による化学的障壁などからなる．
- 動的抵抗性は，パピラ形成や細胞壁の強化などの構造的反応と，感染阻害因子の集積，過敏感反応，ファイトアレキシンの生成，PRタンパク質の生成，RNAサイレンシングなどの化学的反応からなる．
- 動的抵抗性はエリシターにより誘導され，複雑な情報伝達経路を経て発現する．
- 病原体による感染を受けた抵抗性植物は全身獲得抵抗性を誘導し，感染を受けていない部位をも保護する．

19

病原性関連遺伝子の解析と耐病性植物の作出

植物の抵抗性遺伝子が単離され，さまざまな遺伝子を導入した耐病性植物も作出されている．

19・1　病原性・抵抗性関連遺伝子の解析

1990 年代になると，トランスポゾンタギング法やポジショナルクローニング法などのさまざまな遺伝子単離技術が利用できるようになり，病原体に対する**抵抗性遺伝子**（*R* 遺伝子）が次つぎと植物から分離されるようになった（表 19・1）．植

抵抗性遺伝子 resistance gene
R 遺伝子 *R* gene

表 19・1　おもな抵抗性遺伝子が単離された植物，病原体，非病原性遺伝子†

R 遺伝子	植　物	病 原 体	*AVR* 遺伝子
PRS2	シロイヌナズナ	トマト斑点細菌病菌（細菌）	*avrRpt2*
PRM1	シロイヌナズナ	アブラナ科植物黒斑細菌病菌（細菌）	*avrRpm1*, *avrB*
RCY1	シロイヌナズナ	キュウリモザイクウイルス（ウイルス）	外被タンパク質
N	タバコ	タバコモザイクウイルス（ウイルス）	複製酵素
L6	アマ	アマさび病菌（菌類）	*AL6*
RPP5	シロイヌナズナ	アブラナ科植物べと病菌（菌類）	*avrRpp5*
Pto	トマト	トマト斑点細菌病菌（細菌）	*avrPto*
Xa21	イネ	イネ白葉枯病菌（細菌）	？
Cf-9	トマト	トマト葉かび病菌（菌類）	*Avr9*

† 非病原性遺伝子を菌類では *AVR*，細菌では *avr* と表記する．

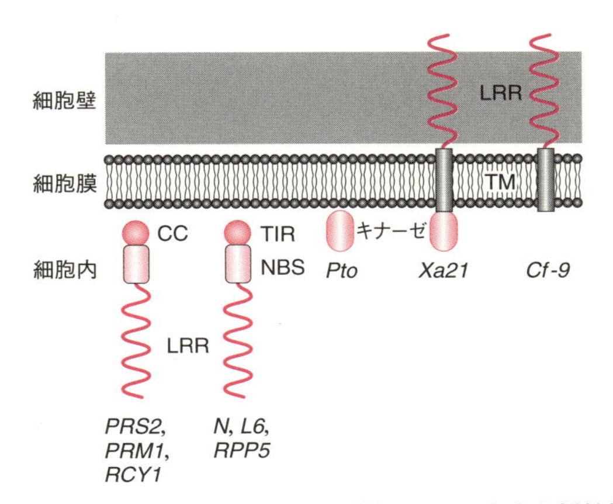

ドメイン	名　称	機　能
LRR	ロイシンリッチリピート	タンパク質どうしの結合
TM	膜貫通ドメイン	膜貫通
CC	コイルドコイルドメイン（ロイシンジッパー）	DNA との結合
TIR	Toll/インターロイキン 1 抵抗性ドメイン	ショウジョウバエ Toll タンパク質の細胞質シグナルドメイン，哺乳類のインターロイキン 1 受容体・Toll 様受容体に似ていて，免疫反応に関与
NBS	ヌクレオチド結合部位	ヌクレオチド結合
キナーゼ	Ser/Thr プロテインキナーゼ	細胞内タンパク質の調節

図 19・1　おもな抵抗性遺伝子産物の構造およびドメインの機能

ドメイン domain：タンパク質中で明確な三次元構造が区別され，特徴的な機能をもつ領域．特定の機能を担う共通アミノ酸配列はモチーフ(motif)とよばれる．

非病原性遺伝子 avirulence gene

AVR 遺伝子 *AVR* gene

hrp 遺伝子群 hypersensitive response and pathogenicity genes(*pl.*)．病原細菌のプラスミド上にある場合もある．

Ⅲ型分泌機構 type Ⅲ secretion

物から単離されたおもな抵抗性遺伝子を，遺伝子産物の**ドメイン**の特徴から分類すると，図 19・1 のようになる．これらのドメイン構造により，植物のレース品種特異性における病原体と宿主植物の間の認識機構が具体的に解析されるようになってきた．これらの抵抗性遺伝子に対応する病原体側の**非病原性遺伝子**（*AVR* 遺伝子）も明らかにされつつある．

また，抵抗性遺伝子以外の病原性に関係する遺伝子の単離やそれらの解析も進んできた．ほとんどのグラム陰性植物病原細菌がもつ ***hrp* 遺伝子群**は多くの遺伝子からなり，非宿主植物への過敏感反応の誘導と宿主植物への病原性の発現の両方の反応に必要である．病原細菌の DNA 上には 20 以上の *hrp* 遺伝子が連続して並んでおり，エリシタータンパク質や *avr* 遺伝子産物を病原細菌から植物細胞内へ送り込むための**Ⅲ型分泌機構**とよばれる管状装置を構成するタンパク質や *hrp* 遺伝子群の生産制御タンパク質などをコードしている（図 19・2）．

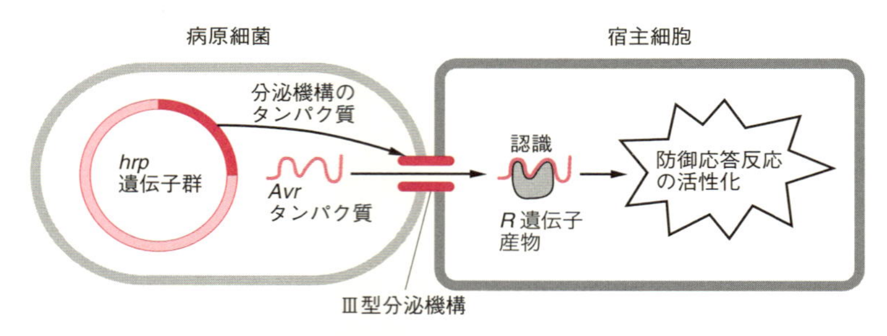

図 19・2 植物病原細菌のⅢ型分泌機構を利用した病原性関連タンパク質の輸送

19・2 遺伝子組換え技術による耐病性植物の作出

ビーチー R. N. Beachy

アグロバクテリウム法などにより植物への人工的な遺伝子導入が可能になると，形質転換による耐病性植物の作出が，さまざまな方法により試みられてきた．最初の成功例は，1986 年のビーチーらによるタバコモザイクウイルス（TMV）外被タンパク質遺伝子の導入による TMV 抵抗性タバコの作出であった．現在では，耐病性植物として実用化されているものもある．代表的なものを表 19・2 に示す．

菌類病耐病性植物では，病原菌類の細胞壁を分解する溶菌酵素や PR タンパク質，ファイトアレキシン合成遺伝子などが導入され，抵抗性植物が得られている．菌類のリボソームに対して働く不活化タンパク質や植物がもつ抗菌性ペプチドの遺伝子導入でも，抵抗性が認められている．抵抗性遺伝子 *Cf-9* をもつトマト品種に *Avr9* 遺伝子を導入すると，*Avr9* をもたないトマト葉かび病菌のレースに対しても感染を受けると過敏感反応が誘導されるようになった．

細菌病耐病性植物では，抵抗性遺伝子のほか，溶菌酵素などが導入されている．抵抗性遺伝子 *Xa21* を感受性イネ品種に導入することにより，イネ白葉枯病菌のほとんどのレースに強い抵抗性を示す耐病性イネがつくられている．病原細菌が分泌する毒素を解毒する酵素の遺伝子の導入により，タバコ野火病などに対する抵抗性植物が得られている．また，毒素が標的とする酵素に毒素耐性をもたせる遺伝子を導入して，インゲンマメかさ枯病菌に対する抵抗性植物がつくられた．昆虫由来の抗細菌性ペプチド遺伝子による抵抗性植物もつくられている．

ウイルス病に対しては，外被タンパク質（CP），複製酵素，移行タンパク質などの遺伝子を導入して，抵抗性植物がつくられている．CP 遺伝子導入植物では，植物細胞で発現している CP が感染を試みるウイルスの脱外被を阻害するものと考えられていたが，その後 CP 以外の遺伝子の導入やタンパク質を翻訳しない領域の遺伝子を導入しても抵抗性個体が得られることがあることから，抵抗性の発現には RNA サイレンシングがかかわっていると考えられるようになった．カボチャでは，CP

表 19・2 遺伝子導入により作出された耐病性植物の例†

導入遺伝子	植物	対象病原
A. 菌類病耐病性植物		
溶菌酵素		
インゲンマメキチナーゼ	タバコ	腰折病菌
イネキチナーゼ	イチゴ	うどんこ病菌
ダイズ β-1,3-グルカナーゼ	タバコ	疫病菌，赤星病菌
ヒトリゾチーム	タバコ	うどんこ病菌
PR タンパク質		
タバコ PR-1a	タバコ	疫病菌
ファイトアレキシン合成遺伝子		
ブドウスチルベンシンターゼ	タバコ	灰色かび病菌
ブドウスチルベンシンターゼ	イネ	いもち病菌
シグナル伝達経路遺伝子		
ダイズエリシター結合タンパク質	タバコ	疫病菌
ダイズカルモジュリン	タバコ	疫病菌
リボソーム不活化タンパク質		
オオムギリボソーム不活化タンパク質	タバコ	腰折病菌
抗菌性ペプチド		
ハツカダイコンディフェンシン	タバコ	赤星病菌
非病原性遺伝子		
Avr9	トマト	葉かび病菌
B. 細菌病耐病性植物		
抵抗性遺伝子		
トマト *Pto*	タバコ	野火病菌
イネ *Xa21*	イネ	白葉枯病菌
溶菌酵素		
バクテリオファージ T4 リゾチーム	ジャガイモ	黒あし病菌
ヒトリゾチーム	タバコ	野火病菌
解毒酵素		
タブトキシンアセチルトランスフェラーゼ	タバコ	野火病菌
毒素耐性標的酵素		
ファゼオロトキシン耐性オルニチンカルバミルトランスフェラーゼ	インゲンマメ	かさ枯病菌
抗菌性ペプチド		
昆虫セクロピン B 類縁体	タバコ	立枯病菌
エンバクチオニン	イネ	苗立枯細菌病菌

表 19・2 (つづき)

導入遺伝子	植物	対象病原
C. ウイルス病耐病性植物		
外被タンパク質(CP)		
TMV CP	タバコ	タバコモザイクウイルス
PRSV CP	パパイア	パパイア輪点ウイルス
CMV CP/WMV CP/ZYMV CP	カボチャ	キュウリモザイクウイルス，カボチャモザイクウイルス，ズッキーニ黄斑モザイクウイルス
複製酵素		
TMV 54K	タバコ	タバコモザイクウイルス
移行タンパク質(MP)		
TMV MP	タバコ	タバコモザイクウイルスほか
サテライト RNA		
CMV サテライト RNA	タバコ	キュウリモザイクウイルス
リボソーム不活化タンパク質		
ヨウシュヤマゴボウリボソーム不活化タンパク質	タバコ	キュウリモザイクウイルスほか
抵抗性遺伝子		
タバコ *N*	タバコ	タバコモザイクウイルス
二本鎖 RNA 分解酵素		
分裂酵母 *pac*I	タバコ	キュウリモザイクウイルスほか

† 西澤洋子ら，化学と生物 **37**: 295−305, 385−392(1999)をもとに作成.

遺伝子を導入して3種のウイルスに対して抵抗性を備えた植物が米国で実用化されている．これらのウイルス遺伝子導入植物による抵抗性は必ずしも安定しないが，パパイア輪点ウイルスのCP遺伝子導入植物は強い抵抗性を示し，米国などで利用されている．一方，**アンチセンス RNA** や抗植物ウイルス抗体遺伝子の導入では，必ずしも期待どおりの抵抗性は得られていない．また，ウイルスCPなどのウイルス遺伝子を導入した植物に近縁のウイルスが感染するとそのウイルスの遺伝子との間で相同組換えが起こって新しいウイルスが生まれる可能性もあるので，この問題に対しても注意する必要がある．ユニークなものとしては，分裂酵母 *Schizosaccharomyces pombe* がもつ二本鎖 RNA を特異的に切断する酵素 *pac*I の遺伝子を導入した植物で，複数のウイルスやウイロイドに対する抵抗性が認められている．

アンチセンス RNA antisense RNA：ウイルス RNA の一部の配列に相補的な配列をもつ RNA.ウイルス RNA と結合して，ウイルス増殖を阻害することが期待される．

以上のように，抵抗性遺伝子などの導入によって病気に対する抵抗性を付与した遺伝子組換え植物が，育種素材として利用され始めた．一般的な実用化までにはかなりの時間が必要であるが，農薬に依存しない防除法の一つとして期待される．ただし，抵抗性遺伝子などの真性抵抗性をターゲットとした遺伝子組換え植物では，病原体側の変異によって容易に罹病化するおそれがあるので，従来型の育種と組合わせて安定な抵抗性をめざす必要がある．

19・3 植物ウイルスのベクターとしての利用

アグロバクテリウム法などによる植物への遺伝子導入では，導入遺伝子は核ゲノムに挿入され，一般に導入遺伝子のコピー数はわずかである．また，導入遺伝子の発現がジーンサイレンシングにより抑制され，期待どおりの遺伝子産物が生産されない場合も多い．それに対して，植物ウイルスはサイレンシングを抑制するサプレッサーを備えているため，感染細胞中で大量に増殖できる．そこで，ウイルスゲノム中に有用遺伝子配列を組込んで植物体内で物質生産を行うことができる**ウイルスベクター**への期待が高まっている．

ウイルスベクター virus vector

これまでに，TMV やジャガイモ X ウイルス（PVX）など多くのウイルスでベクターがつくられている．なかでも PVX ベクターは取扱いが容易で，比較的大きなタンパク質を植物体内でつくることができるため，注目されている．植物ウイルスベクターを利用すると，mRNA から翻訳されるタンパク質は大腸菌内での物質生産の場合とは違って真核生物型に折りたたまれ糖修飾を受けるので，医薬ペプチドやワクチン生産のための抗原ペプチド生産などに利用できる．また，ウイルスベクターによる植物体内での物質生産では，動物の培養細胞や大腸菌，組換え植物などを使う場合と比べると，きわめて低コストで安全なタンパク質が生産できる．

一部のウイルスベクターは作物育種への応用も可能である．たとえば，リンゴ小球形潜在ウイルスベクターに開花促進遺伝子を組込んでリンゴ幼苗に導入すると，そのリンゴは 45 日後に開花し，6 カ月後には種子が得られた．この方法を使うと，通常は 5〜12 年が必要なリンゴの 1 世代を 1 年以内に短縮でき，短期間で育種できることになる．

PVX ベクターなどのウイルスベクターは，植物の遺伝子の機能解析にも広く利用されている．ウイルスベクターに植物遺伝子あるいはその断片を挿入して植物体内で増殖させると導入遺伝子と相同配列をもつ植物の内生遺伝子の mRNA 活性が減少し，植物の表現型が変化する．これは**ウイルス誘導型ジーンサイレンシング**（VIGS）とよばれ，植物遺伝子の機能解析に欠かせない技術になっている．

ウイルス誘導型ジーンサイレンシング virus-induced gene silencing

19 章　病原性関連遺伝子の解析と耐病性植物の作出　まとめ

- 植物の多くの抵抗性遺伝子が単離され，遺伝子産物の構造も解析されるようになった．
- 植物病原細菌の *hrp* 遺伝子群などの病原性関連遺伝子の解析も進んでいる．
- 溶菌酵素や PR タンパク質，ファイトアレキシン合成遺伝子，ウイルス外被タンパク質遺伝子など，さまざまな遺伝子を導入した耐病性植物も作出されている．
- ウイルスをベクターとして利用して，植物体内で医薬ペプチドなどを生産させることもできるようになった．
- ウイルスベクターは，植物遺伝子の機能解析などにも利用される．

付録 A　植物のおもな伝染病*

病原体/病名/病原体学名	病気の概要
ネコブカビ類	
アブラナ科植物根こぶ病［p. 48］ *Plasmodiophora brassicae*	ハクサイ，キャベツなどの根に表面が平滑な大小のこぶをつくり，萎凋や枯死を起こす．絶対寄生．土壌伝染
粉状そうか病 *Spongospora subterranea*	ナス科植物の根にこぶをつくる．ジャガイモでは塊茎に粉状のかさぶたをつくり，組織内部に胞子を生じる．絶対寄生．土壌伝染
卵菌類	
アブラナ科植物白さび病 *Albugo macrospora*	ハクサイ，ダイコン，カブなどの葉に白色で不正形の小斑点を生じ，やがて皮膜が破れて白色の分生胞子を飛散する．絶対寄生
ダイコン根くびれ病 *Aphanomyces raphani*	苗では立枯れを起こす．成植物では肥大根部に黒色のくびれを生じ，商品価値を著しく損なう．土壌伝染
ジャガイモ疫病［p. 49］ *Phytophthora infestans*	下葉に暗褐色で水浸状の病斑をつくり，わた毛状のかびを生じて軟化腐敗させ，大きな被害を与える
ウリ類べと病［p. 50］ *Pseudoperonospora cubensis*	キュウリ，カボチャ，スイカなどの葉に葉脈に囲まれた黄色で角形の病斑をつくり，裏面にわた毛状のかびを生じる．絶対寄生
野菜類苗立枯病 *Pythium* spp.	多くの野菜類に発生し，苗立枯れや出芽前の種子の腐敗，成植物の根腐れなどを起こす．土壌伝染
イネ黄化萎縮病 *Sclerophthora macrospora*	株全体が黄化して萎縮する．病葉に白いかすり状の斑点ができることがある．水田水で伝染
ツボカビ類	
ソラマメ火ぶくれ病 *Olpidium viciae*	葉や茎に表面がざらついた淡褐色の小さなこぶをつくる．絶対寄生．土壌伝染
クズ赤渋病 *Synchytrium minutum*	葉や茎に黄色のこぶをつくり，内部に多数の胞子のうを生じる．絶対寄生
ケカビ類	
イネ苗立枯病 *Rhizopus chinensis* など	育苗箱の出芽直後のもみの周辺に白いかびが現れ，床土全面を覆うようになる．*R. chinensis* は毒素を生産し，根の伸長や肥大を抑制する
サツマイモ軟腐病 *Rhizopus stolonifer*	おもに貯蔵中の塊根に発生し，暗褐色で水浸状の病斑をつくる．軟化腐敗し，アルコール発酵臭を放つ
子のう菌類	
オオムギうどんこ病 *Blumeria graminis* f. sp. *hordei* (*Erysiphe graminis* f. sp. *hordei*) コムギうどんこ病 *Blumeria graminis* f. sp. *tritici* (*Erysiphe graminis* f. sp. *tritici*)	葉や葉鞘，茎などにうどん粉を振りかけたような病斑ができる．病斑が融合すると，表面がマット状の菌叢で覆われるようになる．絶対寄生
サツマイモ黒斑病 *Ceratocystis fimbriata*	おもに貯蔵中の塊根に発生し，塊根の表面に黒色で円形の病斑をつくり，その中央に短い黒い毛のような子のう殻を形成する．土壌伝染
ムギ類麦角病 *Claviceps purpurea* var. *purpurea*	穂にヒトや動物に有害な毒素（アルカロイド）を含む，角状に突出する黒い菌核をつくる．種子伝染．花器伝染
イネ稲こうじ病 *Claviceps virens* (A : *Ustilaginoidea virens*)	もみのみに発生し，黒い団子状の菌核をつくる．昆虫の内部寄生菌（冬虫夏草類）や植物の植物内生菌も近縁

* ウイルス・ウイロイド・線虫類については，病原体和名/病原体学名．（ ）内 A : アナモルフ名，T : テレモルフ名．無印は別名．本文にある病気は［ ］内に解説ページを示す．

付録 A（つづき）

病原体/病名/病原体学名	病気の概要
トウモロコシ北方斑点病 *Cochliobolus carbonum* （A：*Bipolaris zeicola*）	葉に灰白色で周囲が暗褐色の小斑点を生じる．冷涼地で被害が大きい
トウモロコシごま葉枯病 *Cochliobolus heterostrophus* （A：*Bipolaris maydis*）	トウモロコシの最も重要な菌類病で，葉に淡褐色で周囲が濃色の小斑点を生じる．多発すると植物体全体が枯死する
クリ胴枯病 *Cryphonectria parasitica*	おもに幹や枝に発生する．樹皮が赤褐色に変色してややくぼみ，やがて病原菌の子座の突起が現れてさめ肌状になる
カンキツ黒点病 *Diaporthe citri*	葉，枝，果実に黒色の小斑点，涙状や泥塊状の病斑を生じる．果実に発生すると商品価値を著しく低下させる
カンキツそうか病 *Elsinoe fawcetti*	新葉や幼果に小斑点を生じ，それが隆起してかさぶた状になる
ムギ類立枯病 *Gaeumannomyces graminis* var. *tritici*	オオムギ，コムギなどの根と地際部に発生する．罹病株は生育が悪くなり，立枯れを起こす．土壌伝染
イネばか苗病 *Gibberella fujikuroi* （A：*Fusarium moniliforme*）	箱育苗，畑苗代，本田で発生する．病原菌はジベレリンを生産し，宿主を黄化，徒長させる．種子伝染
ムギ類赤かび病 *Gibberella zeae* （A：*Fusarium graminearum*）	オオムギ，コムギのおもに穂に発生し，穂の一部あるいは全体が赤褐色になる．系統によりマイコトキシン（デオキシニバレノール）を生産し，ヒトや動物に中毒を起こす
リンゴモニリア病 *Monilinia mali*	リンゴの重要な病気で，葉，花，幼果に初めは褐色の小斑点を生じ，葉脈を通じて褐変が広がり，葉腐れや実腐れを起こす
エンドウ褐紋病 *Mycosphaerella pinodes*	葉，茎，さやなどに，内部が黒褐色で周囲が淡褐色の 2〜3 層の同心円状の輪紋病斑をつくる
ムギ類雪腐大粒菌核病 *Myriosclerotinia borealis*	積雪下の茎葉に発生し，融雪後の茎葉は灰白色になって枯死する．被害部に，黒色で大型のネズミ糞状の菌核をつくる
ニレ立枯病 *Ophiostoma ulmi*, *O. novo-ulmi*	葉が突然萎凋し，褐変し，やがて落葉して枯死する．キクイムシ伝搬
ウリ類うどんこ病［p. 53］ *Podosphaera xanthii*（*Sphaerotheca cucurbitae*，A：*Oidium citrulli*）	キュウリ，カボチャ，スイカなどの葉にうどん粉を振りかけたような病斑ができ，やがて枯死する．絶対寄生
白紋羽病 *Rosellinia necatrix*	カンキツ，リンゴ，ナシ，ブドウ，モモなどに発生し，罹病根などの上に白色ビロード状の菌糸膜をつくる．罹病根に菌糸束を形成する．土壌伝染
クローバ類菌核病 *Sclerotinia trifoliorum*	アカクローバ，シロクローバ，アルファルファなどの茎葉を腐敗，枯死させる．被害部には白色わた毛状のかびが見られ，黒色でネズミ糞状の菌核を生じる
モモ縮葉病［p. 52］ *Taphrina deformans*	おもに新葉に紅色や淡黄色の小形の火ぶくれ状病斑を生じる．罹病組織は肥厚や縮葉を起こし，やがて黒変して落葉する
サクラてんぐ巣病 *Taphrina wiesneri*	枝に多くの小枝が密生して生じ，鳥の巣状になる．罹病部位は数年で枯死するため，樹冠の変形，衰退を起こす
リンゴ腐らん病 *Valsa ceratosperma*	枝幹部に発生し，剪定や果実収穫による傷口を中心に樹皮が赤褐色に変色する．さめ肌状の病斑が広がると枝先が枯れる
リンゴ黒星病 *Venturia inaequalis*（A：*Spilocaea pomi*）	葉と果実に感染して黒緑色でかさぶた状の病斑を生じ，大きな被害をもたらす
担子菌類	
ならたけ病 *Armillaria mellea*	果樹や林木などに発生して生育を衰えさせ，りん光を発する黒色の根状菌糸束をつくる．子実体のナラタケは食用になる
マツ類こぶ病 *Cronartium orientale*（*C. quercuum*）	アカマツやクロマツの幹や枝に発生し，罹患部はこぶ状に肥大する．絶対寄生
ツバキもち病 *Exobasidium camelliae*	若い葉にもち状の肥大を起こす．黄緑色の肥大部は白粉に覆われるようになり，その後黒変乾固してミイラ化する
ナシ赤星病 *Gymnosporangium asiaticum*	おもに葉に発生し，初め表面に橙黄色の斑点（さび柄子殻）を生じ，後に裏面に筒状の毛状体（さび胞子層）をつくる．中間宿主はビャクシン類．絶対寄生

付録 A（つづき）

病原体/病名/病原体学名	病気の概要
紫紋羽病 *Helicobasidium mompa*	サツマイモの塊根，カンキツやリンゴなどの根に紫褐色の菌糸束やフェルト状の菌糸膜をつくる．土壌伝染
コーヒーさび病 *Hemileia vastatrix*	コーヒーの最も重要な病気で，葉に橙黄色の病斑を生じる．未熟果を落果させ，品質と収量を大きく低下させる．絶対寄生
バラさび病 *Kuehneola japonica* など	葉などに赤橙色の病斑（夏胞子層）を生じ，後に黒色の病斑（冬胞子層）をつくる．絶対寄生
エンバク冠さび病 *Puccinia coronata*	葉などに橙黄色の病斑（夏胞子層）を生じ，後に黒色の病斑（冬胞子層）をつくる．絶対寄生
キク白さび病 *Puccinia horiana*	おもに葉に発生し，初め乳白色から黄緑色の小斑点を生じ，裏面に淡褐色の隆起した病斑（冬胞子層）をつくる．絶対寄生
ムギ類黒さび病 *Puccinia graminis* オオムギ小さび病 *Puccinia hordei* コムギ赤さび病 *Puccinia recondita* ムギ類黄さび病 *Puccinia striiformis* ［p. 55］	葉などに鉄さび状の病斑（夏胞子層）を生じ，ムギ類の成熟期に黒色の病斑（冬胞子層）をつくる．品質と収量を大きく低下させる．種によって宿主，病徴，中間宿主が異なる．絶対寄生
イネ紋枯病［p. 57］ *Thanatephorus cucumeris* 〔A：*Rhizoctonia solani* AG-1(1A)〕	日本のイネで最も発生面積の大きい病気で，葉や葉鞘に中央部が灰白色で周囲が緑褐色の楕円形の大型病斑を生じ，病斑上に褐色で2〜5 mm の半球状の菌核をつくる
ムギ類雪腐小粒菌核病 *Typhula incarnata*	積雪下の茎葉に発生し，融雪後の茎葉は深緑色になって枯死する．被害部に，褐色で不揃いの菌核をつくる．本病には，黒色で小型の菌核をつくる *T. ishikariensis* によるものもある
インゲンマメさび病 *Uromyces phaseoli* var. *phaseoli* (*U. appendiculatus*)	葉などに初め白色でやがて赤褐色の斑点（夏胞子層）を生じ，後に黒褐色の病斑（冬胞子層）をつくる．絶対寄生
トウモロコシ黒穂病 *Ustilago maydis*	穂に初め白色の膜で覆われた特異な菌こぶを生じ，膜が破れて黒色の黒穂胞子を噴出するようになる．種子伝染，花器伝染
オオムギ裸黒穂病［p. 54］ *Ustilago nuda* コムギ裸黒穂病 *Ustilago nuda*（*U. tritici*）	罹病子実は初めは薄い皮膜に覆われているが，出穂後に黒い黒穂胞子を飛散させ，穂は中軸だけを残すようになる．種子伝染．花器伝染
リンゴ黒星病菌 *Venturia inaequalis* （A：*Spilocaea pomi*）	葉，果実，新梢に黒色の斑点が生じ，果実での被害が特に多い．激発すると落葉する．冷涼多湿条件で多発する
木材腐朽菌（サルノコシカケ類など多くの種がある）	多様な菌によって起こる材を腐朽させる病気で，おもにセルロースを分解する褐色腐朽菌と，おもにリグニンを分解する白色腐朽菌の2群がある
アナモルフ菌類（不完全菌類）[†]	
リンゴ斑点落葉病 *Alternaria alternata* apple pathotype (*Alternaria mali*)	葉，枝，果実に発生する．葉では初めは褐色の小斑点が拡大し，内部が灰白色で周囲が紫褐色の輪紋状病斑になる．多発すると葉は黄変し，落葉する
ナシ黒斑病 *Alternaria alternata* Japanese pear pathotype（*Alternaria kikuchiana*）	日本ナシの二十世紀，新水，早玉などの品種に発生し，葉や果実に感染して，黒色斑点をつくる
イネごま葉枯病 *Bipolaris leesiae* （T：*Cochliobolus miyabeanus*）	葉に中央部が黒褐色で周囲に黄色いかさのある楕円形の病斑をつくる．後に全体が褐変し，枯死する
灰色かび病［p. 59］ *Botrytis cinerea* （T：*Botryotinia fuckeliana*）	イチゴなど多くの野菜，果樹，観賞植物などを侵し，果実などを灰色でわた毛状のかびで覆い，軟化腐敗させる．代表的な貯蔵病
テンサイ褐斑病 *Cercospora beticola*	葉と葉柄に発生し，中央部が淡緑色で周囲が濃褐色の円形病斑を生じ，病斑が拡大して，やがて葉が枯死する

付録 A（つづき）

病原体/病名/病原体学名	病気の概要
ダイズ紫斑病 *Cercospora kikuchii*	葉，茎，さや，子実に発生し，種皮に紫色の斑紋を生じる．発病が激しくなると，品質の著しい低下を起こす．種子伝染
スギ赤枯病 *Cercospora sequoiae*	地面に近い針葉が褐色から暗褐色に変色し，上方に広がる．被害は緑色の主軸に広がり，罹病針葉や小枝の基部を中心に暗褐色の壊死斑ができる
モモ炭疽病 *Colletotrichum gloeosporioides* （T：*Glomerella cingulata*）	果実に丸くへこんだ病斑をつくり，病斑内に淡紅色の胞子塊を生じる．発病した幼果は枝に残り，乾いてミイラ状になる
インゲンマメ炭疽病 *Colletotrichum lindemuthianum* （T：*Glomerella lindemuthianum*）	葉脈に褐色ないし黒褐色のやや陥没した病斑をつくり，被害葉は奇形を起こして脱落する．さやでは内部が暗褐色で周囲が赤褐色の，ややへこんだ病斑をつくる
ウリ類炭疽病 *Colletotrichum orbiculare* （T：*Glomerella orbiculare*）	キュウリ，スイカ，メロンなどの葉，茎，枝，果実に発生し，組織の壊死，枝枯れ，果実の腐敗などを起こす．葉では初め黄褐色で円形の病斑を生じ，古くなると穴があく
キュウリ褐斑病 *Corynespora cassiicola*	葉に初め淡褐色で円形の小斑点が拡大し，中央が灰褐色の不整形の病斑になる．多湿状態では，病斑上に黒褐色のわた毛状のかびを生じる
キュウリつる割病 *Fusarium oxysporum* f. sp. *cucumerinum*	根や茎を侵して萎凋枯死させる．新月形で 1～3 個の隔壁をもつ大型分生胞子と単胞で楕円形の小型分生胞子をつくる．土壌伝染
トマト萎凋病 *Fusarium oxysporum* f. sp. *lycopersici*	下葉から萎凋黄化し，やがて全葉が萎凋して枯死する．病徴がある茎の切断面では導管の褐変がみられるが，乳白色の汁（菌泥）は出ない．土壌伝染
トマト葉かび病 *Passalora fulva* （*Cladosporium fulvum*）	葉の表面に淡黄色の小斑点を生じ，裏面に淡褐色のビロード状のかびを密生する．病勢が進むと菌叢は灰紫色になり，葉が枯死する
カンキツ緑かび病 *Penicillium digitatum* カンキツ青かび病 *Penicillium italicum*	果実に発生し，中央部が青緑色で周囲が白色の菌叢で覆われて腐敗する．果実の表面に感染したわずかな菌が貯蔵中に増殖して被害をもたらす貯蔵病の代表例
ナス褐紋病 *Phomopsis vexans*	葉，茎，果実に発生する．葉には褐色輪紋を生じ，病斑状に黒色の小斑点（分生子殻）をつくる．果実には褐色輪紋状の大型のくぼんだ病斑を生じる．土壌伝染
イネいもち病［p. 58］ *Pyricularia oryzae* （T：*Magnaporthe oryzae*）	葉や穂などに発生する日本のイネで最も被害が大きい病気で，葉には中央部が灰白色で周囲が褐色の紡錘形の病斑を生じる．種子伝染
日本シバ葉腐病 *Rhizoctonia solani*〔AG-2（2LP）〕	日本シバの最も重要な病気で，ラージパッチともよぶ．芝地に茶褐色で直径が 4～10 m の円形のパッチ（被害部位）をつくる．内部は枯死して裸地化することが多い．土壌伝染
ナス半身萎凋病 *Verticillium dahliae*	初め下葉の片側の葉脈間に不鮮明な退緑斑ができ，葉柄と葉縁部が退緑して枯死する．退緑は上葉に及び，やがて全葉が黄化枯死する．土壌伝染
細菌類	
イネもみ枯細菌病 *Burkholderia gladioli, B. glumae*	出穂期のもみを灰白色に変色させ，もみ枯れを起こす．箱育苗で幼苗では褐色の腐敗を起こす．種子伝染
トマトかいよう病［p. 64］ *Clavibacter michiganensis* subsp. *michiganensis*	初め下葉が先端から萎凋し，やがて葉全体が枯死する．茎などの内部組織が侵され崩壊する場合と，植物体表面に中央部が淡褐色で周囲が白い鳥の目状の小斑点をつくる場合がある．種子伝染．土壌伝染
ジャガイモ輪腐病 *Clavibacter michiganensis* subsp. *sepedonicus*	初め小葉が退緑し，やがて株全体が萎縮する．茎を切断すると維管束の褐変が見られ，押すと乳白色の液（菌泥）が出る．塊茎の切断面では維管束部が輪状に褐変する
リンゴ・ナシ火傷病 *Erwinia amylovora*	花器や傷口から侵入した細菌が花腐れや枝枯れを起こし，火にあぶられたようになる．日本では未発生
カンキツグリーニング病 Liberibacter asiaticus（暫定学名）	篩部に局在する難培養性細菌による病気で，葉が黄化して小型化し，やがて枯死に至る．果実は成熟が進まず，部分的に緑色が残る．東南アジアから南西諸島に発生．キジラミ伝搬

付録 A（つづき）

病原体/病名/病原体学名	病気の概要
野菜類軟腐病［p. 65］ *Pectobacterium carotovorum*	ほとんどの野菜類，ジャガイモ，観賞植物などに発生する．初め葉などに水浸状の病斑を生じ，灰白色となって腐敗して悪臭を放つ．土壌伝染．代表的な貯蔵病
インゲンマメかさ枯病 *Pseudomonas savastanoi* pv. *phaseolicola*	葉に初め黄緑色の不鮮明なかさをもつ微細な赤褐色斑点を生じ，黄色のかさをもつ赤褐色で角形の水浸状病斑をつくる．種子伝染
キュウリ斑点細菌病 *Pseudomonas syringae* pv. *lachrymans*	葉や果実などに発生する．葉では初め水浸状の小斑点を生じ，しだいに拡大して黄褐色の葉脈に囲まれた灰白色の角形病斑になる．種子伝染．土壌伝染
タバコ野火病 *Pseudomonas syringae* pv. *tabaci*	下葉に初め淡褐色水浸状の小斑点を生じ，周囲に黄色のかさができる．病斑は拡大し，古くなると破れて抜ける．種子伝染
ナス科植物青枯病［p. 65］ *Ralstonia solanacearum* （*Pseudomonas solanacearum*）	トマトやナスなどに発生する．初め先端部の茎葉が萎凋し，やがて株全体が青いまま急速に萎凋して枯死する．茎の切断面を押すと乳白色の液（菌泥）が出る．土壌伝染
毛根病［p. 64］ *Rhizobium radiobacter*（Ri） （*Agrobacterium rhizogenes*）	メロン，リンゴ，バラなどの根に発生する．新しい根が多数生じ，毛状になる．土壌伝染
根頭がんしゅ病［p. 63］ *Rhizobium radiobacter*（Ti） （*Agrobacterium tumefaciens*）	多くの果樹，花木，観賞植物などに発生し，地際部や地下部に表面に亀裂が入ったこぶ（crown gall）をつくる．土壌伝染
ジャガイモそうか病 *Streptomyces* spp.	複数の病原菌が起こす．塊茎の表面に淡褐色でかさぶた状の病斑をつくり，コルク化，亀裂などを生じる．最近，日本での発病が多くなった．土壌伝染
アブラナ科植物黒腐病 *Xanthomonas campestris* pv. *campestris*	キャベツ，カリフラワーなどに発生する．下葉から発生し，葉縁に葉脈を中心として外側に広がるくさび形の黄色の病斑をつくるとともにその部位の葉脈が黒く変色する．種子伝染．土壌伝染
カンキツかいよう病 *Xanthomonas campestris* subsp. *citri*	葉，枝，果実に発生する．初め淡褐色水浸状の小斑点を生じ，やがて外側に広い黄色のかさをもつ中央部がコルク状で周囲が細い水浸状の病斑をつくる
イネ白葉枯病［p. 66］ *Xanthomonas oryzae* pv. *oryzae*	葉縁に波形の黄色病斑を生じ，葉脈に沿って拡大し，葉縁が波形に黄白化して枯死する
ピアス病 *Xylella fastidiosa*	ブドウ，オリーブなどの木部に局在する難培養性細菌による病気で，突然葉焼け症状になり，枯死する．米国，イタリアなどに発生．ヨコバイ伝搬
モリキューテス類	
クワ萎縮病 Phytoplasma asteris（暫定学名）	葉が小さくなって黄化し，萎縮して小枝がほうき状になり，やがて枯死する．ヨコバイ伝搬．類似のファイトプラズマは，ミツバ，レタス，セルリー，ニンジン，ホウレンソウ，タマネギ，アスター，ニチニチソウなどに黄化，萎縮，叢生などを起こす
イネ黄萎病［p. 67］ Phytoplasma oryzae（暫定学名）	萎縮して分げつが増加し，葉が黄化するため，株全体が黄緑色になる．ヨコバイ伝搬
カンキツスタボーン病 *Spiroplasma citri*	生育が悪くなり，未熟な実しか着けなくなる．地中海諸国，中東，北中米などに発生．ヨコバイ伝搬
コーンスタント病 *Spiroplasma kunkelii*	トウモロコシの葉を黄化させ，矮化させる．米国から南米北部に発生．ヨコバイ伝搬
ウイルス	
ビートえそ性葉脈黄化ウイルス *Beet necrotic yellow vein virus*	テンサイの根に細い根を多数つくらせ，生育を阻害する．*Polymixa betae*（ネコブカビ類）による土壌伝染
カリフラワーモザイクウイルス *Cauliflower mosaic virus*	カリフラワーなどのアブラナ科野菜に感染し，モザイクや斑紋を表す．アブラムシ伝搬
カンキツトリステザウイルス *Citrus tristeza virus*	ハッサクなどのカンキツ類に生育不良を起こす．ネーブルオレンジやグレープフルーツでは症状が激しく，世界的に大きな被害を起こしている．アブラムシ伝搬
キュウリモザイクウイルス［p. 75］ *Cucumber mosaic virus*	きわめて多くの植物にモザイク，萎縮などを起こす．アブラムシ伝搬

付録 A（つづき）

病原体/病名/病原体学名	病気の概要
ニンニクCウイルス *Garlic virus C*	ニンニクなどにモザイクを起こす．ダニ伝搬
ムギ北地モザイクウイルス *Northern cereal mosaic virus*	オオムギ，コムギなどにモザイク，萎縮，叢生を起こす．ウンカ伝搬
ジャガイモ葉巻ウイルス *Potato leafroll virus*	ジャガイモの生育を衰えさせ，葉が上向きに巻くようになる．アブラムシ伝搬
ジャガイモXウイルス *Potato virus X*	ジャガイモ，トマトのほか多くの植物にモザイクなどを起こす．接触伝染
ジャガイモYウイルス *Potato virus Y*	ナス科植物に黄化やモザイクを起こす．アブラムシ伝搬
プルヌスえそ輪点ウイルス *Prunus necrotic ringspot virus*	モモ，アンズなどのバラ科植物にモザイクなどを起こす．種子伝染．花粉伝染
イネ萎縮ウイルス［p. 74］ *Rice dwarf virus*	イネに萎縮，分げつの増加を起こす．葉は濃緑色になり，乳白色の小斑点が葉脈に沿って生じる．ヨコバイ伝搬．経卵伝染
イネ縞葉枯ウイルス *Rice stripe virus*	イネ科植物に黄白色の条斑，萎縮，枯死などを起こす．ウンカ伝搬．経卵伝染
コムギ類萎縮ウイルス *Soil-borne wheat mosaic virus*	コムギの新葉に退緑斑ができ，症状が進むとかすり状のモザイクとなる．*Polymixa graminis*（ネコブカビ類）による土壌伝染．類似のウイルスに，ムギ類萎縮ウイルス，コムギモザイクウイルスがある
ダイズ矮化ウイルス *Soybean dwarf virus*	ダイズなどに葉が小型になる矮化（矮化型）あるいは葉柄や節間が短縮する萎縮（萎縮型）を起こす．アブラムシ伝搬
ダイズモザイクウイルス *Soybean mosaic virus*	ダイズやインゲンマメにモザイクや葉巻を起こす．ダイズでは品種により種子にも褐斑を表す．アブラムシ伝搬．種子伝染
タバコ巻葉日本ウイルス *Tobacco leaf curl Japan virus*	タバコに巻葉，トマトに葉脈間の黄化と激しい縮葉などを起こす．コナジラミ伝搬
タバコモザイクウイルス *Tobacco mosaic virus*	多くの植物にモザイクを起こす．製品たばこにも含まれ，感染源となる．接触伝染．土壌伝染
タバコえそDウイルス *Tobacco necrosis virus D*	タバコなどに生育不良を起こす．*Olpidium* 属菌（ツボカビ類）による土壌伝染．サテライトウイルスを伴う場合がある
トマトモザイクウイルス *Tomato mosaic virus*	おもにトマトの新葉にモザイクを表す．症状が進むと糸葉になり，萎凋する．接触伝染．土壌伝染
トマト黄化えそウイルス *Tomato spotted wilt virus*	多くの野菜や観賞植物に黄化，えそ輪紋，えそ斑点を現す．アザミウマ伝搬
トマト黄化葉巻ウイルス *Tomato yellow leaf curl virus*	トマトなどに黄化と縮葉を起こし，近年被害が増えている．コナジラミ伝搬
カブモザイクウイルス *Turnip mosaic virus*	ダイコン，カブなどのアブラナ科植物にモザイク，壊死斑点などを現す．アブラムシ伝搬
ズッキーニ黄斑モザイクウイルス［p. 75］ *Zucchini yellow mosaic virus*	キュウリなどのウリ類に激しいモザイクを起こし，収量を大きく低下させる．アブラムシ伝搬
ウイロイド	
リンゴさび果ウイロイド *Apple scar skin viroid*	果実だけに病徴を現し，品種によってさび果あるいは斑入り果を起こす
キク矮化ウイロイド *Chrysanthemum stunt viroid*	キク科植物を矮化させ，花の品質も低下させる
ココヤシカダンカダン病ウイロイド *Coconut cadang-cadang viroid*	ココヤシなどの生育を徐々に衰えさせ，枯死させる．フィリピンで発生
ホップ矮化ウイロイド［p. 77］ *Hop stunt viroid*	ホップを矮化させ，毬花の品質を低下させる．多くの果樹には本ウイロイドの変異種が感染している
モモ潜在モザイクウイロイド *Peach latent mosaic viroid*	モモに広く発生．ほぼ無病徴
ジャガイモやせいもウイロイド *Potato spindle tuber viroid*	ジャガイモの生育を衰えさせ，塊茎を小さく紡錘形にさせる．トマトなどで種子伝染

付録 A（つづき）

病原体/病名/病原体学名	病気の概要
線 虫 類	
イネシンガレセンチュウ *Aphelenchoides besseyi*	イネの生長点付近を加害して生育を抑制する．もみへの寄生で黒点米，くさび米が発生する
マツノザイセンチュウ［p. 80］ *Bursaphelenchus xylophilus*	アカマツやクロマツの樹体内に侵入し，生育を衰えさせて枯死させる．カミキリ伝搬
ダイズシストセンチュウ［p. 80］ *Heterodera glycines*	ダイズの根にシスト化した雌成虫が付着し，茎葉を黄変させ，生育を著しく抑制させる
サツマイモネコブセンチュウ［p. 79］ *Meloidogyne incognita*	サツマイモ，トマト，ダイズなど多くの植物の根を加害して多くのこぶをつくる
キタネグサレセンチュウ［p. 79］ *Pratylenchus penetrans*	ダイコンなど多くの植物の根に加害して根腐れを起こし，生育を著しく抑制させる
ミカンネセンチュウ *Tylenchulus semipenetrans*	カンキツ栽培地帯でミカン，カキ，ブドウなどの根を加害し，衰弱させる

† 本表のテレオモルフはいずれも子のう菌．

付録 B　植物病理学　英語キーワード*

ability to develop disease　発病力
ability to invade　侵入力
ability to suppress resistance　抵抗性抑止力
acceptable daily intake　1日摂取許容量
acervulus(-i)　分生子層
acquired resistance　獲得抵抗性
actinomycetes(*pl.*)　アクチノバクテリア類
active oxygen　活性酸素
active resistance　動的抵抗性
active survival　活動的生存
acute reference dose　急性参照用量
ADI → acceptable daily intake
aeciospore　さび胞子
aecium(-a)　さび胞子層
aflatoxin　アフラトキシン
aggressiveness　侵略力
agricultural chemicals　農薬
airborne disease　空気伝染病
airborne dissemination　風媒伝染
AK toxin　AK 毒素
alternative host　中間宿主
ambisense RNA　アンビセンス RNA
anamorph　アナモルフ
anamorphic fungi(*pl.*)　アナモルフ菌類
antagonistic organism　拮抗微生物
antheridium(-a)　造精器
anthracnose　炭疽病
antibiotic　抗生物質
antibody　抗体
antigen　抗原
antisense RNA　アンチセンス RNA
antiserum(-a)　抗血清
antiviral chemicals　抗ウイルス剤
apoptosis　アポトーシス
apothecium(-a)　子のう盤
appressorium(-a)　付着器
arbuscular mycorrhiza(-ae)　アーバスキュラー菌根菌
ARfD → acute reference dose
ascocarp　子のう果
ascomycetes(*pl.*)　子のう菌類
ascospore　子のう胞子
ascostroma(-mata)　子のう子座
ascus(-i)　子のう
asexual stage　無性世代
assay plant　検定植物
attenuate virus　弱毒ウイルス
avirulence gene　非病原性遺伝子
AVR gene　*AVR* 遺伝子(非病原性遺伝子)
bacterial disease　細菌病
bacteriocin　バクテリオシン
bacterium(-a)　細菌
basic compatibility　基本的親和性
basidiomycetes(*pl.*)　担子菌類
basidiospore　担子胞子
basidium(-a)　担子器
biocontrol　バイオコントロール
biocontrol agent　生物農薬
biological control　生物的防除
biotroph　絶対寄生者
blast　いもち病
blight　焼け
blister blight　もち病
canker　かいよう，つる枯れ，腐らん
capsid　キャプシド
carborundum　カーボランダム
causal agent　病原
cell fusion　細胞融合
cell selection　細胞選抜
cell-to-cell movement　細胞間移行
cellulase　セルラーゼ
central conserved region　中央保存領域
chemical control　化学的防除
chemical injury　薬害
chemical resistant fungus(-i)/bacterium(-a)　薬剤耐性菌
chlorosis　退緑
chytridiomycetes(*pl.*)　ツボカビ類
circulative type　循環型
clamp connection　かすがい連結
cleistothecium(-a)　閉子のう殻
club root　根こぶ
coat protein　外被タンパク質
coevolution　共進化
compatibility　親和性
competitive inhibition　競合阻害

---

* 原則として単数形で示す．集合名詞など複数形で表記するものは（*pl.*）を付けて示す．ラテン語起源の用語で単数形と複数形で語尾の異なるものは，複数形の語尾を（　）内に示す．

conidioma(-mata) 分生子果
conidiophore 分生子柄
conidiospore 分生胞子
conidium(-a) 分生胞子
contact dissemination 接触伝染
control 防除
control threshold 要防除水準
cross protection クロスプロテクション
cross-tolerance 交差耐性
crown gall 根頭がんしゅ病
cultivar 品種
cultural control 耕種的防除
cuticle クチクラ
cuticle infection クチクラ感染
cutinase クチナーゼ
cyst シスト
cystospore 被のう胞子
damping-off 苗立枯れ
deficiency 欠乏症
defoliation 落葉
deoxynivarenol デオキシニバレノール
deuteromycetes(*pl.*) 不完全菌類
diagnosis 診断
dieback 枝枯れ
differential cultivar 判別品種
differential host 判別宿主
dikaryon 重相
diploid 複相
direct invasion 直接侵入
disease 病気
disease assessment 被害解析
disease cycle 伝染環
disease damage 病害
disease development 発病
disease difficult to control 難病除病
disease forecast 発生予察
disease management 病気の管理
disease pyramid 病気のピラミッド
disease triangle 病気の三角形
dissemination 伝染
dormant propagule 耐久体
dormant survival 休眠的生存
dot immunobinding assay DIBA 法
downy mildew べと病
dwarf 萎縮
EBPM → ecologically based pest management
ecologically based pest management 環境保全型病害虫管理
economic injury level 経済的被害許容水準
ectoparasitism 外部寄生
effector エフェクター
EIL → economic injury level
elicitor エリシター
ELISA → enzyme-linked immunosorbent assay
elongation 徒長
endoparasitism 内部寄生
endophyte 植物内生菌
endospore 内生胞子
envelope エンベロープ
enzyme-linked immunosorbent assay 酵素結合抗体法(ELISA 法)
epidemiology 疫学
establishment of infection 感染の成立
ergosterol エルゴステロール
ergot 麦角
ethylene エチレン
eukaryote 真核生物
excess 過剰症
exospore 外生胞子
facultative parasite 条件寄生者
facultative saprophyte 条件腐生者
fibrosin body フィブロシン体
field 圃場
field diagnosis 圃場診断
field resistance 圃場抵抗性
50 percent lethal dose 半数致死量
forma specialis(*pl.* formae speciales), f. sp. 分化型
fragellum(-a) 鞭毛
fruit body 子実体
fumigation くん煙, くん蒸
fungal disease 菌類病
fungicide 殺菌剤
fungi imperfecti(*pl.*) 不完全菌類
fungus(-i) 菌類
gall こぶ
GAP → good agriculture practice
gene engineering 遺伝子工学
gene-for-gene theory 遺伝子対遺伝子説
genetically modified plant 遺伝子組換え植物
genus(*pl.* genera) 属
germ tube 発芽管
giant cell 巨大細胞
gibberellin ジベレリン
good agriculture practice 農業生産工程管理
graft dissemination 接ぎ木伝染
Gram staining グラム染色
haploid 単相
haustorium(-a) 吸器
HC-Pro → helper component protein
helper component protein ヘルパー成分タンパク質
helper virus ヘルパーウイルス
herbicide 除草剤
heterokaryon ヘテロカリオン
heterothallic ヘテロタリック
holocarpy 全実性
homokaryon ホモカリオン

horizontal resistance　水平抵抗性
host　宿主
host alternation　宿主交代
host-parasite relationship　宿主寄生者間相互作用
host plant　宿主植物
host range　宿主範囲
host specificity　宿主特異性
host-specific toxin　宿主特異的毒素
hot-air disinfection　乾熱消毒
hot-water treatment　温湯浸漬法
HST → host-specific toxin
hybridization assay　ハイブリッド形成法
hypersensitive cell death　過敏感細胞死
hypersensitive reaction　過敏感反応
hypersensitive response　過敏感反応
hypersensitive response and pathogenicity genes (*pl.*)　*hrp* 遺伝子群
hypha (-ae)　菌糸
IBM → integrated biodiversity management
identification　同定
immunity　免疫性
inclusion body　封入体
incompatibility　非親和性
incubation period　潜伏期間
indicator plant　指標植物
induced resistance　誘導抵抗性
induced systemic resistance　誘導全身抵抗性
infection　感染
infection cycle of disease　病気の感染環
infection hypha (-ae)　侵入菌糸
infection peg　侵入糸
infectious disease　伝染病
injury　傷害
inoculation　接種
inoculum (-a)　伝染源
insecticide　殺虫剤
integrated biodiversity management　総合的生物多様性管理
integrated control　総合防除
integrated pest management　総合的病害虫管理
interference　干渉
internal transcribed spacer region　ITS 領域(内部転写スペーサー領域)
internal symptom　内部病徴
invasion　侵入
invasion through natural openings　自然開口部からの侵入
IPM → integrated pest management
Irish potato famine　アイルランド ジャガイモ飢饉
isolate　分離株
isolation　分離
ISR → induced systemic resistance
ITS → internal transcribed spacer region
jasmonic acid　ジャスモン酸
Koch's postulates　コッホの原則
kresek　クレセック
LAR → local acquired resistance
latent infection　潜在感染
Latin binominal　ラテン二名法
LD_{50} → 50 percent lethal dose
leaf blight　葉枯れ
leaf curl　縮葉
leaf roll　葉巻
lignification　リグニン化
lipopolysaccharide　リポ多糖
local acquired resistance　局部獲得抵抗性
local infection　局部感染
local lesion　局部病斑
local symptom　局部病徴
long-distance movement　長距離移行
loss　被害
MAMPs → microbe-associated molecular patterns
market disease　市場病
mastigomycetes (*pl.*)　鞭毛菌
mastigoneme　マスチゴネマ
mating type　交配型
mechanical inoculation　機械接種
medium (-a)　培地
melanin　メラニン
meristem-tip culture　茎頂培養
methyl bromide　臭化メチル
methyl salicylate　サルチル酸メチル
microbe　微生物
microbe-associated molecular patterns　微生物由来分子パターン
microbial flora　微生物相
microorganism　微生物
microRNA　マイクロ RNA (miRNA)
MLO → mycoplasma-like organisms
mollicutes　モリキューテス類
monoculture injury　連作障害
mosaic　モザイク
moter cell　機動細胞
motif　モチーフ
movement protein　移行タンパク質
mucoromycetes (*pl.*)　ケカビ類
mulching　マルチング
multiple-tolerance　複合耐性
mycelial strand　菌糸束
mycelium (-a)　菌糸体
mycoparasitism　菌寄生
mycoplasma-like organisms　マイコプラズマ様微生物
mycorrhiza (-ae)　菌根(菌)
mycotoxin　マイコトキシン
naked ascus (-i)　裸生子のう

necrosis 壊死
necrotroph 条件寄生者
negatively correlated cross-tolerance 負の交差耐性
nematocide 殺線虫剤
nematode 線虫
nematode-antagonistic plant 線虫対抗植物
non-competitive inhibition 非競合阻害
non-obligate parasite 非絶対寄生者
nonpersistent transmission 非永続型伝搬
non-selective fungicide 非選択的殺菌剤
non-specific toxin 非特異的毒素
nucleoprotein 核タンパク質
obligate parasite 絶対寄生者
omnivorous 多犯性
oogonium(-a) 造卵器
oomycetes(*pl.*) 卵菌類
oospore 卵胞子
ooze 菌泥
open reading frame オープンリーディングフレーム
ORF → open reading frame
paired culture 対峙培養
PAMPs → pathogen-associated molecular patterns
papilla(-ae) パピラ
parasite 寄生者
parasitic disease 寄生病
parasitic plant 寄生植物
passive resistance 静的抵抗性
pathogen 病原体
pathogen-associated molecular patterns 病原体由来分子パターン
pathogenesis-related protein PR タンパク質
pathogenicity 病原性
pathotype 病原型(菌類の)
pathovar, pv. 病原型(細菌の)
PCR → polymerase chain reaction
pectinase ペクチナーゼ
penetration 貫入
penetration hypha(-ae) 貫入菌糸
perithecium(-a) 子のう殻
peroxyacetyl nitrate 硝酸ペルオキシアセチル
persistent transmission 永続型伝搬
pest 病害虫
pesticide 農薬
phenol フェノール
phloem necrosis 篩部壊死
phycomycetes(*pl.*) 藻菌類
physical contorl 物理的防除
physiological disease 生理病
physiological plant pathology 植物感染生理学
phytoalexin ファイトアレキシン
phytoanticipin ファイトアンティシピン
phytophthora blight 疫病
phytoplasma ファイトプラズマ
plant activator プラントアクチベーター
plant diagnosis 植物診断
plant growth-promoting rhizobacteria(*pl.*) 植物生育促進根圏細菌
plant hormone 植物ホルモン
plant pathology 植物病理学
plant protection 植物保護
plant protection station 植物防疫所
plant quarantine 植物検疫
plant sanitation 圃場衛生
plasmid プラスミド
plasmodesma(-mata) 原形質連絡
plasmodiophoromycetes(*pl.*) ネコブカビ類
plasmodium(-a) 変形体
pollen dissemination 花粉伝染
polygene ポリジーン
polymerase chain reaction ポリメラーゼ連鎖反応(PCR)
polyprotein ポリタンパク質
postharvest disease 貯蔵病
post-transcriptional gene silencing 転写後型ジーンサイレンシング
powdery mildew うどんこ病
preformed resistance 静的抵抗性
prevention 予防
primary plasmodium(-a) 一次変形体
primary zoospore 一次遊走体
programmed cell death プログラム細胞死
prokaryote 原核生物
propagative type 増殖型
protoplast プロトプラスト
pseudothecium(-a) 偽子のう殻
PTGS → post-transcriptional gene silencing
pycnidium(-a) 分生子殻
pycniospore さび柄胞子
pycnium(-a) さび柄子殻
QTL → quantitative trait loci(*pl.*)
quantitative trait loci(*pl.*) 量的形質遺伝子座
race レース
race-cultivar specificity レース品種特異性
receptor レセプター
remote sensing リモートセンシング
replicative form 複製型
replicative intermediate 複製中間体
resistance 抵抗性
resistance gene 抵抗性遺伝子
resistance to penetration 侵入抵抗性
resistance to systemic infection 拡大抵抗性
resistant cultivar 抵抗性品種
resistant rootstock 抵抗性台木
resting spore 休眠胞子
reverse transcriptase-PCR assay 逆転写ポリメラーゼ連鎖反応法(RT-PCR 法)

reverse transcription　逆転写
R gene　*R* 遺伝子(抵抗性遺伝子)
rhizomorph　根状菌糸束
ribosomal DNA　リボソーム遺伝子
ribozyme　リボザイム
RISC → RNA-induced silencing complex
RNA-induced silencing complex　RNA 誘導型サイレンシング複合体(RISC)
RNA interference　RNA 干渉
RNA polymerase　RNA ポリメラーゼ
RNA silencing　RNA サイレンシング
rolling circle　ローリングサークル
root inhabitant　根系生息菌
root nodule bacterium(-a)　根粒菌
root rot　根腐れ
rot　腐敗
RT-PCR → reverse transcriptase-PCR assay
rugose　縮葉
rust　さび病
salicylic acid　サリチル酸
sap inoculation　汁液接種
saponin　サポニン
saprophyte　腐生者
SAR → systemic acquired resistance
satellite RNA　サテライト RNA
satellite virus　サテライトウイルス
scab　そうか
sclerotina rot　菌核病
sclerotium(-a)　菌核
secondary plasmodium(-a)　二次変形体
secondary zoospore　二次遊走体
seed dissemination　種子伝染
selective fungicide　選択的殺菌剤
self-assembly　自己集合
semi-biotroph　条件腐生者
semi-endoparasitism　半内部寄生
semipersistent transmission　半永続型伝搬
septum(-a)　隔壁
serological diagnosis　血清学的診断
sexual stage　有性世代
short interfering RNA　短鎖干渉 RNA(siRNA)
siderophore　シデロフォア
sign　標徴
signal transduction pathway　シグナル伝達経路
single lesion isolation　単一病斑分離
single spore isolation　単胞子分離
siRNA → short interfering RNA
smut　黒穂病
soil assessment　土壌検診
soilborne disease　土壌伝染病
soil dissemination　土壌伝染
soil fumigation　土壌くん蒸
soil inhabitant　土壌生息菌
soil solarization　太陽熱土壌消毒法
species　種
spermagonium(-a)　精子殻
spermatium(-a)　精子
spiroplasma　スピロプラズマ
sporangiophore　遊走子のう柄
sporangium(-a)　遊走子のう
spore　胞子
sporidium(-a)　小生子
sporodochium(-a)　分生子座
spot　斑点
spread　伝播
strain　系統
stramenopile　ストラメノパイル
streak　条斑
stripe　条斑
stunt　わい化
subgenomic RNA　サブゲノム RNA
subspecies, subsp.　亜種
supergroup　スーパーグループ
superoxide　活性酸素
suppressive soil　抑止土壌
suppressor　サプレッサー
surface sterilization　表面殺菌
survival　生存
suscept　感受体
susceptibility　感受性
symptom　病徴
systemic acquired resistance　全身獲得抵抗性
systemic infection　全身感染
systemic pesticide　浸透移行性農薬
systemic symptom　全身病徴
systemin　システミン
teleomorph　テレオモルフ
teliospore　冬胞子，黒穂胞子
telium(-a)　冬胞子層
tolerance　耐病性
toxin　毒素
traceability　トレーサビリティー
transmission　伝搬
transovarial transmission　経卵伝搬
true resistance　真性抵抗性
tumor inducing plasmid　Ti プラスミド
type Ⅲ secretion　Ⅲ型分泌機構
ultraviolet-absorbing film　紫外線除去フィルム
uncoating　脱外被
uredinomycetes(*pl.*)　さび病菌類
uredium(-a)　夏胞子層
uredospore　夏胞子
ustilagomycetes(*pl.*)　黒穂病菌類
variety, var.　変種
vascular browning　維管束部褐変
vector　媒介者

vertical resistance　垂直抵抗性
vesicle　球のう
VIGS → virus-induced gene silencing
virion　ウイルス粒子
viroid　ウイロイド
virulence　発病力
virus　ウイルス
virus-induced gene silencing　ウイルス誘導型ジーンサイレンシング
virus vector　ウイルスベクター
water dissemination　水媒伝染
white rust　白さび病
wilt　萎凋
witches' broom　てんぐ巣
wound-induced systemic resistance　傷害誘導全身抵抗性
wound invasion　傷口侵入
WSR → wound-induced systemic resistance
yellows　黄化
zoospore　遊走子
zygospore　接合胞子
zygote　接合子

付録 C　おもな参考図書・文献

＊印は学部学生の勉学に特に役立つと思われるものである．折にふれて参照してほしい．

植物病理学全般の教科書・参考書・読み物

＊白石友紀ほか，“新植物病理学概論”，養賢堂，東京（2012）.

＊眞山滋志，難波成任編，“植物病理学”，文永堂出版，東京（2010）.

＊難波成任ほか，“植物医科学（上）”，養賢堂，東京（2008）.

＊奥田誠一ほか，“最新植物病理学”，朝倉書店，東京（2004）.

• 小林享夫ほか，“新編樹病学概論”，養賢堂，東京（1986）.

• Agrios, G., “Plant Pathology”, 5th ed., Elsevier Academic Press, San Diego (2005).

• Schumann, G.L. and D'Arcy, C. J., “Essential Plant Pathology”, 2nd ed., APS Press, St. Paul (2010).

• Strange, R. N., “Introduction to Plant Pathology”, John Wiley & Sons, Chichester (2003).

• Lucas, J. A., “Plant Pathology and Plant Pathogens”, 3rd ed. Blackwell Publishing, Oxford (1998).

＊日本植物病理学会編，“植物病理学事典”，養賢堂，東京（1995）.

＊大木 理，“植物と病気”，東京化学同人，東京（1994）.

• 日本植物防疫協会編，“植物の病気―研究余話”，日本植物防疫協会，東京（1996）.

植物の伝染病

＊池上八郎ほか，“新編植物病原菌類解説”，養賢堂，東京（1996）.

＊小林享夫ほか編，“植物病原菌類解説”，全国農村教育協会，東京（1992）.

• Webster, J., “Introduction to Fungi”, 2nd ed., Cambridge University Press, Cambridge (1980). 〔“ウェブスター菌類概論”，椿 啓介訳，講談社サイエンティフィク，東京（1985）.〕

• Alexopoulos, C. J. et al., “Introduction to Mycology”, 4th ed., John Wiley & Sons, New York (1996).

＊加来久敏，“植物病原細菌学”，養賢堂，東京（2016）.

• 西山幸司ほか編，“作物の細菌病（CD-ROM）”，日本植物防疫協会，東京（2004）.

• Kado, C. I., “Plant Bacteriology”, APS Press, St. Paul (2010).

＊池上正人ほか，“植物ウイルス学”，朝倉書店，東京（2009）.

• 日比忠明，大木 理編，“植物ウイルス大事典”，朝倉書店，東京（2015）.

• Hull, R., “Matthews' Plant Virology”, 4th ed. Academic Press, San Diego (2002).

• King, A. M. Q. et al., eds., “Virus Taxonomy, Ninth Report of the International Committee on Taxonomy of Viruses”, Elsevier Academic Press, San Diego (2011).

• 石橋信義編，“線虫の生物学”，東京大学出版会，東京（2003）.

＊大木 理，“微生物学”，東京化学同人，東京（2016）.

診断と防除

＊岸 國平編，“日本植物病害大事典”，全国農村教育協会，東京（1998）.

＊堀江博道編，“植物病原菌類の見分け方，増補改訂版（上・下）”，大誠社，東京（2018）.

＊堀江博道ほか編，“植物医科学実験マニュアル―植物障害の基礎知識と臨床実践を学ぶ”，大誠社，東京（2016）.

• 日本植物病理学会編，“日本植物病名目録（CD-ROM）”，日本植物病理学会，東京（2012）.

• 米山勝美ほか編，“植物病原アトラス―目で見るウイルス・細菌・菌類の世界”，ソフトサイエンス社，東京（2006）.

• 大畑貫一ほか編，“作物病原菌研究技法の基礎―分離・培養・接種”，日本植物防疫協会，東京（1995）.

• 脇本 哲監修，“植物病原性微生物研究法”，ソフトサイエンス社，東京（1993）.

• 渡邊恒雄，“植物土壌病害の事典”，朝倉書店，東京（1998）.

• 土壌微生物研究会編，“新編土壌微生物実験法”，養賢堂，東京（1992）.

• Dugan, F. M., “The Identification of Fungi”, APS Press, St. Paul (2006).

• 滝川雄一，植松 勉編，“作物細菌病の見分け方”，日本植物防疫協会，東京（2000）.

＊土崎常男ほか編，“原色作物ウイルス病事典”，全国農村教育協会，東京（1993）.

• Dijkstra, J. and de Jager, C. P., “Practical Plant Virology: Protocols and Exercises”, Springer, Berlin (1998).

• 大木 理，“植物ウイルス同定のテクニックとデザイン”，日本植物防疫協会，東京（1997）.

＊西澤 努ほか，“線虫の見分け方”，日本植物防疫協会，

東京（2004）.
• 渡辺勝彦，“野菜の養分欠乏・過剰症—症状・診断・対策”，農村漁村文化協会，東京（2002）.
* 桑野栄一ほか，“農薬の科学—生物制御と植物保護”，朝倉書店，東京（2004）.
* 佐藤仁彦，宮本 徹，“農薬学”，朝倉書店，東京（2003）.
• 本山直樹編，“農薬学事典”，朝倉書店，東京（2001）.
• 日本植物防疫協会編，“農薬ハンドブック 2016 年版”，日本植物防疫協会，東京（2016）.
• 農林水産省消費・安全局等監修，“農薬概説（2017）”，日本植物防疫協会，東京（2017）.

感染生理学

* 島本 功ほか編，“新版分子レベルからみた植物の耐病性—ポストゲノム時代の植物免疫研究”，秀潤社，東京（2004）.
• 島本 功ほか編，“植物における環境と生物ストレスに対する応答”，共立出版，東京（2007）.

定期刊行物

* 植物防疫（日本植物防疫協会，月刊）
• 日本植物病理学会報（日本植物病理学会，年 4 回）
• Journal of General Plant Pathology（日本植物病理学会，隔月刊）
• Phytopathology（米国植物病理学会，月刊）
• Plant Disease（米国植物病理学会，月刊）
• Molecular Plant-Microbe Interactions（米国植物病理学会，月刊）

索　　引

か

き

く，け

こ

さ

し

す～そ

た

ち～と

な　行

は

ま　行

や～わ

大木　理（おおき　さとし）
1951年 横浜市に生まれる
1974年 東京大学農学部 卒
1979年 同大学院農学系研究科博士課程 修了
大阪府立大学名誉教授
専門 植物病理学
農学博士

第1版 第1刷 2007年10月10日 発行
第6刷 2017年7月31日 発行
第2版 第1刷 2019年3月20日 発行
第3刷 2022年6月21日 発行

植物病理学 第2版

著者 大木 理
発行者 住田六連
発行 株式会社 東京化学同人
東京都文京区千石3丁目36-7(〒112-0011)
電話 (03)3946-5311・FAX (03)3946-5317
URL: http://www.tkd-pbl.com/

印刷・製本 三美印刷株式会社

ISBN978-4-8079-0958-2
Printed in Japan